Office

2019 办公应用

龙马高新教育

◎ 编著

从入门到精通

北京大学出版社

PEKING UNIVERSITY PRESS

内 容 提 要

本书通过精选案例引导读者深入学习，系统地介绍 Office 2019 办公应用的相关知识和应用方法。

本书分为 5 篇，共 18 章。第 1 篇"Word 办公应用篇"主要介绍 Office 2019 的安装与设置、Word 的基本操作、使用图和表格美化 Word 文档及长文档的排版等；第 2 篇"Excel 办公应用篇"主要介绍 Excel 的基本操作、Excel 表格的美化、初级数据处理与分析，以及图表、公式和函数的应用等；第 3 篇"PPT 办公应用篇"主要介绍 PPT 的基本操作、图形和图表的应用、动画和多媒体的应用及放映幻灯片等；第 4 篇"高效办公篇"主要介绍使用 Outlook 处理办公事务、收集和处理工作信息等；第 5 篇"办公秘籍篇"主要介绍办公中必备的技能、Office 组件间的协作等。

在本书附赠的学习资源中，包含了 11 小时与图书内容同步的教学视频及所有案例的配套素材和结果文件。此外，还赠送了大量相关学习内容的教学视频及扩展学习电子书等。

本书既适合 Office 2019 办公应用初级、中级用户学习，也可以作为各类院校相关专业学生和 Office 2019 办公应用培训班学员的教材或辅导用书。

图书在版编目（CIP）数据

Office 2019 办公应用从入门到精通 / 龙马高新教育编著 . —— 北京：北京大学出版社，2019.5
ISBN 978-7-301-30392-4

Ⅰ . ① O… Ⅱ . ①龙… Ⅲ . ①办公自动化 —— 应用软件 Ⅳ . ① TP317.1

中国版本图书馆 CIP 数据核字 (2019) 第 041073 号

书　　　名	Office 2019 办公应用从入门到精通
	OFFICE 2019 BANGONG YINGYONG CONG RUMEN DAO JINGTONG
著作责任者	龙马高新教育 编著
责 任 编 辑	吴晓月
标 准 书 号	ISBN 978-7-301-30392-4
出 版 发 行	北京大学出版社
地　　　址	北京市海淀区成府路 205 号　100871
网　　　址	http://www.pup.cn　　新浪微博：@ 北京大学出版社
电 子 信 箱	pup7@pup.cn
电　　　话	邮购部 010-62752015　发行部 010-62750672　编辑部 010-62570390
印 刷 者	三河市北燕印装有限公司
经 销 者	新华书店
	787 毫米 ×1092 毫米　16 开本　26.5 印张　675 千字
	2019 年 5 月第 1 版　2020 年 9 月第 3 次印刷
印　　　数	5001-6000 册
定　　　价	69.00 元

前言

Office 2019 很神秘吗？

不神秘！

学习 Office 2019 难吗？

不难！

阅读本书能掌握 Office 2019 的使用方法吗？

能！

为什么要阅读本书

如今，Office 2019 已成为人们日常工作、学习和生活中必不可少的工具之一，不仅大大地提高了工作效率，而且为人们生活带来了极大的便利。本书从实用的角度出发，结合实际应用案例，模拟真实的办公环境，介绍 Office 2019 的使用方法与技巧，旨在帮助读者全面、系统地掌握 Office 2019 的应用。

本书内容导读

本书分为 5 篇，共 18 章，内容如下。

第 0 章 共 5 段教学视频，主要介绍了 Office 的最佳学习方法，使读者在阅读本书之前对 Office 有初步了解。

第 1 篇（第 1 ～ 4 章）为 Word 办公应用篇，共 34 段教学视频。主要介绍了 Word 中的各种操作，通过对本篇的学习，读者可以掌握如何在 Word 中进行文字输入、文字调整、图文混排，以及在文字中添加表格和图表等操作。

第 2 篇（第 5 ～ 9 章）为 Excel 办公应用篇，共 44 段教学视频。主要介绍了 Excel 中的各种操作，通过对本篇的学习，读者可以学习 Excel 的基本操作、Excel 表格的美化、初级数据处理与分析，以及图表、公式和函数的应用等操作。

第 3 篇（第 10 ～ 13 章）为 PPT 办公应用篇，共 35 段教学视频。主要介绍了 PPT 中的各种操作，通过对本篇的学习，读者可以掌握 PPT 的基本操作、图形和图表的应用、动画和多媒体的应用及放映幻灯片等。

第 4 篇（第 14 ～ 15 章）为高效办公篇，共 9 段教学视频。主要介绍了使用 Outlook 处理办公事务、使用 OneNote 收集和处理工作信息等。

第 5 篇（第 16 ～ 17 章）为办公秘籍篇，共 12 段教学视频。主要介绍了 Office 2019 办公中常用的技能，如打印机、复印机的使用，以及 Office 组件间的协作等。

选择本书的 N 个理由

❶ 简单易学，案例为主

以案例为主线，贯穿知识点，实操性强，与读者需求紧密结合，模拟真实的工作环境，帮助读者解决在工作中遇到的问题。

❷ 高手支招，高效实用

本书的"高手支招"板块提供了大量实用技巧，既能满足读者的阅读需求，也能解决在工作中遇到的一些常见问题。

❸ 举一反三，巩固提高

本书的"举一反三"板块提供与本章知识点或类型相似的综合案例，帮助读者巩固和提高所学内容。

❹ 海量资源，实用至上

赠送大量实用的模板、实用技巧及学习辅助资料等，便于读者结合赠送资料学习。另外，本书赠送《手机办公 10 招就够》手册，在强化读者学习的同时也可为其在工作中提供便利。

配套资源

❶ 11 小时名师视频指导

教学视频涵盖本书所有知识点，详细讲解每个案例的操作过程和关键点。读者可以更轻松地掌握 Office 2019 办公的方法和技巧，而且扩展性讲解部分可使读者获得更多的知识。

❷ 超多、超值资源大奉送

随书奉送本书素材和结果文件、通过互联网获取学习资源和解题方法、办公类手机 APP 索引、《Word/Excel/PPT 2019 常用快捷键查询手册》电子书、Office 十大实战应用技巧、1000 个 Office 常用模板、《Excel 函数查询手册》电子书、Windows 10 操作教学视频、《微信高手技巧随身查》电子书、《QQ 高手技巧随身查》电子书、《高效人士效率倍增手册》电子书等超值资源，以方便读者扩展学习。

配套资源下载

为了方便读者学习，本书配备了多种学习方式，供读者选择。

❶ 下载地址

（1）扫描下方二维码，关注微信公众号"博雅读书社"，找到资源下载模块，根据提示即可下载本书配套资源。

资源下载

（2）扫描下方二维码或在浏览器中输入下载链接 http://v.51pcbook.cn/download/30392.html，即可下载本书配套资源。

❷ 使用方法

下载配套资源到计算机端，打开相应的文件夹可查看对应的资源。每一章所用到的素材文件均在"本书实例的素材文件、结果文件 \ 素材 \ch*"文件夹中。读者在操作时可随时选用。

❸ 扫描二维码观看同步视频

使用微信"扫一扫"功能，扫描每节中对应的二维码，根据提示进行操作，关注"千聊"公众号，点击"购买系列课￥0"按钮，支付成功后返回视频页面，即可观看相应的教学视频。

本书读者对象

（1）没有任何办公软件应用基础的初学者。

（2）有一定办公软件应用基础，想精通 Office 2019 的人员。

（3）有一定办公软件应用基础，没有实战经验的人员。

（4）大专院校及培训学校的老师和学生。

 创作者说

　　本书由龙马高新教育策划，左琨任主编，李震、赵源源任副主编，为您精心呈现。您读完本书后，会惊奇地发现"我已经是 Office 2019 办公达人了"，这也是让编者最欣慰的结果。

　　在编写过程中，我们竭尽所能地为您呈现最好、最全的实用功能，但仍难免有疏漏和不妥之处，敬请广大读者不吝指正。若您在学习过程中产生疑问或有任何建议，可以通过 E-mail 与我们联系。

　　读者邮箱：2751801073@qq.com

　　投稿邮箱：pup7@pup.cn

目录 CONTENTS

第 0 章　Office 最佳学习方法

第 1 篇　Word 办公应用篇

第 1 章　快速上手——Office 2019 的安装与设置

📽 本章 5 段教学视频

　　使用 Office 2019 软件之前，首先要掌握 Office 2019 的安装与基本设置。本章主要介绍 Office 2019 软件的安装与卸载、启动与退出、Microsoft 账户、修改默认设置等操作。

🍳 高手支招

第 2 章　Word 的基本操作

📽 本章 11 段教学视频

　　使用 Word 可以方便地记录文本内容，并能根据需要设置文字的样式，制作总结报告、租赁协议、请假条、邀请函、思想汇报等各类说明性文档。本章主要介绍输入文本、编辑文本、设置字体格式、设置段落格式、设置页面背景及审阅文档等内容。

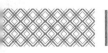
第3章 使用图和表格美化 Word 文档

🎬 本章8段教学视频

　　一篇图文并茂的文档，不仅看起来生动形象、充满活力，还可以使文档更加有吸引力。在 Word 中可以通过插入艺术字、图片、自选图形、表格等展示文本或数据内容，本章以制作求职简历为例，介绍使用图和表格美化 Word 文档的操作。

第4章 Word 的高级应用——
长文档的排版

🎬 本章10段教学视频

　　在办公与学习中，经常会遇到包含大量文字的长文档，如毕业论文、个人合同、公司合同、企业管理制度、施工组织设计资料、产品说明书等。使用 Word 提供的创建和更改样式、插入页眉和页脚、插入页码、创建目录等功能，可以方便地对这些长文档进行排版。本章以制作施工组织

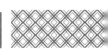

设计资料为例，介绍长文档的排版技巧。

第 2 篇 Excel 办公应用篇

第 5 章 Excel 的基本操作

🎬 本章 11 段教学视频

    Excel 2019 提供了创建工作簿与工作表、输入和编辑数据、插入行与列、设置文本格式、页面设置等基本操作，可以方便地记录和管理数据。本章以制作公司员工考勤表为例，介绍 Excel 表格的基本操作。

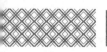
第 6 章 Excel 表格的美化

本章 7 段教学视频

　　工作表的管理和美化是制作表格的一项重要内容。通过对表格格式的设置，可以使表格的框线、底纹以不同的形式表现出来。同时还可以设置表格的条件格式，重点突出表格中的特殊数据。Excel 2019 为工作表的美化设置提供了方便的操作方法和多项功能。本章以美化公司客户信息管理表为例，介绍美化表格的操作。

第 7 章 初级数据处理与分析

本章 8 段教学视频

　　在工作中，经常对各种类型的数据进行处理和分析。Excel 具有处理与分析数据的能力，设置数据的有效性可以防止输入错误数据；使用排序功能可以将数据表中的内容按照特定的规则排序；使用筛选功能可以将满足用户条件的数据单独显示；使用条件格式功能可以直观地突出重要值；使用合并计算和分类汇总功能可以对数据进行分类或汇总。本章以统计商品库存明细表为例，介绍使用 Excel 处理和分析数据的操作。

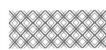

第8章 中级数据处理与分析
——图表的应用

📽 本章9段教学视频

在 Excel 中使用图表不仅能使数据的统计结果更直观、更形象，还能清晰地反映数据的变化规律和发展趋势。使用图表可以制作产品统计分析表、预算分析表、工资分析表、成绩分析表等。本章主要介绍创建图表、图表的设置和调整、添加图表元素及创建迷你图等操作。

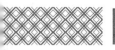

第 3 篇 PPT 办公应用篇

第 10 章 PPT 的基本操作

第 11 章 图形和图表的应用

🎬 本章 7 段教学视频

在职业生涯中，会遇到包含自选图形、SmartArt 图形和图表的演示文稿，如产品营销推广方案、设计企业发展战略 PPT、个人述职报告、设计公司管理培训 PPT 等。使用 PowerPoint 2019 提供的自定义幻灯片母版、插入自选图形、插入 SmartArt 图形、插入图表等操作，可以方便地对这些包含图形、图表的幻灯片进行设计制作。

第 12 章 动画和多媒体的应用

🎬 本章 10 段教学视频

动画和多媒体是演示文稿的重要元素，在制作演示文稿的过程中，适当地加入动画和多媒体可以使演示文稿变得更加精彩。演示文稿提供了多种动画样式，支持对动画效果和视频的自定义播放。本章以制作商务企业宣传 PPT 为例，演示动画和多媒体在演示文稿中的应用。

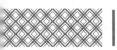

第 13 章　放映幻灯片

📽 本章 7 段教学视频

　　完成商务会议类 PPT 的设计制作后，需要放映这些幻灯片。放映时要做好放映前的准备工作，选择 PPT 的放映方式，并要控制放映幻灯片的过程。使用 PowerPoint 2019 提供的排练计时、自定义幻灯片放映、放大幻灯片局部信息、使用画笔来做标记等功能，可以方便地对这些幻灯片进行放映。

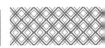

第4篇 高效办公篇

第14章 Outlook办公应用——使用Outlook处理办公事务

本章3段教学视频

Outlook 2019是Office 2019办公软件中的电子邮件管理组件，其方便的可操作性和全面的辅助功能为用户进行邮件传输和个人信息管理提供了极大的方便。本章主要介绍配置Outlook 2019、Outlook 2019的基本操作、管理邮件和联系人、安排任务及使用日历等内容。

第15章 OneNote办公应用——收集和处理工作信息

本章6段教学视频

OneNote 2019是微软公司推出的一款数字笔记本，用户使用它可以快速收集、组织工作和生活中的各种图文资料，与Office 2019的其他办公组件结合使用，可以大大提高工作效率。

第5篇 办公秘籍篇

第16章 办公中必备的技能

本章8段教学视频

打印机是自动化办公中不可或缺的组成部分，是重要的输出设备之一，具备办公管理所需的知识与经验，以及能够熟练操作常用的办公器材是十分必要的。本章主要介绍连接并设置打印机、打印Word文档、打印Excel表格、打印PowerPoint演示文稿的方法。

🍶 高手支招

第 17 章 Office 组件间的协作

🎬 本章 4 段教学视频

在办公过程中，会经常遇到在 Word 文档中使用表格的情况，而 Office 组件之间可以很方便地进行相互调用，从而提高工作效率。使用 Office 组件间的协作进行办公，会发挥 Office 办公软件的强大功能。

🍶 高手支招

第0章

Office 最佳学习方法

本章导读

Office 2019 主要包括 Word 2019、Excel 2019、PowerPoint 2019、Outlook 2019 和 OneNote 2019 等常用组件。作为最常用的办公系列软件之一，Office 2019 受到广大办公人士的喜爱，本章以 Office 的领域应用为出发点，介绍 Office 办公组件的最佳学习方法。

思维导图

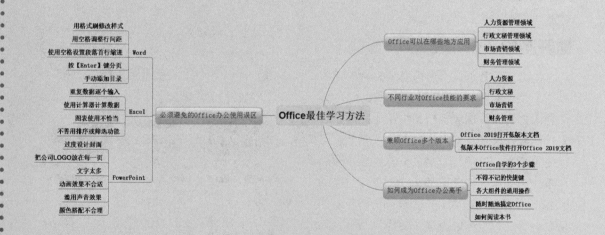

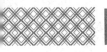

0.1 Office 可以在哪些地方应用

Office 2019 是微软办公软件的集合，主要包括 Word、Excel、PowerPoint、OneNote、Outlook、Skype、Project、Visio 及 Publisher 等组件和服务。通过 Office 2019 可以实现文档的编辑、排版和审阅，表格的设计、排序、筛选和计算，演示文稿的设计和制作，邮件的接收与发送、整理与共享笔记等多种功能。

Office 的应用范围比较广泛，无论是工作、生活还是学习，人们都经常使用 Office 软件。例如，在工作中可以使用 Office 制作各类办公文档，在生活中可以使用 Office 软件记录日常开销，在学习中可以使用 Office 记笔记、制订学习计划、整理文档集等。

在办公方面，Office 2019 主要应用于人力资源管理、行政文秘管理、市场营销和财务管理等领域。

1. 在人力资源管理领域的应用

人力资源管理是一项系统又复杂的组织工作。使用 Office 2019 系列应用组件可以帮助人力资源管理者轻松、快速地完成各种文档、数据报表及幻灯片的制作。例如，可以使用 Word 2019 制作各类规章制度、招聘启事、工作报告、培训资料等，使用 Excel 2019 制作绩效考核表、工资表、员工基本信息表、员工入职记录表等，使用 PowerPoint 2019 可以制作公司培训 PPT、述职报告 PPT、招聘简章 PPT 等。下图所示为使用 Word 2019 制作的公司培训资料文档。

2. 在行政文秘管理领域的应用

在行政文秘管理领域需要制作各类严谨的文档，Office 2019 系列办公软件提供批注、审阅及错误检查等功能，可以方便地核查制作的文档。例如，使用 Word 2019 制作委托书、合同等，使用 Excel 2019 制作项目评估表、会议议程记录表、差旅报销单等，使用 PowerPoint 2019 可以制作公司宣传 PPT、商品展示 PPT 等。下图所示为使用 PowerPoint 2019 制作的公司宣传 PPT。

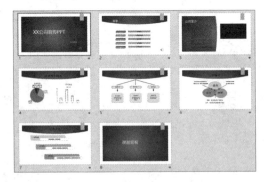

3. 在市场营销领域的应用

在市场营销领域，可以使用 Word 2019 制作项目评估报告、企业营销计划书等，使用 Excel 2019 制作产品价目表、进销存管理

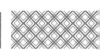

系统工作表等，使用 PowerPoint 2019 可以制作投标书、市场调研报告 PPT、产品营销推广方案 PPT、企业发展战略 PPT 等。下图所示为使用 Excel 2019 制作的销售业绩透视表。

4. 在财务管理领域的应用

财务管理是一项涉及面广，且综合性和制约性都很强的系统工程，是通过价值形态对资金运动进行决策、计划和控制的综合性管理，也是企业管理的核心内容。在财务管理领域，可以使用 Word 2019 制作询价单、公司财务分析报告等，使用 Excel 2019 可以制作企业财务查询表、成本统计表、年度预算表等，使用 PowerPoint 2019 可以制作年度财务报告 PPT、项目资金需求 PPT 等。下图所示为使用 Excel 2019 制作的凭证明细表。

0.2 不同行业对 Office 技能的要求

不同行业的从业人员对 Office 技能的要求不同，下面就以人力资源、行政文秘、市场营销和财务管理等行业为例，介绍不同行业必备的 Word、Excel 和 PPT 技能，如下表所示。

行业	Word	Excel	PPT
人力资源	1. 文本的输入与格式设置 2. 使用图片和表格 3. Word 基本排版 4. 审阅和校对	1. 内容的输入与设置 2. 表格的基本操作 3. 表格的美化 4. 条件格式的使用 5. 图表的使用	1. 文本的输入与设置 2. 图表和图形的使用 3. 设置动画及切换效果 4. 使用多媒体 5. 放映幻灯片
行政文秘	1. 页面的设置 2. 文本的输入与格式设置 3. 使用图片、表格和艺术字 4. 使用图表 5. Word 高级排版 6. 审阅和校对	1. 内容的输入与设置 2. 表格的基本操作 3. 表格的美化 4. 条件格式的使用 5. 图表的使用 6. 制作数据透视图和数据透视表 7. 数据验证 8. 排序和筛选 9. 简单函数的使用	1. 文本的输入与设置 2. 图表和图形的使用 3. 设置动画及切换效果 4. 使用多媒体 5. 放映幻灯片

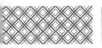
续表

行业	Word	Excel	PPT
市场营销	1. 页面的设置 2. 文本的输入与格式设置 3. 使用图片、表格和艺术字 4. 使用图表 5. Word 高级排版 6. 审阅和校对	1. 内容的输入与设置 2. 表格的基本操作 3. 表格的美化 4. 条件格式的使用 5. 图表的使用 6. 制作数据透视图和数据透视表 7. 排序和筛选 8. 简单函数的使用	1. 文本的输入与设置 2. 图表和图形的使用 3. 设置动画及切换效果 4. 使用多媒体 5. 放映幻灯片
财务管理	1. 文本的输入与格式设置 2. 使用图片、表格和艺术字 3. 使用图表 4. Word 高级排版 5. 审阅和校对	1. 内容的输入与设置 2. 表格的基本操作 3. 表格的美化 4. 条件格式的使用 5. 图表的使用 6. 制作数据透视图和数据透视表 7. 排序和筛选 8. 财务函数的使用	1. 文本的输入与设置 2. 图表和图形的使用 3. 设置动画及切换效果 4. 使用多媒体 5. 放映幻灯片

0.3 万变不离其宗：兼顾 Office 多个版本

Office 的版本由 2003 更新到 2019，高版本 Office 软件可以直接打开低版本 Office 软件创建的文档。如果要使用低版本 Office 软件打开高版本 Office 软件创建的文档，可以先将高版本 Office 软件创建的文档另存为低版本类型，再使用低版本 Office 软件打开进行文档编辑。下面以 Word 2019 为例进行介绍。

1. Office 2019 打开低版本文档

使用 Office 2019 可以直接打开 Office 2003、Office 2007、Office 2010、Office 2013、Office 2016 格式的文件。将 Word 2003 格式的文件在 Word 2019 文档中打开时，标题栏中则会显示【兼容模式】字样，如下图所示。

2. 低版本 Office 软件打开 Office 2019 文档

低版本 Office 软件也可以打开 Word 2019 创建的文档，只需将其类型更改为低版

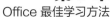

本类型即可,具体操作步骤如下。

第 1 步 使用 Word 2019 创建一个 Word 文档,选择【文件】选项卡,在弹出的界面左侧选择【另存为】选项,在界面右侧单击【浏览】按钮。

第 2 步 弹出【另存为】对话框,在【保存类型】下拉列表中选择【Word 97-2003 文档】选项,单击【保存】按钮即可将其转换为低版本。

0.4 必须避免的 Office 办公使用误区

在使用 Office 软件办公时,一些错误的操作不仅耽误文档制作的时间、影响办公效率,看起来还不美观,并且再次编辑时也不容易修改。下面简单介绍一些办公中必须避免的 Office 办公使用误区。

1. Word

(1)长文档中使用格式刷修改样式

在编辑长文档,特别是多达几十页或上百页的文档时,使用格式刷应用样式是不正确的,一旦需要修改该样式,就需要重新刷一遍,影响文档编辑速度。这时可以使用样式来管理,再次修改时,只需修改样式,则应用该样式的文本将自动更新为新样式,如下图所示。

(2)用空格调整行间距

调整行间距或段间距时,可以在【段落】对话框【缩进和间距】选项卡下的【间距】选项区域中设置行间距或段间距,如下图所示。

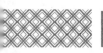

（3）使用空格设置段落首行缩进

在编辑文档时，段前默认情况下需要首行缩进2个字符，切忌使用空格调整，可以在【段落】对话框【缩进和间距】选项卡下的【缩进】选项区域中设置缩进，如下图所示。

（4）按【Enter】键分页

按【Enter】键添加换行符可以达到分页的目的，但如果在分页前的文本中删除或添加文字，添加的换行符就不能起到正确分页的作用，可以单击【插入】选项卡下【页面】

组中的【分页】按钮，或者单击【布局】选项卡下【页面设置】组中的【分隔符】按钮，在其下拉列表中选择【分页符】选项，也可以直接按【Ctrl+Enter】组合键进行分页，如下图所示。

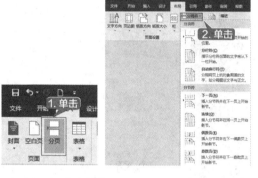

（5）手动添加目录

Word 提供了自动提取目录的功能，只需为文本设置大纲级别，并为文档添加页码，即可自动生成目录，不需要手动添加，如下图所示。

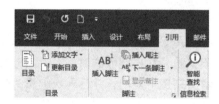

2. Excel

（1）大量重复或有规律的数据逐个输入

在使用 Excel 时，经常需要输入一些大量重复或有规律的数据，逐个输入会浪费时间，可以使用快速填充功能输入，如下图所示。

（2）使用计算器计算数据

Excel 提供了求和、平均值、最大值、

最小值、计数等简单易用的函数，满足用户对数据的简单计算，不需要使用计算器即可准确计算，如下图所示。

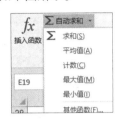

（3）图表使用不恰当

创建图表时首先要掌握每一类图表的作用，如果要查看每一个数据在总数中所占的比例，那么创建柱形图就不能准确表达数据。因此，选择合适的图表类型很重要，如下图所示。

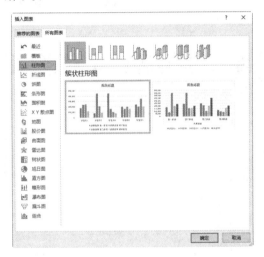

（4）不善用排序或筛选功能

排序和筛选是 Excel 的强大功能之一，不仅能够将数据按升序、降序或自定义序列进行排序，而且筛选功能可以快速并准确筛选出满足条件的数据。

3. PowerPoint

（1）过度设计封面

一个用于演讲的 PPT，封面的设计水平和内页保持一致即可。因为第一页 PPT 停留在观众视线里的时间不会太长，演讲者需要尽快进入演说的开场白部分，然后是演讲的实质内容部分，封面不是 PPT 要呈现的重点。

（2）把公司 LOGO 放在每一页

制作 PPT 时要避免把公司 LOGO 以大图标的形式放到每一页幻灯片中，这样不仅干扰观众的视线，还容易引起观众的反感情绪。

（3）文字太多

PPT 页面中放置大量的文字，不仅有失美观，还容易引起观众的视觉疲劳，给他们留下是在念 PPT 而不是在演讲的印象。因此，制作 PPT 时可以使用图表、图片、表格等展示文字，以吸引观众，如下图所示。

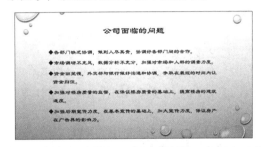

（4）选择不合适的动画效果

使用动画是为了使重点内容醒目，厘清观众的思路，引起观众的重视，可以在幻灯片中增加醒目的效果。如果选择的动画效果不合适，就会起到相反的作用。因此，使用动画时，要遵循动画的醒目、自然、适当、简化及创意原则。

（5）滥用声音效果

进行长时间的讲演时，可以在幻灯片中添加声音效果，用来吸引观众的注意力，防止视觉疲劳，但滥用声音效果，不仅不能使观众注意力集中，还会引起观众的厌烦。

（6）颜色搭配不合理或过于艳丽

文字颜色与背景色过于近似，如下图所示的文字颜色就不够清晰。

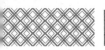
 0.5 如何成为 Office 办公高手

1. Office 自学的 3 个步骤

学习 Office 办公软件，可以按照下面 3 个步骤进行学习。

第 1 步：入门。

① 熟悉软件界面。

② 学习并掌握每个按钮的用途及常用的操作。

③ 结合参考书能够制作出案例。

第 2 步：熟悉。

① 熟练掌握软件大部分功能的使用。

② 能不使用参考书制作出满足工作要求的办公文档。

③ 掌握大量实用技巧，节省时间。

第 3 步：精通。

① 掌握 Office 组件的全部功能，能熟练制作美观、实用的各类文档。

② 掌握 Office 软件在不同设备中的使用，随时随地办公。

2. 快人一步：不得不记的快捷键

掌握 Office 软件操作中的常用快捷键可以提高文档编辑速度。下面介绍 Word 2019、Excel 2019 及 PowerPoint 2019 中常用的快捷键。

（1）Word 2019 常用快捷键

按键	说明
Ctrl+N	创建新文档
Ctrl+O	打开文档
Ctrl+W	关闭文档
Ctrl+S	保存文档
Ctrl+C	复制文本
Ctrl+V	粘贴文本
Ctrl+X	剪切文本
Ctrl+Shift+C	复制格式
Ctrl+Shift+V	粘贴格式
Ctrl+Shift+>	增大字号
Ctrl+Shift+<	减小字号
Ctrl+]	逐磅增大字号
Ctrl+[	逐磅减小字号
Ctrl+D	打开【字体】对话框更改字符格式
Ctrl+B	应用加粗格式
Ctrl+U	应用下画线
Ctrl+I	应用倾斜格式
←或→	向左或向右移动一个字符
Ctrl+ ←	向左移动一个字词
Ctrl+ →	向右移动一个字词
Shift+ ←	向左选取或取消选取一个字符
Shift+ →	向右选取或取消选取一个字符

续表

按键	说明
Ctrl+Shift+ ←	向左选取或取消选取一个单词
Ctrl+Shift+ →	向右选取或取消选取一个单词
Shift+Home	选择从插入点到条目开头之间的内容
Shift+End	选择从插入点到条目结尾之间的内容
Ctrl+F12 或 Ctrl+O	显示【打开】对话框
F12	显示【另存为】对话框
Esc	取消操作

（2）Excel 2019 快捷键

按键	说明
Ctrl+Shift+:	输入当前时间
Ctrl+;	输入当前日期
Ctrl+1	显示【单元格格式】对话框
Ctrl+A	选择整个工作表
Ctrl+B	应用或取消加粗格式设置
Ctrl+C	复制选定的单元格
Ctrl+D	使用【向下填充】命令将选定范围内最顶层单元格的内容和格式复制到下面的单元格中
Ctrl+F	显示【查找和替换】对话框，其中的【查找】选项卡处于选中状态
Ctrl+G	显示【定位】对话框
Ctrl+H	显示【查找和替换】对话框，其中的【替换】选项卡处于选中状态
Ctrl+I	应用或取消倾斜格式设置
Ctrl+K	为新的超链接显示【插入超链接】对话框，或者为选定的现有超链接显示【编辑超链接】对话框
Ctrl+N	创建一个新的空白工作簿
Ctrl+O	显示【打开】对话框以打开或查找文件
Ctrl+Shift+O	可选择所有包含批注的单元格
Ctrl+R	使用【向右填充】命令，将选定范围最左边单元格的内容和格式复制到右边的单元格中
Ctrl+S	使用当前文件名、位置和文件格式保存活动文件
F1	显示【Excel 帮助】任务窗格
Ctrl+F1	将显示或隐藏功能区
Alt+F1	可创建当前区域中数据的嵌入图表
Alt+Shift+F1	可插入新的工作表
F2	编辑活动单元格并将插入点放在单元格内容的结尾。如果禁止在单元格中进行编辑，它也会将插入点移到编辑栏中
Shift+F2	可添加或编辑单元格批注
F3	显示【粘贴名称】对话框。仅当工作簿中存在名称时才可用
Shift+F3	将显示【插入函数】对话框
F4	重复上一个命令或操作（如有可能）
Ctrl+F4	可关闭选定的工作簿窗口
Alt+F4	可关闭 Excel
F11	在单独的图表工作表中创建当前范围内数据的图表
Shift+F11	可插入一个新工作表
F12	显示【另存为】对话框
箭头键	在工作表中上移、下移、左移或右移一个单元格
Backspace	在编辑栏中删除左边的一个字符，也可清除活动单元格中的内容

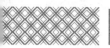
按键	说明
Delete	从选定单元格中删除单元格内容（数据和公式），而不会影响单元格格式或批注
Enter	从单元格或编辑栏中完成单元格输入，并（默认）选择下面的单元格。 在数据表单中，按该键可移动到下一条记录中的第一个字段； 在对话框中，按该键可执行对话框中默认命令按钮的操作； 按【Alt+Enter】组合键可在同一单元格中另起一个新行； 按【Ctrl+Enter】组合键可使用当前条目填充选定的单元格区域； 按【Shift+Enter】组合键可完成单元格输入并选择上面的单元格

（3）PowerPoint 2019 快捷键

按键	说明
N Enter Page Down 右箭头（→） 下箭头（↓） 空格键	执行下一个动画或换页到下一张幻灯片
P Page Up 左箭头（←） 上箭头（↑） Backspace	执行上一个动画或返回上一张幻灯片
B 或。（句号）	黑屏或从黑屏返回幻灯片放映
W 或，（逗号）	白屏或从白屏返回幻灯片放映
S 或加号	停止或重新启动自动幻灯片放映
Esc Ctrl+Break 连字符（－）	退出幻灯片放映
E	擦除屏幕上的注释
H	到下一张隐藏幻灯片
T	排练时设置新的时间
O	排练时使用原设置时间
M	排练时使用鼠标单击切换到下一张幻灯片
Ctrl+P	重新显示隐藏的指针或将指针改变成绘图笔
Ctrl+A	重新显示隐藏的指针或将指针改变成箭头
Ctrl+H	立即隐藏指针和按钮
Shift+F10(相当于右击)	显示右键快捷菜单

3. 各大组件的通用操作

Word、Excel 和 PowerPoint 中包含有很多通用的操作命令，如复制、剪切、粘贴、撤销、恢复、查找和替换等。下面以 Word 为例进行介绍。

（1）复制命令

选择要复制的文本，单击【开始】选项卡下【剪贴板】组中的【复制】按钮，或者按【Ctrl+C】组合键都可以复制选择的文本。

（2）剪切命令

选择要剪切的文本，单击【开始】选项卡下【剪贴板】组中的【剪切】按钮，或者按【Ctrl+X】组合键都可以剪切选择的文本。

（3）粘贴命令

复制或剪切文本后，将光标定位至要粘贴文本的位置，单击【开始】选项卡下【剪贴板】组中的【粘贴】下拉按钮，在弹出的下拉列表中选择相应的粘贴选项，或者按【Ctrl+V】组合键都可以粘贴用户复制或剪切的文本。

> **| 提示 |**
>
> 【粘贴】下拉列表中各项含义如下。
>
> 【保留原格式】选项：被粘贴内容保留原始内容的格式。
>
> 【匹配目标格式】选项：被粘贴内容取消原始内容格式，并应用目标位置的格式。
>
> 【仅保留文本】选项：被粘贴内容清除原始内容和目标位置的所有格式，仅保留文本。

（4）撤销命令

当执行的命令有错误时，可以单击快速访问工具栏中的【撤销】按钮，或者按【Ctrl+Z】组合键撤销上一步的操作。

（5）恢复命令

执行撤销命令后，可以单击快速访问工具栏中的【恢复】按钮，或者按【Ctrl+Y】组合键恢复撤销的操作。

> **| 提示 |**
>
> 输入新的内容后，【恢复】按钮会变为【重复】按钮，单击该按钮，将重复输入新输入的内容。

（6）查找命令

需要查找文档中的内容时，单击【开始】选项卡下【编辑】组中的【查找】下拉按钮，在弹出的下拉列表中选择【查找】或【高级查找】选项，或者按【Ctrl+F】组合键查找内容，

如下图所示。

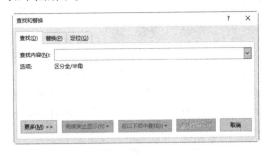

> **| 提示 |**
>
> 选择【查找】选项或按【Ctrl+F】组合键，可以打开【导航】窗格查找。
>
> 选择【高级查找】选项可以弹出【查找和替换】对话框查找内容。

（7）替换命令

需要替换某些内容或格式时，可以使用替换命令。单击【开始】选项卡下【编辑】组中的【替换】按钮，即可打开【查找和替换】对话框，在【查找内容】和【替换为】文本框中输入要查找和替换为的内容，单击【替换】按钮即可，如下图所示。

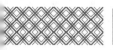
4. 在办公室、路上或家里，随时随地搞定 Office

移动信息产品的快速发展，移动通信网络的普及，只需一部智能手机或平板电脑就可以随时随地进行办公，使工作更简单、更方便。使用 OneDrive 即可实现在计算机和手持设备之间随时传送。

（1）在计算机上使用 OneDrive

具体操作步骤如下。

第1步 在【此电脑】窗口中选择【OneDrive】选项，或者在任务栏的【OneDrive】图标上右击，在弹出的快捷菜单中选择【打开你的 OneDrive 文件夹】选项，都可以打开【OneDrive】窗口，如下图所示。

| 提示 |

第一次使用"OneDrive"，需要根据提示，登录 Microsoft 账户。

第2步 选择要上传的文档"工作报告 .docx "，将其复制并粘贴至【OneDrive】文件夹，或者直接拖曳文档至【OneDrive】文件夹中，如下图所示。

第3步 在【OneDrive】文件夹图标上即显示刷新图标 ⟳，表明 OneDrive 正在同步，如下图所示。

第4步 上传成功后，文件表会显示同步成功的标志 ⊘，如下图所示。

（2）在手机上使用 OneDrive

OneDrive 不仅可以在 Windows Phone 手机中使用，还可以在 iPhone、Android 手机中使用。下面以在 iOS 系统设备中使用 OneDrive 为例，介绍在手机设备上使用 OneDrive 的具体操作步骤。

第1步 在手机中下载并登录 OneDrive，即可进入 OneDrive 界面，选择要查看的文件，这里选择【文档】文件夹，如下图所示。

第2步 即可打开【文档】文件夹，查看文件夹内的文件，上传的工作报告文件也在文件夹内，如下图所示。

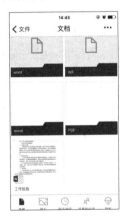

第3步 长按"工作报告"图标，即可选中文件并调出对文件可进行的操作命令，如下图所示。

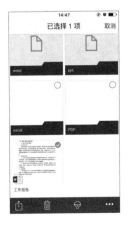

（3）在手机中打开 OneDrive 中的文档

下面以在手机中通过 Microsoft Word 打开 OneDrive 中保存的文件，并进行编辑保存的操作为例，介绍随时随地办公的操作步骤。

第1步 下载并安装 Microsoft Word 软件。在手机中使用同一账号登录，即可显示 OneDrive 中的文档，如下图所示。

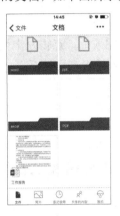

第2步 点击"工作报告 .docx"文档，即可将其下载至手机，如下图所示。

第3步 下载完成后会自动打开该文档，效果如下图所示。

第4步 对文件中的字体进行简单的编辑，并

插入工作表，效果如下图所示。

第5步 编辑完成后，点击左上角的【返回】按钮，即可自动保存文档至OneDrive，如下图所示。

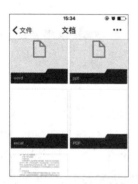

本书以学习Office的最佳方法来分配章节，第0章可以使读者了解Office的应用领域及如何学习Office。第1篇可使读者掌握Word 2019的使用方法，包括安装与设置Office 2019，Word 2019的基本操作，使用图片和表格，以及长文档的排版。第2篇可使读者掌握Excel 2019的使用，包括Excel的基本操作，表格的美化，数据的处理与分析，图表、数据透视图与数据透视表，以及公式和函数的应用等。第3篇可使读者掌握PPT的办公应用，包括PPT的基本操作，图形和图表的应用，动画和多媒体的应用，以及放映幻灯片等。第4篇可使读者掌握高效办公的技巧，包括Outlook的使用和OneNote的使用。第5篇可使读者掌握办公秘籍，包括办公设备的使用及Office组件间的协作。

Word 办公应用篇

本篇主要介绍 Word 中的各种操作，通过本章的学习，读者可以掌握如何在 Word 中进行文字输入、文字调整、图文混排，以及在文档中添加表格和图表等操作。

第1章

快速上手 ——Office 2019 的安装与设置

⊜ 本章导读

使用 Office 2019 软件之前，首先要掌握 Office 2019 的安装与基本设置。本章主要介绍 Office 2019 软件的安装与卸载、启动与退出、Microsoft 账户、修改默认设置等操作。

⊙ 思维导图

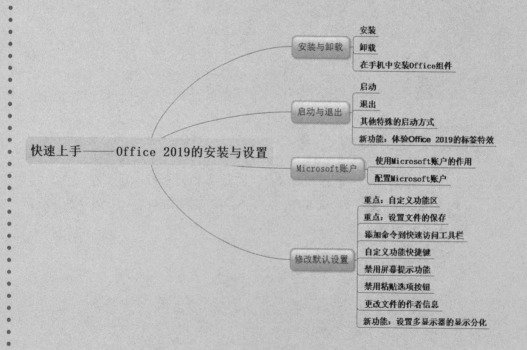

1.1 Office 2019 的安装与卸载

软件使用之前，首先要将软件移植到计算机中，此过程称为安装；如果不想使用此软件，可以将软件从计算机中清除，此过程称为卸载。本节介绍 Office 2019 三大组件的安装与卸载。

1.1.1 安装

在使用 Office 2019 之前，首先需要掌握 Office 2019 的安装操作。安装 Office 2019 之前，计算机硬件和软件的配置要达到以下要求。

处理器	1GHz 或更快的 x86 或 x64 位处理器（采用 SSE2 指令集）
内存	1GB RAM（32 位）；2GB RAM（64 位）
硬盘	3.0 GB 可用空间
显示器	图形硬件加速需要 DirectX10 显卡和 1024 像素 x 576 像素的分辨率
操作系统	目前只支持 Windows 10 操作系统
浏览器	Microsoft Internet Explorer 8、9 或 10；Mozilla Firefox 10.x 或更高版本；Apple Safari 5；Google Chrome 17.x
.NET 版本	3.5、4.0 或 4.5
多点触控	需要支持触摸的设备才能使用任何多点触控功能。但始终可以通过键盘、鼠标或其他标准输入设备或可访问的输入设备使用所有功能

计算机配置达到要求后就可以安装 Office 2019 软件。安装 Office 2019 比较简单，双击 Office 2019 软件的安装程序，首先会接连弹出如下图所示的两个界面。

接着弹出"正在安装 Office"界面，系统自动安装软件。稍等一段时间，即可弹出提示 Office 已安装成功的界面，单击【关闭】按钮，完成安装，如下图所示。

> **提示**
>
> 安装 Office 2019 的过程中不需要选择安装的位置及安装哪些组件，默认安装所有组件。

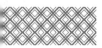

1.1.2 卸载

如果使用 Office 2019 的过程中程序出现问题，可以修复 Office 2019；不需要使用时，可以将其卸载。

1. 修复 Office 2019

安装 Office 2019 后，当 Office 使用过程中出现异常情况，可以对其进行修复，具体操作步骤如下。

第1步 选择【开始】→【Windows 系统】→【控制面板】命令，如下图所示。

第2步 打开【控制面板】窗口，单击【程序和功能】链接，如下图所示。

第3步 打开【程序和功能】对话框，选择【Microsoft Office Professional Plus 2019 – zh-cn】选项，单击【更改】按钮，如下图所示。

第4步 在弹出的【Office】对话框中选中【快速修复】单选按钮，单击【修复】按钮，如下图所示。

第5步 在【准备好开始快速修复】界面中单击【修复】按钮，即可自动修复 Office 2019，如下图所示。

2. 卸载 Office 2019

第1步 打开【程序和功能】对话框，选择【Microsoft Office Professional Plus 2019 – zh-cn】选项，单击【卸载】按钮，如下图所示。

第2步 在弹出的对话框中单击【卸载】按钮，开始卸载 Office 2019，如下图所示。

1.1.3　在手机中安装 Office 组件

Office 2019 推出了手持设备版本的 Office 组件，支持 Android 手机、Android 平板电脑、iPhone、iPad、Windows Phone、Windows 平板电脑，下面以在安卓手机中安装 Word 组件为例进行介绍，具体操作步骤如下。

第 1 步　在安卓手机中打开任一下载软件的应用商店，如腾讯应用宝、360 手机助手、百度手机助手等。这里打开 360 手机助手程序，并在搜索框中输入"Word"，点击【搜索】按钮，即可显示搜索结果，如下图所示。

第 2 步　在搜索结果中点击【Microsoft　Word】右侧的【下载】按钮，此时【下载】按钮变为【暂停】按钮，即可开始下载 Microsoft　Word 组件，如下图所示。

第 3 步　下载完成，在打开的安装界面中点击【安装】按钮，如下图所示。

第 4 步　安装完成，在安装成功界面中点击【打开】按钮，如下图所示。

第 5 步　打开并进入手机 Word 界面，选择【OneDrive- 个人版】选项，如下图所示。

第6步 进入 Microsoft 账户登录界面，输入账户名称，点击【下一步】按钮，如下图所示。

第7步 输入账户密码，点击【登录】按钮，如下图所示。

第8步 进入 Word 界面，点击按钮，如下图所示。

第9步 在【新建】页面中选择【空白文档】选项，如下图所示。

第10步 新建一个空白文档，如下图所示。

> **提示** :::::::::
>
> 使用手机版本 Office 组件时需要登录 Microsoft 账户。

1.2 Office 2019 的启动与退出

使用 Office 办公软件编辑文档之前，首先需要启动软件，不再使用时，还需要退出软件。本节以 Word 2019 为例，介绍启动与退出 Office 2019 的操作。

1.2.1 启动

使用 Word 2019 编辑文档，首先需要启动 Word 2019。启动 Word 2019 的具体操作步骤如下。

第1步 选择【开始】→【Word 】命令，如下图所示。

第2步 启动 Word 2019，在打开的界面中选择【空白文档】选项，如下图所示。

第3步 新建一个空白文档，如下图所示。

1.2.2 退出

不使用 Word 2019 时可以将其退出，退出 Word 2019 的方法有以下 4 种。

方法 1：单击窗口右上角的【关闭】按钮，如下图所示。

方法 2：在文档标题栏上右击，在弹出的快捷菜单中选择【关闭】命令，如下图所示。

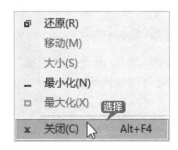

方法 3：选择【文件】选项卡下的【关闭】选项，如下图所示。

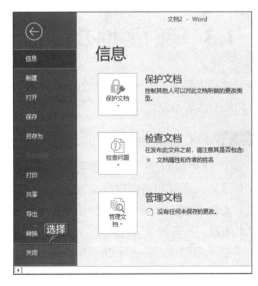

方法 4：直接按【Alt+F4】组合键。

1.2.3 其他特殊的启动方式

除了使用正常的方法启动 Word 2019 外，还可以在 Windows 桌面或文件夹的空白处右击，在弹出的快捷菜单中选择【新建】→【Microsoft Word 文档】命令。执行该命令后即可创建一个 Word 文档，用户可以直接重命名该文档。双击新建文档，Word 2019 就会打开新建的空白文档，如下图所示。

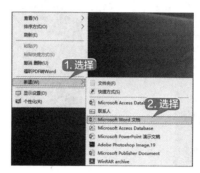

此外，双击计算机中存储的".docx"格式文档，也可以快速启动 Word 2019 软件并打开该文档。

1.2.4 新功能：体验 Office 2019 的标签特效

标签特效是 Office 2019 的一大功能特点，为了配合 Windows 10 系统窗口淡入淡出的动画效果，在 Office 2019 中也加入了许多类似的动画效果，体现在各个选项卡的切换，以及对话框窗口的打开和关闭上。例如，在 Word 中，单击【开始】选项卡【字体】组中的【字体】按钮，调用【字体】对话框，在打开和关闭【字体】对话框时，可以看到一种淡入淡出的动画效果。

1.3 随时随地办公的秘诀——Microsoft 账户

使用 Office 2019 登录 Microsoft 账户可以实现通过 OneDrive 同步文档，便于文档的共享与交流。

1. 使用 Microsoft 账户的作用

① 使用 Microsoft 账户登录微软相关的所有网站，可以和朋友在线交流，向微软的技术人员或微软 MVP（最有价值专家）提出技术问题，并得到他们的解答。

② 利用微软账户注册 OneDrive 等应用。

③ 在 Office 2019 中登录 Microsoft 账户并在线保存 Office 文档、图像和视频等，可以随时通过其他 PC、手机、平板电脑中的 Office 2019，对它们进行访问、修改及查看。

2. 配置 Microsoft 账户

登录 Office 2019 不仅可以随时随地处理工作，还可以联机保存 Office 文件，但前提是需要拥有一个 Microsoft 账户并且登录，具体操作步骤如下。

第1步 打开 Word 文档，单击软件界面右上角的【登录】链接，弹出【登录】界面，在文本框中输入电子邮件地址，单击【下一步】按钮，如下图所示。

第2步 在打开的界面输入账户密码，单击【登录】按钮，即可登录 Microsoft 账户，如下图所示。

> **提示**
>
> 如果没有 Microsoft 账户，可单击【立即注册】链接，注册账号。

第3步 登录后选择【文件】选项卡，在弹出的界面左侧选择【账户】选项，在界面右侧将显示账户信息，在该界面中可更改照片、注销、切换账户，设置背景及主体等，如下图所示。

1.4 提高办公效率——修改默认设置

Office 2019 各组件可以根据需要修改默认的设置，设置的方法类似。本节以 Word 2019 软件为例来讲解 Office 2019 修改默认设置的操作。

1.4.1 重点：自定义功能区

功能区中的各个选项卡可以由用户自定义设置，包括命令的添加、删除、重命名、次序调整等，具体操作步骤如下。

第1步 在功能区的空白处右击，在弹出的快捷菜单中选择【自定义功能区】选项，如下图所示。

第2步 打开【Word选项】对话框，选择【自定义功能区】选项，单击【新建选项卡】按钮，如下图所示。

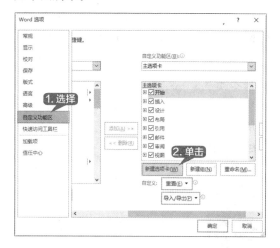

第3步 系统会自动创建一个【新建选项卡】和一个【新建组】选项，如下图所示。

第4步 选中【新建选项卡】复选框，单击【重命名】按钮，弹出【重命名】对话框，在【显示名称】文本框中输入"附加选项卡"，单击【确定】按钮，如下图所示。

第5步 选择【新建组】选项，单击【重命名】按钮，弹出【重命名】对话框。在【符号】列表框中选择组图标，在【显示名称】文本框中输入"学习"，单击【确定】按钮，如

下图所示。

第6步 返回【Word选项】对话框，即可看到选项卡和选项组已被重命名，单击【从下列位置选择命令】右侧的下拉按钮，在弹出的下拉列表中选择【所有命令】选项，在列表框中选择【词典】选项，单击【添加】按钮，如下图所示。

第7步 此时就将其添加至新建的【附加选项卡】下的【学习】组中，如下图所示。

第8步 单击【确定】按钮，返回 Word 界面，即可看到新增加的选项卡、选项组及按钮，如下图所示。

1.4.2 重点：设置文件的保存

保存文档时经常需要选择文件保存的位置及保存类型，如果需要经常将文档保存为某一类型并且保存在某一个文件夹内，可以在 Office 2019 中设置文件默认的保存类型及保存位置，具体操作步骤如下。

第1步 在打开的 Word 2019 文档中选择【文件】选项卡，选择【选项】选项，如下图所示。

第2步 打开【Word 选项】对话框，在左侧选择【保存】选项，在右侧的【保存文档】选项区域单击【将文件保存为此格式】后的下拉按钮，在弹出的下拉列表中选择【Word 文档（*.docx）】选项，将默认保存类型设置为"Word 文档（*.docx）"格式，如下图所示。

第3步 单击【默认本地文件位置】文本框后的【浏览】按钮，如下图所示。

第4步 打开【修改位置】对话框，选择文档要默认保存的位置，单击【确定】按钮，如下图所示。

第5步
返回【Word 选项】对话框，即可看到已经更改了文档的默认保存位置，单击【确定】按钮，如下图所示。

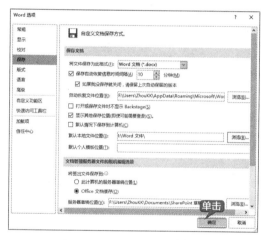

第6步 在 Word 文档中选择【文件】选项卡，选择【保存】选项，并在右侧单击【浏览】按钮，即可打开【另存为】对话框，可以看到默认的保存类型并自动打开默认的保存位置，如下图所示。

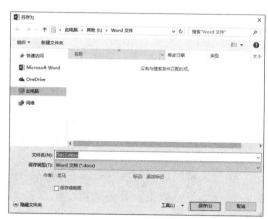

1.4.3 添加命令到快速访问工具栏

Word 2019 的快速访问工具栏在软件界面的左上方，默认情况下包含保存、撤销和恢复等按钮，用户可以根据需要将命令按钮添加至快速访问工具栏，具体操作步骤如下。

第1步 单击快速访问工具栏右侧的【自定义快速访问工具栏】按钮，在弹出的下拉列表中可以看到包含新建、打开等命令按钮，选择要添加至快速访问工具栏的选项，这里选择【新建】选项，如下图所示。

第2步 将【新建】选项添加至快速访问工具栏，并且选项前将显示"√"符号，如下图所示。

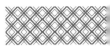

第 3 步 此外，还可以根据需要添加其他命令至快速访问工具栏。单击快速访问工具栏右侧的【自定义快速访问工具栏】按钮，在弹出的下拉列表中选择【其他命令】选项，如下图所示。

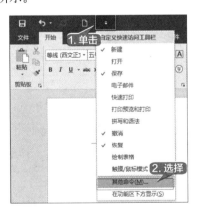

第 4 步 打开【Word 选项】对话框，在【从下列位置选择命令】下拉列表中选择【常用命令】选项，在下方的列表框中选择要添加至快速访问工具栏的选项，这里选择【查找】选项，单击【添加】按钮，如下图所示。

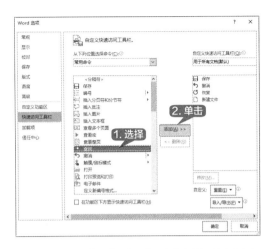

第 5 步 将【查找】选项添加至右侧的列表框中，单击【确定】按钮，如下图所示。

第 6 步 返回 Word 2019 界面，即可看到已经将【查找】按钮添加至快速访问工具栏中，如下图所示。

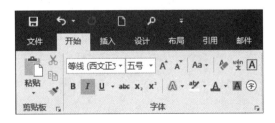

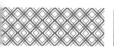

1.4.4 自定义功能快捷键

在 Word 2019 中可以根据需要自定义功能快捷键，便于执行某些常用的操作。在 Word 2019 中设置添加"☞"符号功能快捷键的具体操作步骤如下。

第1步 单击【插入】选项卡下【符号】组中的【符号】下拉按钮 Ω 符号▾，在弹出的下拉列表中选择【其他符号】选项，如下图所示。

第2步 打开【符号】对话框，选择要插入的"☞"符号，单击【快捷键】按钮，如下图所示。

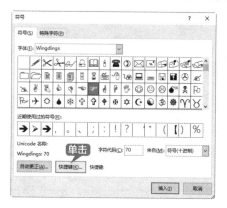

第3步 弹出【自定义键盘】对话框，将鼠标指针放置在【请按新快捷键】文本框内，输入要设置的快捷键，这里输入"Ctrl+1"，如下图所示。

第4步 单击【指定】按钮，即可将设置的快捷键添加至【当前快捷键】列表框内，单击【关闭】按钮，如下图所示。

第5步 返回【符号】对话框，即可看到设置的快捷键，单击【关闭】按钮，如下图所示。

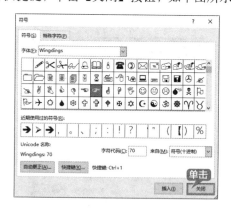

第6步 在 Word 文档中按【Ctrl+1】组合键，即可输入"☞"符号，如下图所示。

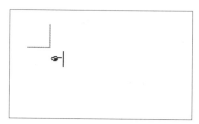

1.4.5 禁用屏幕提示功能

在 Word 2019 中将鼠标指针放置在某个按钮上，将提示按钮的名称及作用，可以通过设置禁用屏幕提示功能，具体操作步骤如下。

第1步 将鼠标指针放置在任意一个按钮上，如放置在【开始】选项卡下【字体】组中的【加粗】按钮上，稍等片刻，将显示按钮的名称及作用，如下图所示。

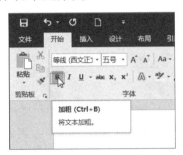

第2步 选择【文件】选项卡，选择【选项】选项，打开【Word 选项】对话框，选择【常规】选项，在右侧的【用户界面选项】选项区域中单击【屏幕提示样式】后的下拉按钮，在弹出的下拉列表中选择【不显示屏幕提示】选项，单击【确定】按钮，如下图所示。

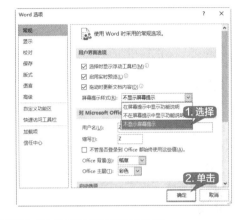

第3步 即可禁用屏幕提示功能。

1.4.6 禁用粘贴选项按钮

默认情况下使用粘贴功能后，将会在文档显示粘贴选项按钮，方便用于选择粘贴选项，可以通过设置禁用粘贴选项按钮，具体操作步骤如下。

第1步 在 Word 文档中复制一段内容后，按【Ctrl+V】组合键，将在 Word 文档中显示粘贴选项按钮，如下图所示。

第2步 如果要禁用粘贴选项按钮，可以选择【文件】选项卡，选择【选项】选项，打开【Word 选项】对话框，选择【高级】选项，在右侧的【剪切、复制和粘贴】选项区域中取消选中【粘贴内容时显示粘贴选项按钮】复选框，

单击【确定】按钮，即可禁用粘贴选项按钮，如下图所示。

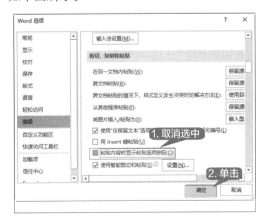

1.4.7 更改文件的作者信息

使用 Word 2019 制作文档时，文档会自动记录作者的相关信息，可以根据需要更改文件的作者信息，具体操作步骤如下。

第1步 在打开的 Word 文档中选择【文件】选项卡，选择【信息】选项，即可在右侧的【相关人员】选项区域显示作者信息，如下图所示。

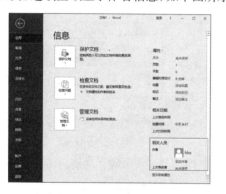

第2步 在作者名称上右击，在弹出的快捷菜单中选择【编辑属性】命令，如下图所示。

第3步 弹出【编辑人员】对话框，在【输入姓名或电子邮件地址】文本框中输入要更改的作者名称，单击【确定】按钮，如下图所示。

第4步 返回 Word 界面，即可看到已经更改了作者信息，如下图所示。

1.4.8 新功能：设置多显示器的显示优化

在实际办公过程中，可能很多人会需要使用多个显示器同时办公。但是当显示器的分辨率不一致时，文档在不同显示器上的显示效果会有所差异。针对这一难题，Office 2019 中加入了"多显示器显示优化"功能，满足用户对多屏显示的需求。

这里以 Word 2019 为例，来介绍如何解决文档多屏显示时的优化问题。

首先用 Word 2019 打开文档，选择【文件】选项卡，在弹出的界面左侧列表中选择【选项】选项，调出【Word 选项】对话框。在左侧列表中选择【常规】选项，在右侧【用户界面选项】选项区域中，选中【优化实现最佳显示】单选按钮即可，如下图所示。

◇ 将功能区的设置导入其他计算机中

在使用 Office 办公软件进行办公时，一般都会将常用的功能添加至快速访问工具栏和功能区中，但如果换一台计算机，则又需要重新设置这些常用的功能，这样就会显得很麻烦，那么如何才能快速将这些自定义的设置应用到其他计算机中呢？这里以 Word 2019 为例进行介绍，具体操作步骤如下。

第1步 启动 Word 2019，新建空白文档，并根据需要设置功能区和快速访问工具栏。设置完成后在功能区空白处右击，在弹出的快捷菜单中选择【自定义功能区】选项，如下图所示。

第2步 弹出【Word 选项】对话框，在右侧【自定义】选项区域中单击【导入／导出】下拉按钮，在弹出的下拉列表中选择【导出所有自定义设置】选项，如下图所示。

第3步 弹出【保存文件】对话框，选择文件要保存的位置，在【文件名】文本框中输入文件的名称，单击【保存】按钮，如下图所示。

第4步 当在其他计算机的 Word 软件中要使用同样的自定义设置时，可以先调用【Word 选项】对话框，在左侧列表中选择【自定义功能区】选项，在右侧【自定义】选项区域中单击【导入／导出】下拉按钮，在弹出的下拉列表中选择【导入自定义文件】选项，如下图所示。

第5步 弹出【打开】对话框，选择之前导出的文件，单击【打开】按钮，如下图所示。

第6步 弹出【Microsoft Office】信息提示框，单击【是】按钮，如下图所示。

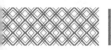

◇ 更改 Microsoft 账户头像

用户可以根据需要更改 Microsoft 账户头像，具体操作步骤如下。

第1步 单击【开始】按钮，在账户头像上右击，在弹出的快捷菜单中选择【更改账户设置】选项，如下图所示。

第2步 弹出【设置】窗口，在【账户信息】界面中选择【创建你的头像】选项区域中的【从现有图片中选择】选项，如下图所示。

第3步 弹出【打开】对话框，选择要作为头像的图片，单击【选择图片】按钮，如下图所示。

第4步 完成 Microsoft 账户头像的更改，如下图所示。

◇ 新功能：将文字以语音的形式"朗读"出来

Word 2019 中新增的"朗读"功能使用了 Windows 10 的语音转换技术，由微软"讲述人"直接将文档中的内容朗读出来，并突出显示朗读的每个词语。

第1步 打开"素材 \ch01\ 语音朗读 .docx"文件，将鼠标光标定位在要朗读的文本前，单击【审阅】选项卡【语音】组中的【朗读】按钮，如下图所示。

第2步 即可从光标位置处开始朗读文本，朗读到的文本会处于选中状态，突出显示出来，并在右上角显示语音朗读工具，控制朗读的播放、暂停、阅读速度及语言选择等，如下图所示。

第3步 在朗读工具中单击【暂停】按钮，即可停止朗读，如下图所示。

第2章

Word 的基本操作

本章导读

使用 Word 可以方便地记录文本内容，并能根据需要设置文字的样式，制作总结报告、租赁协议、请假条、邀请函、思想汇报等各类说明性文档。本章主要介绍输入文本、编辑文本、设置字体格式、设置段落格式、设置页面背景及审阅文档等内容。

思维导图

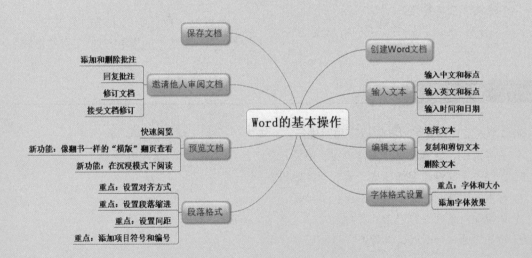

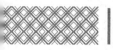

2.1 个人工作报告

在制作个人工作报告时要清楚地总结好工作成果及工作经验。

实例名称：制作个人工作报告	
实例目的：学习 Word 的基本操作	
素材	素材 \ch02\ 工作报告内容 .docx
结果	结果 \ch02\ 个人工作报告 .docx
视频	视频教学 \02 第 2 章

2.1.1 案例概述

工作报告是对一定时期内的工作加以总结、分析和研究，并肯定成绩，找出问题，得出经验教训。在制作工作报告时应注意以下几点。

1. 对工作内容的概述

详细描述一段时期内自己所接收的工作任务及工作任务完成情况，并做好内容总结。

2. 岗位职责的描述

回顾本部门、本单位某一阶段或某一方面的工作，既要肯定成绩，也要承认缺点，并从中得出应有的经验、教训。

3. 未来工作的设想

提出目前对所属部门工作的前景分析，进而提出下一步工作的指导方针、任务和措施。

2.1.2 设计思路

制作个人工作报告可以按照以下思路进行。

① 制作文档，包含题目、工作内容、成绩与总结等。

② 为相关正文修改字体格式、添加字体效果等。

③ 设置段落格式、添加项目符号和编号等。

④ 邀请他人来帮助自己审阅并批注文档、修订文档等。

⑤ 根据需要设计封面，并保存文档。

2.1.3 涉及知识点

本案例主要涉及以下知识点。

① 输入标点符号、项目符号、项目编号和时间日期等。

② 编辑、复制、剪切和删除文本等。

③ 设置字体格式、添加字体效果等。

④ 设置段落对齐、段落缩进、段落间距等。

⑤ 设置页面颜色、填充效果等。

⑥ 添加和删除批注、回复批注、接受修订等。

⑦ 添加新页面。

2.2 创建个人工作报告文档

在创建个人工作总结文档时，首先需要打开 Word 2019，创建一份新文档，具体操作步骤如下。

第1步 单击屏幕左下角的【开始】按钮，选择【W】→【Word】命令，如下图所示。

第2步 打开 Word 2019 主界面，在模板区域 Word 提供了多种可供创建的新文档类型，这里选择【空白文档】选项，如下图所示。

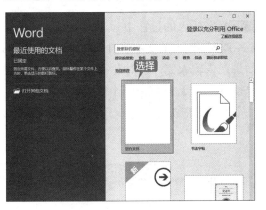

第3步 创建一个新的空白文档，如下图所示。

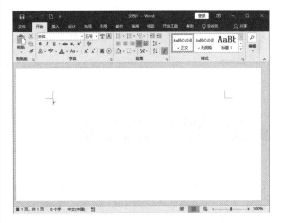

第4步 选择【文件】选项卡，在弹出的界面左侧选择【保存】选项，在右侧的【另存为】选项区域中单击【浏览】按钮。在弹出的【另存为】对话框中选择保存位置，在【文件名】文本框中输入文档名称，单击【保存】按钮，如下图所示。

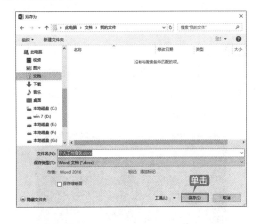

| 提示 | ::::::::

选择【文件】选项卡，在弹出的界面左侧选择【新建】选项或其他模板选项，也可以创建一个新文档，如右图所示。

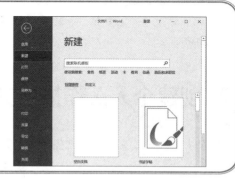

2.3 输入工作报告文本

文本的输入功能非常简便，只要会使用键盘打字，就可以在文档的编辑区域输入文本内容。个人工作总结文档保存成功后，即可在文档中输入文本内容。

2.3.1 输入中文和标点

由于 Windows 的默认语言是英文，语言栏显示的是英文键盘图标 英，因此如果不进行中/英文切换就以汉语拼音的形式输入，那么在文档中输出的文本就是英文。

在 Word 文档中，输入数字时不需要切换中/英文输入法，但输入中文时，需要先将英文输入法切换为中文输入法，再进行中文输入。输入中文和标点的具体操作步骤如下。

一般情况下，输入数字时是不需要切换中/英文输入法的。

第1步 在文档中输入数字"2019"，然后单击任务栏中的美式键盘图标 M，在弹出的快捷菜单中选择中文输入法，这里选择"搜狗拼音输入法"，如下图所示。

| 提示 | ::::::::

一般情况下，在 Windows 10 系统中可以按【Ctrl+Shift】组合键切换输入法，也可以按住【Ctrl】键，然后使用【Shift】键切换。

第2步 此时在 Word 文档中，用户即可使用拼音输入中文内容，如下图所示。

> 2019 年第一季度工作报告

第3步 在输入的过程中，当文字到达一行的最右端时，输入的文本将自动跳转到下一行。如果在未输入完一行时想要换行输入，则可以按【Enter】键结束一个段落，这样会产生一个段落标记符号"↵"，如下图所示。

> 2019 年第一季度工作报告↵
> 尊敬的各位领导、各位同事↵

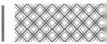

第4步 将鼠标指针放置在文档中第二行文字的句末，按【Shift+；】组合键，即可在文档中输入一个中文的冒号"："，如下图所示。

> 2019 年第一季度工作报告↵
> 尊敬的各位领导、各位同事：↵

2.3.2　输入英文和标点

在编辑文档时，有时也需要输入英文和英文标点符号，按【Shift】键即可在中文和英文输入法之间切换。下面以使用搜狗拼音输入法为例，介绍输入英文和英文标点符号的方法，具体操作步骤如下。

第1步 在中文输入法的状态下，按【Shift】键，即可切换至英文输入法状态，然后在键盘上按相应的英文按键，即可输入英文，如下图所示。

> 2019 年第一季度工作报告↵
> 尊敬的各位领导、各位同事：↵
> Microsoft Word|

第2步 输入英文标点和输入中文标点的方法相同，如按【Shift+1】组合键，即可在文档中输入一个英文的感叹符号"！"，如下图所示。

> 2019 年第一季度工作报告↵
> 尊敬的各位领导、各位同事：↵
> Microsoft Word!|

2.3.3　输入时间和日期

在文档完成后，可以在末尾处加上文档创建的时间和日期，具体操作步骤如下。

第1步 打开"素材 \ch02\ 工作报告内容 .docx"文件，将内容复制到文档中，如下图所示。

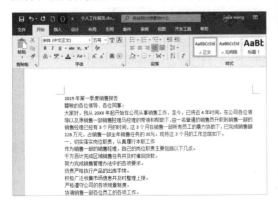

第2步 将鼠标指针放置在最后一行，按【Enter】键执行换行操作，并在文档结尾处输入报告人的姓名，如下图所示。

> 在大城市中继续挖掘客户，扩大销售渠道。
> 维护建立的客户群，及时并妥善处理客户遇到的问题。
> 不断提高自己的综合素质，培训新员工，为企业的再发展奠定人力资源基础。
> 努力并超额完成全年销售任务，扩大产品市场占有额。
>
> 报告人：张 xx

第3步 按【Enter】键另起一行，输入日期，如下图所示。

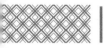
维护建立的客户群，及时并妥善处理客户遇到的问题。
不断提高自己的综合素质，培训新员工，为企业的再发展奠定人力资源基础。
努力并超额完成全年销售任务，扩大产品市场占有额。

报告人：张 XX
2019 年 4 月 20 日

单击【插入】选项卡下【文本】组中的【日期和时间】按钮，可以插入当前的日期，如下图所示。

2.4 编辑工作报告内容

输入个人工作报告内容之后，即可利用 Word 编辑文本。编辑文本包括选择文本、复制和剪切文本及删除文本等。

2.4.1 选择文本

选择文本时既可以选择单个字符，也可以选择整篇文档。选定文本的方法主要有以下几种。

1. 使用鼠标选择文本

使用鼠标选择文本是最常见的一种选择文本的方法，具体操作步骤如下。

第 1 步 将鼠标指针放置在想要选择的文本之前，如下图所示。

2019 年第一季度工作报告
尊敬的各位领导、各位同事：
大家好，我从 20XX 年起开始在公司从事销售工作，至今，已将近 4 年时间。在公司各位领导以及原销售一部销售经理马经理的带领和帮助下，由一名普通的销售员升职到销售一部的销售经理已经有 3 个月时间，这 3 个月在销售一部所有员工的最力协助下，已完成销售额 128 万元，占销售一部全年销售任务的 35%。现将这 3 个月的工作总结如下。
一、切实落实岗位职责，认真履行本职工作

第 2 步 按住鼠标左键，同时拖曳鼠标，直到第一行和第二行全部选中，完成后释放鼠标左键，即可选定文字内容，如下图所示。

2019 年第一季度销售报告
尊敬的各位领导、各位同事：
大家好，我从 20XX 年起开始在公司从事销售工作，至今，已将近 4 年时间。在公司各位领导以及原销售一部销售经理马经理的带领和帮助下，由一名普通的销售员升职到销售一部的销售经理已经有 3 个月的时间，这 3 个月在销售一部所有员工的最力协助下，已完成销售额 128 万元，占销售一部全年销售任务的 35%。现将这 3 个月的工作总结如下。
一、切实落实岗位职责，认真履行本职工作
作为销售一部的销售经理，自己的岗位职责要包括以下几点。
千方百计完成区域销售任务并及时催回货款。
努力完成销售管理办法中的各项要求。

2. 使用键盘选择文本

在不使用鼠标的情况下，用户也可以利用键盘组合键来选择文本。使用键盘选定文本时，需先将鼠标指针移动到将选文本的开始位置，然后按相关的组合键即可。下表所示为使用键盘选择文本的组合键。

组合键	功能
Shift+ ←	选择光标左边的一个字符
Shift+ →	选择光标右边的一个字符
Shift+ ↑	选择至光标上一行同一位置之间的所有字符
Shift+ ↓	选择至光标下一行同一位置之间的所有字符
Shift+ Home	选择至当前行的开始位置
Shift+ End	选择至当前行的结束位置
Ctrl+A	选择全部文档
Ctrl+Shift+ ↑	选择至当前段落的开始位置
Ctrl+Shift+ ↓	选择至当前段落的结束位置
Ctrl+Shift+Home	选择至文档的开始位置
Ctrl+Shift+End	选择至文档的结束位置

2.4.2 复制和剪切文本

复制文本和剪切文本的不同之处在于，前者是把一个文本信息放到剪贴板中以供复制出更多文本信息，但原来的文本还在原来的位置；后者是把一个文本信息放到剪贴板中以复制出更多文本信息，但原来的内容已经不在原来的位置。

1. 复制文本

当需要多次输入同样的文本时，使用复制文本可以使原文本产生更多同样的信息，比多次输入同样的内容更为方便，具体操作步骤如下。

第1步 选中文档中需要复制的文本并右击，在弹出的快捷菜单中选择【复制】选项，如下图所示。

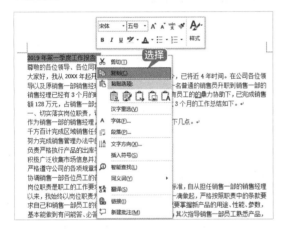

第2步 此时所选内容已被放入剪贴板，将鼠标指针定位至要粘贴到的位置，单击【开始】选项卡下【剪贴板】组中的【剪贴板】按钮，在打开的【剪贴板】窗口中单击复制的内容，即可将复制内容插入文档中指针所在的位置，如下图所示。

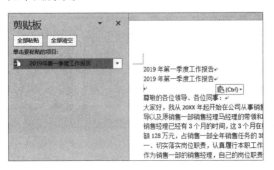

第3步 此时文档中已被插入刚刚复制的内容，但原来的文本信息还在原来的位置,如下图所示。

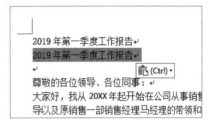

| 提示 |

用户可以按【Ctrl+C】组合键复制内容，按【Ctrl+V】组合键粘贴内容。

2. 剪切文本

如果用户需要修改文本的位置，可以使用剪切文本功能来完成,具体操作步骤如下。

第1步 选中文档中需要修改的文字并右击，在弹出的快捷菜单中选择【剪切】选项，如下图所示。

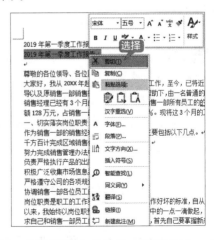

第2步 此时所选内容被放入剪贴板中，单击【开始】选项卡下【剪贴板】组中的【剪贴板】

按钮，在打开的【剪贴板】窗口中单击剪切的内容，即可将内容插入文档中指针所在的位置，如下图所示。

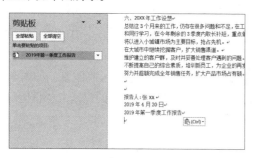

第3步 此时，剪切的内容被移动到文档结尾处，原来位置的内容已经不存在，如下图所示。

第4步 在执行过第3步操作之后，按【Ctrl+Z】组合键，可以撤销所做的操作，如下图所示。

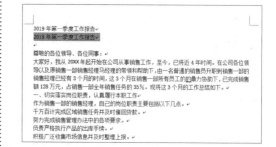

> **提示**
>
> 用户可以按【Ctrl+X】组合键剪切文本，再按【Ctrl+V】组合键将文本粘贴到需要的位置。

2.4.3 删除文本

如果不小心输错了内容，可以选择删除文本，具体操作步骤如下。

第1步 将鼠标指针放置在文本一侧，按住鼠标左键并拖曳鼠标，选择需要删除的文字，如下图所示。

第2步 按【Delete】键，即可将选择的文本删除，如下图所示。

> **提示**
>
> 将鼠标指针放置在多余的空白行前，按【Delete】键，可以删除多余的空白行。

2.5 字体格式设置

在输入所有内容之后，用户即可设置文档中的字体格式，并给字体添加效果，从而使文档看起来层次分明、结构工整。

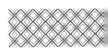

2.5.1 重点：字体和字号

使文档内容的字体和字号格式统一，具体操作步骤如下。

第1步 选中文档中的标题，单击【开始】选项卡下【字体】组中的【字体】按钮，如下图所示。

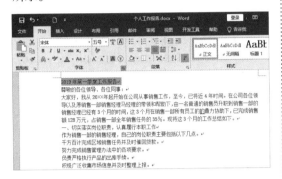

第2步 在弹出的【字体】对话框中选择【字体】选项卡，单击【中文字体】文本框后的下拉按钮，在弹出的下拉列表中选择【华文楷体】选项；选择【字形】列表框中的【加粗】选项，再选择【字号】列表框中的【二号】选项，单击【确定】按钮，如下图所示。

第3步 选择"尊敬的各位领导、各位同事："文本，单击【开始】选项卡下【字体】组中的【字体】按钮，如下图所示。

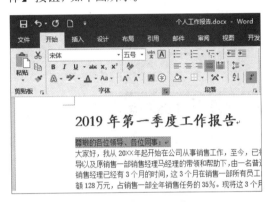

第4步 在弹出的【字体】对话框中设置【中文字体】为【华文楷体】，设置【字号】为【四号】，单击【确定】按钮，如下图所示。

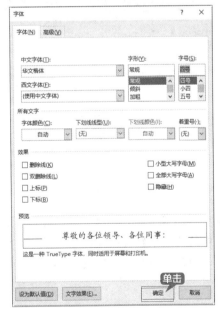

第5步 根据需要设置其他标题和正文的字体，设置完成后的效果如下图所示。

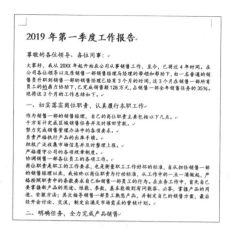

2.5.2 添加字体效果

有时为了突出文档标题，用户也可以给字体添加效果，具体操作步骤如下。

第1步 选中文档中的标题，单击【开始】选项卡下【字体】组中的【字体】按钮，如下图所示。

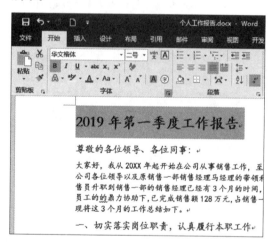

第2步 弹出【字体】对话框，在【字体】对话框中的【效果】选项区域中选择一种效果样式，这里选中【删除线】复选框，如下图所示。

第3步 单击【确定】按钮，即可看到文档中的标题已被添加上文字效果，如下图所示。

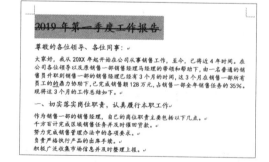

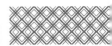

第4步 单击【开始】选项卡下【字体】组中的【字体】按钮，弹出【字体】对话框，在【字体】选项卡下【效果】选项区域中取消选中【删除线】复选框，单击【确定】按钮，即可取消对标题添加的字体效果，如下图所示。

第5步 取消字体效果后如下图所示。

> **提示**
>
> 选择要添加艺术效果的文本，单击【开始】选项卡下【字体】组中的【文字效果和版式】下拉按钮，在弹出的下拉列表中可以根据需要设置文本的字体效果，如下图所示。

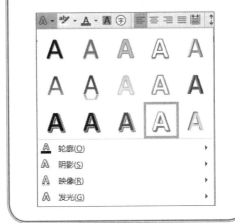

2.6 段落格式设置

段落是指两个段落之间的文本内容，是独立的信息单位，具有自身的格式特征。段落格式是指以段落为单位的格式设置。设置段落格式主要包括设置段落的对齐方式、段落缩进及段落间距等。

2.6.1 重点：设置对齐方式

Word 2019 的段落格式命令适用于整个段落，将鼠标指针置于任意位置都可以选定段落并设置段落格式。设置段落对齐的具体操作步骤如下。

第1步 将鼠标指针放置在要设置对齐方式段落中的任意位置，单击【开始】选项卡下【段落】组中的【段落设置】按钮，如下图所示。

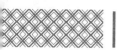
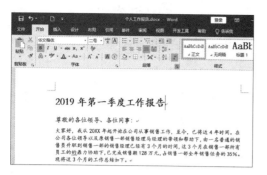

第2步 在弹出的【段落】对话框中选择【缩进和间距】选项卡，在【常规】选项区域中单击【对齐方式】右侧的下拉按钮，在弹出的下拉列表中选择【居中】选项，如下图所示。

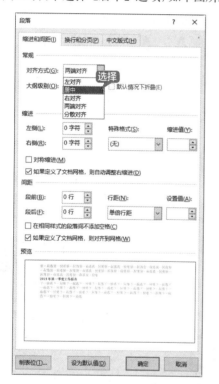

第3步 单击【确定】按钮，即可将文档中的第一段内容设置为居中对齐方式，效果如下图所示。

第4步 将鼠标指针放置在文档末尾处的时间日期后，重复第1步，在【段落】对话框中【缩进和间距】选项卡下【常规】选项区域中单击【对齐方式】右侧的下拉按钮，在弹出的下拉列表中选择【右对齐】选项，如下图所示。

第5步 使用同样的方法，将【报告人：张XX】设置为【右对齐】，效果如下图所示。

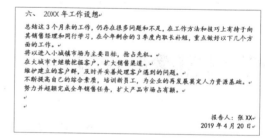

2.6.2 重点：设置段落缩进

段落缩进是指段落到左右页边距的距离。根据中文的书写形式，通常情况下，正文中的每个段落都会首行缩进2个字符。设置段落缩进的具体操作步骤如下。

第1步 选择文档中的第一段正文内容，单击【开始】选项卡下【段落】组中的【段落设置】按钮，如下图所示。

第2步 弹出【段落】对话框，单击【特殊格式】文本框后的下拉按钮，在弹出的下拉列表中选择【首行缩进】选项，并设置【缩进值】为【2字符】（既可以单击其后的微调按钮设置，也可以直接输入），设置完成后单击【确定】按钮，如下图所示。

第3步 即可看到为所选段落设置段落缩进后的效果，如下图所示。

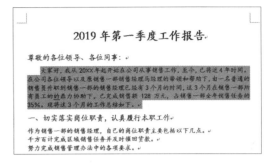

第4步 使用同样的方法为工作报告中的其他正文段落设置首行缩进，如下图所示。

> **│提示│**::::::::
>
> 在【段落】对话框中除了设置首行缩进外，还可以设置文本的悬挂缩进。

2.6.3 重点：设置间距

设置间距是指设置段落间距和行距，段落间距是指文档中段落与段落之间的距离，行距是指行与行之间的距离。设置段落间距和行距的具体操作步骤如下。

第1步 选中文档中的第一段正文内容，单击【开始】选项卡下【段落】组中的【段落设置】按钮，如下图所示。

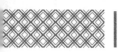

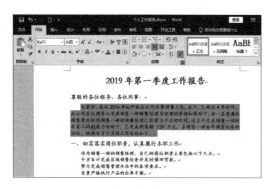

第2步 在弹出的【段落】对话框中选择【缩进和间距】选项卡，在【间距】选项区域中分别设置【段前】和【段后】为【0.5行】，在【行距】下拉列表中选择【多倍行距】选项，在【设置值】文本框中输入"1.2"，单击【确定】按钮，如下图所示。

第3步 即可将第一段内容设置为多倍行距样式，效果如下图所示。

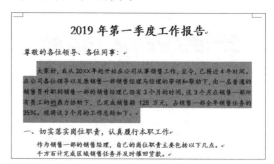

第4步 使用同样的方法设置文档中正文段落的间距，最终效果如下图所示。

2.6.4 重点：添加项目符号和编号

在文档中使用项目符号和编号，可以使文档中的重点内容突出显示。

1. 添加项目符号

项目符号是指在一些段落前面添加完全相同的符号。添加项目符号的具体操作步骤如下。

第1步 选中需要添加项目符号的内容，单击【开始】选项卡下【段落】组中的【项目符号】下拉按钮，如下图所示。

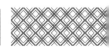

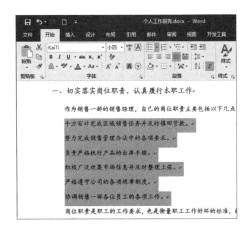

第2步 在弹出的项目符号列表中选择一种样式，这里选择【定义新项目符号】选项，如下图所示。

第3步 在弹出的【定义新项目符号】对话框中，单击【项目符号字符】选项区域中的【符号】按钮，如下图所示。

第4步 弹出【符号】窗口，在列表框中选择一种符号样式，单击【确定】按钮，如下图所示。

第5步 返回文档，添加项目符号后的效果如下图所示。

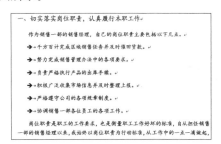

2. 添加编号

文档编号是指按照大小顺序为文档中的行或段落添加编号。在文档中添加编号的具体操作步骤如下。

第1步 选中文档中需要添加编号的段落，单击【开始】选项卡下【段落】组中【编号】下拉按钮，如下图所示。

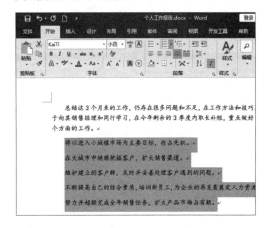

第2步 在弹出的下拉列表中选择一种编号样式，如下图所示。

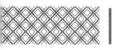

第3步 返回文档，添加编号后的效果如下图所示。

> 总结这3个月来的工作，仍存在很多问题和不足，在工作方法和技巧上有待于向其销售经理和同行学习，在今年剩余的3季度内取长补短，重点做好以下几个方面的工作。
>
> （1）→将以进入小城镇市场为主要目标，抢占先机。
>
> （2）→在大城市中继续挖掘客户，扩大销售渠道。
>
> （3）→维护建立的客户群，及时并妥善处理客户遇到的问题。
>
> （4）→不断提高自己的综合素质，培训新员工，为企业的再发展奠定人力资源基础。
>
> （5）→努力并超额完成全年销售任务，扩大产品市场占有额。

2.7 阅览工作报告

在 Word 2019 之前的版本中，用户可以使用【阅读视图】模式阅览文档，但在 Word 2019 中新增了翻页查看文档及在沉浸模式下阅读文档的功能，可以给用户带来不一样的阅读体验。

2.7.1 快速阅览

【阅读视图】是为了方便阅读、浏览文档而设计的视图模式，该模式默认仅保留导航窗格，隐藏功能区，从而扩大了 Word 的显示区域，方便了用户阅览文档，具体操作步骤如下。

第1步 单击【视图】选项卡下【视图】组中的【阅读视图】按钮，如下图所示。

第2步 即可进入阅读视图模式，如下图所示。

第3步 单击左右两侧的箭头，或者直接按键盘

上的左右方向键，就可以分屏切换文档，如下图所示。

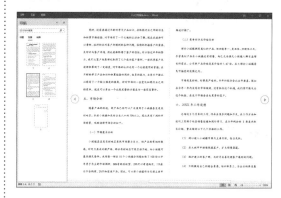

第4步 如果要退出阅读视图模式，可以单击【视图】按钮，选择【编辑文档】选项即可，如下图所示。

2.7.2 新功能：像翻书一样的"横版"翻页查看

Word 2019 提供了【翻页】功能，类似于翻阅纸质书籍或在手机上使用阅读软件的翻页效果。选择翻页功能后，Word 文档页面可以像图书一样左右翻页，上、下滚动鼠标中间的滚轮可以实现翻页，并且在该模式下允许直接编辑文档，具体操作步骤如下。

第1步 单击【视图】选项卡下【页面移动】组中的【翻页】按钮，如下图所示。

第2步 即可进入翻页查看模式，如下图所示。

第3步 滚动鼠标滚轮即可像翻书一样"横版"

翻页查看，如下图所示。

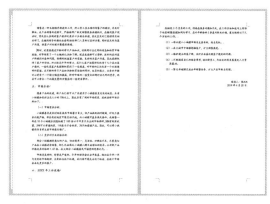

第4步 如果要退出翻页视图模式，单击【视图】选项卡下【页面视图】组中的【垂直】按钮即可，如下图所示。

2.7.3 新功能：在沉浸模式下阅读

Word 2019 新增的沉浸式学习模式，主要作用是提高阅读的舒适度，以及方便阅读有障碍的人。在该模式下不仅可以调整文档列宽、页面色彩、文字间距等，还可以使用微软讲述人功能，直接将文档的内容读出来，具体操作步骤如下。

第1步 单击【视图】选项卡下【沉浸式】组中的【学习工具】按钮，如下图所示。

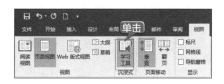

第2步 即可显示【学习工具】选项卡，并进入沉浸式阅读模式，如下图所示。

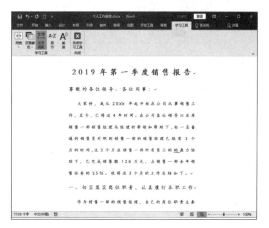

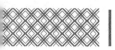
第3步 单击【学习工具】选项卡下【学习工具】组中的【列宽】下拉按钮，在弹出的下拉列表中选择【适中】选项，如下图所示。

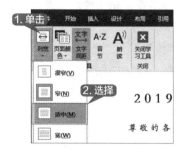

第4步 即可看到将【列宽】设置为【适中】后的效果，如下图所示。

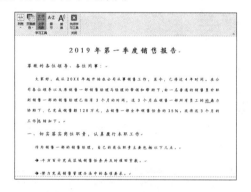

第5步 单击【学习工具】选项卡下【学习工具】组中的【页面颜色】下拉按钮，在弹出的下拉列表中选择【棕褐】选项，即可看到页面的颜色显示为"棕褐色"，如下图所示。

第6步 单击【学习工具】选项卡下【学习工具】组中的【文字间距】按钮，取消【文字间距】按钮的选中状态，如下图所示。

第7步 即可看到以小间距显示文字的效果，如

下图所示。

第8步 定位鼠标指针后，单击【学习工具】选项卡下【学习工具】组中【朗读】按钮，如下图所示。

| 提示 |

选择部分文字，单击【朗读】按钮，可仅朗读选中的文字。

第9步 即可显示朗读工具栏，并从光标选择位置开始朗读文档，如下图所示。

| 提示 |

朗读工具栏中各按钮的作用如下。

【上一个】按钮：返回当前段落开始位置重新阅读。

【暂停】按钮：暂停阅读。

【下一个】按钮：从下一个段落开始阅读。

【设置】按钮：设置阅读速度和选择语音。

【停止】按钮：停止朗读。

第 10 步　如果想退出沉浸式学习模式,单击【视图】选项卡下的【关闭学习工具】按钮即可,如下图所示。

2.8 邀请他人审阅文档

使用 Word 编辑文档之后,只有通过审阅功能,才能递交出一份完整的个人工作报告。

2.8.1 添加和删除批注

批注是文档的审阅者为文档添加的注释、说明、建议和意见等信息。

1. 添加批注

添加批注的具体操作步骤如下。

第 1 步　在文档中选择需要添加批注的文字,单击【审阅】选项卡下【批注】组中【新建批注】按钮,如下图所示。

第 2 步　在文档右侧的批注框中输入批注的内容即可,如下图所示。

第 3 步　再次单击【新建批注】按钮,也可以在文档中的其他位置添加批注内容,如下图所示。

2. 删除批注

当不需要文档中的批注时,用户可以将其删除,删除批注的具体操作步骤如下。

第 1 步　将鼠标指针放置在文档中需要删除的批注内的任意位置,即可选择要删除的批注,如下图所示。

第 2 步　此时【审阅】选项卡下【批注】组中的【删除】按钮处于可用状态,单击【删除】按钮,如下图所示。

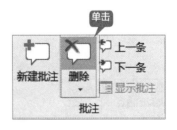

第 3 步　即可将所选中的批注删除,如下图所示。

二、明确任务,全力完成产品销售

无论是新产品还是旧产品,都一视同仁,只要市场有需求,就要想办法完成产品销售任务。工作中要时刻明白上下级关系,对领导安排的工作丝毫不能马虎、怠懂,充分了解领导意思,力争在期限内提前完成,此外,还要积极考虑并补完善。

2.8.2 回复批注

如果需要对批注内容进行答复，可以直接在文档中进行回复，具体操作步骤如下。

第1步 选择需要回复的批注，单击文档中批注框内的【答复】按钮，如下图所示。

第2步 在批注内容下方输入回复内容即可，如下图所示。

2.8.3 修订文档

修订时显示文档中所做的如删除、插入或其他编辑更改的标记，具体操作步骤如下。

第1步 单击【审阅】选项卡下【修订】组中的【修订】下拉按钮，在弹出的下拉菜单中选择【修订】选项，如下图所示。

第2步 即可使文档处于修订状态，此时文档中所做的所有修改内容将被记录下来，如下图所示。

2.8.4 接受文档修订

如果修订的内容是正确的，这时即可接受修订。接受修订的具体操作步骤如下。

第1步 将鼠标指针放置在需要接受修订的批注内的任意位置，如下图所示。

第2步 单击【审阅】选项卡下【更改】组中的【接受】按钮，如下图所示。

第3步 即可看到接受文档修订后的效果，如下图所示。

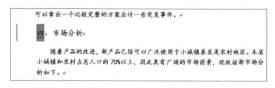

如果所有修订都是正确的，需要全部接受。单击【审阅】选项卡下【更改】组中的【接受】下拉按钮，在弹出的下拉列表中选择【接受所有修订】选项即可，如右图所示。

2.9 保存文档

个人工作总结文档制作完成后，就可以保存制作后的文档。

1. 保存已有文档

对已存在文档有3种方法可以保存更新。

① 选择【文件】选项卡，在弹出界面左侧的列表中选择【保存】选项，如下图所示。

② 单击快速访问工具栏中的【保存】图标。

③ 按【Ctrl+S】组合键可以实现快速保存。

2. 另存文档

如果需要将个人工作总结文件另存至其他位置或以其他的名称另存，可以使用【另存为】命令。将文档另存的具体操作步骤如下。

第1步 在已修改的文档中，选择【文件】选项卡，在弹出界面左侧的列表中选择【另存为】选项，在【另存为】界面中选择【这台电脑】选项，并单击【浏览】按钮，如下图所示。

第2步 弹出【另存为】对话框，选择文档所要保存的位置，在【文件名】文本框中输入要另存的名称，单击【保存】按钮，即可完成文档的另存操作，如下图所示。

3. 导出文档

还可以将文档导出为其他格式。将文档导出为 PDF 文档的具体操作步骤如下。

第1步 在打开的文档中，选择【文件】选项卡，在弹出界面左侧的列表中选择【导出】选项。在【导出】界面选择【创建 PDF/XPS 文档】选项，并单击右侧的【创建 PDF/XPS】按钮，如下图所示。

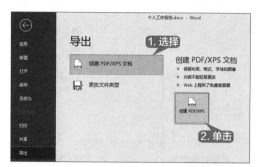

第2步 弹出【发布为 PDF 或 XPS】对话框，在【文件名】文本框中输入要保存的文档名称，在【保存类型】下拉列表框中选择【PDF（*.pdf）】选项。单击【发布】按钮，即可将 Word 文档导出为 PDF 文档，如下图所示。

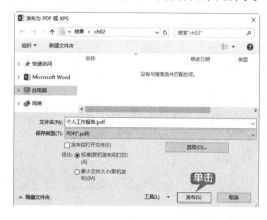

制作房屋租赁协议书

与制作个人工作总结类似的文档还有房屋租赁协议书、公司合同、产品转让协议等。制作这类文档时，除了要求内容准确、没有歧义外，还要求条理清晰，最好能以列表的形式表明双方应承担的义务及享有的权利，以便查看。下面就以制作房屋租赁协议书为例进行介绍，具体操作步骤如下。

第1步 创建并保存文档

新建空白文档，并将其保存为"房屋租赁协议书.docx"文档，如下图所示。

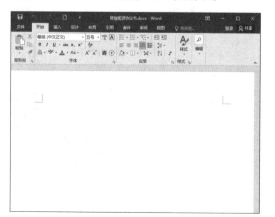

第2步 输入内容并编辑文本

根据需求输入房屋租赁协议的内容，并根据需要修改文本内容，如下图所示。

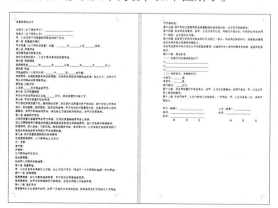

第3步 设置字体及段落格式

设置字体的样式，并根据需要设置段落格式、添加项目符号及编号，如下图所示。

◇ **输入上标和下标**

在编辑文档的过程中，输入一些公式定理、单位或数学符号时，经常需要输入上标或下标。下面具体讲解输入上标和下标的方法。

1. 输入上标

输入上标的具体操作步骤如下。

第1步 在文档中输入一段文字，这里输入"A2+B=C"，选择字符中的数字"2"，单击【开始】选项卡下【字体】组中的【上标】按钮，如下图所示。

第4步 审阅文档并保存

将制作完成的房屋租赁协议书发给其他人审阅，并根据批注修订文档，确保内容无误后，保存文档，如下图所示。

第2步 即可将数字"2"变成上标格式，如下图所示。

$$A^2+B=C$$

2. 输入下标

输入下标的方法与输入上标类似，具体操作步骤如下。

第1步 在文档中输入"H2O"，选择字符中的数字"2"，单击【开始】选项卡下【字体】组中的【下标】按钮，如下图所示。

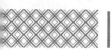
第2步 即可将数字"2"变成下标格式，如下图所示。

◇ 批量删除文档中的空白行

如果 Word 文档中包含大量不连续的空白行，手动删除既麻烦又浪费时间。下面介绍一个批量删除空白行的方法，具体操作步骤如下。

第1步 单击【开始】选项卡下【编辑】组中的【替换】按钮，如下图所示。

第2步 在弹出的【查找和替换】对话框中选择【替换】选项卡，在【查找内容】文本框中输入"^p^p"字符，在【替换为】文本框中输入"^p"字符，单击【全部替换】按钮即可，如下图所示。

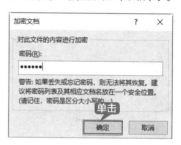

◇ 如何对文档进行加密保存

若不希望他人随意查看 Word 文档中的内容，可以为文档设置加密保护，下面将对上文设置好的"个人工作报告.docx"文档进行加密保护，具体操作步骤如下。

第1步 选择【文件】选项卡，在弹出的界面左侧列表中，选择【信息】选项，在右侧单击【保护文档】按钮，在弹出的下拉列表中

选择【用密码进行加密】选项，如下图所示。

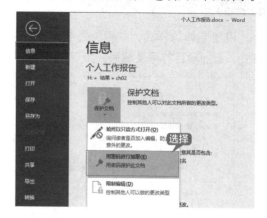

第2步 弹出【加密文档】对话框，在【密码】文本框中输入密码，这里输入"123456"，然后单击【确定】按钮，如下图所示。

第3步 弹出【确认密码】对话框，再次输入密码进行确认，然后单击【确定】按钮，如下图所示。

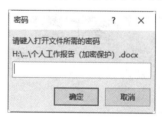

第4步 即可完成文档的加密保护。当再次打开文档时，会弹出【密码】对话框，只有输入正确的密码才能打开该文档，如下图所示。

第 3 章

使用图和表格美化 Word 文档

📄 本章导读

　　一篇图文并茂的文档，不仅看起来生动形象、充满活力，还可以使文档更加有吸引力。在 Word 中可以通过插入艺术字、图片、自选图形、表格等展示文本或数据内容，本章以制作求职简历为例，介绍使用图和表格美化 Word 文档的操作。

📄 思维导图

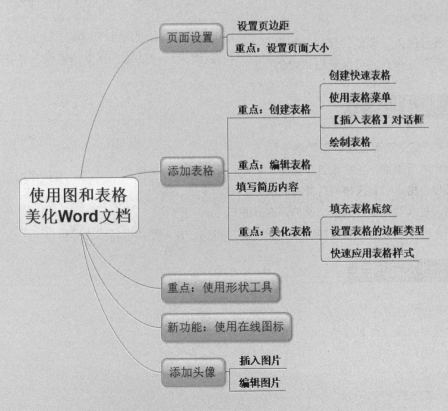

3.1 求职简历

> 排版求职简历要做到主题鲜明，文字字体生动、活泼，图片形象直观、色彩突出，便于公众快速地接收宣传信息。

实例名称：制作求职简历	
实例目的：掌握使用图和表格、美化 Word 文档的技能	
素材	素材 \ch03\01.jpg、图像 .png
结果	结果 \ch03\ 个人求职简历 .docx
视频	视频教学 \03 第 3 章

3.1.1 案例概述

排版求职简历时，需要注意以下几点。

1. 格式要统一

① 相同级别的文本内容要使用同样的字体、字号。

② 段落间距要恰当，避免内容太拥挤。

2. 图文结合

现在已经进入"读图时代"，图形是人类通用的视觉符号，它可以吸引读者的注意力。如果图片、图形运用恰当，就可以为简历增加个性化色彩。

3. 编排简洁

① 确定简历的开本大小，是进行编排的前提。

② 排版的整体风格要简洁大方，这样可以给人一种认真、严肃的感觉，切记不可过于花哨。

3.1.2 设计思路

排版求职简历时可以按以下思路进行。

① 制作简历页面，包括设置页边距、页面大小及插入背景图片。

② 添加表格，编辑表格内容并美化表格。

③ 插入技术和电子、分析、通信等在线图标。

④ 插入图片，并放在合适的位置，调整图片布局，并对图片进行编辑、组合。

3.1.3 涉及知识点

本案例主要涉及以下知识点。

① 设置页边距、页面大小。

② 插入图片。

③ 插入表格。

④ 插入自选图形。

3.2 简历的页面设置

在制作个人求职简历时，首先要设置简历页面的页边距和页面大小，并插入背景图片，以确定简历的色彩主题。

3.2.1 设置页边距

页边距的设置可以使求职简历更加美观。设置页边距，包括上、下、左、右边距，以及页眉和页脚距页边界的距离，设置页边距的具体操作步骤如下。

第1步 打开 Word 2019 软件，新建一个空白文档，如下图所示。

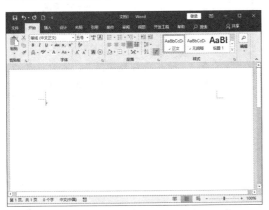

第2步 选择【文件】选项卡，在弹出的界面左侧列表中选择【另存为】选项，在【另存为】界面中选择【这台电脑】选项，单击【浏览】按钮，如下图所示。

第3步 在弹出的【另存为】对话框中选择文

件要保存的位置，并在【文件名】文本框中输入"个人求职简历"，单击【保存】按钮，如下图所示。

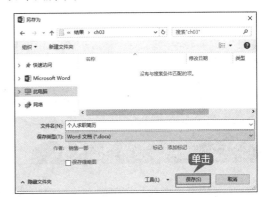

第4步 单击【布局】选项卡下【页面设置】组中的【页边距】按钮，在弹出的下拉列表中选择【窄】选项，如下图所示。

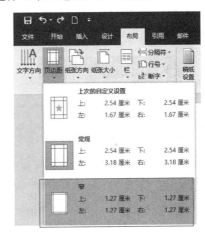

用户还可以在【页边距】下拉列表中选择【自定义页边距】选项，在弹出的【页面设置】对话框中，对上、下、左、右边距进行自定义设置，如下图所示。

第5步 即可完成页边距的设置，效果如下图所示。

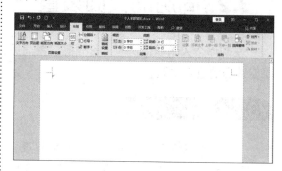

页边距太窄会影响文档的装订，而太宽不仅影响美观，还浪费纸张。一般情况下，如果使用 A4 纸，那么可以采用 Word 提供的默认值；如果使用 B5 或 16K 纸，那么上、下边距在 2.4 厘米左右为宜，左、右边距在 2 厘米左右为宜。具体设置可根据用户的要求设定。

3.2.2 重点：设置页面大小

设置好页边距后，还可以根据需要设置页面大小和纸张方向，使页面设置满足个人求职简历的格式要求，最后再插入背景图片。具体操作步骤如下。

第1步 单击【布局】选项卡下【页面设置】组中的【纸张方向】按钮，在弹出的下拉列表中选择【横向】或【纵向】选项，Word 默认的纸张方向是"纵向"，如下图所示。

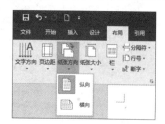

用户也可以打开【页面设置】对话框中的【页边距】选项卡，在【纸张方向】选项区域设置纸张的方向。

第2步 单击【布局】选项卡下【页面设置】组中的【纸张大小】按钮，在弹出的下拉列表中选择【A4】选项，如下图所示。

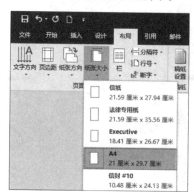

| 提示 | ::::::::

　　用户还可以在【纸张大小】下拉列表中选择【其他纸张大小】选项，调出【页面设置】对话框，在【纸张大小】下拉列表中选择【自定义大小】选项，自定义纸张大小，如下图所示。

第3步　即可完成纸张大小的设置，效果如下图所示。

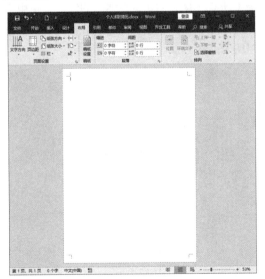

第4步　插入背景图片。单击【插入】选项卡下【插图】组中的【图片】按钮，如下图所示。

第5步　弹出【插入图片】对话框，选择要插入的图片，单击【插入】按钮，如下图所示。

第6步　即可将图片插入文档中。选中图片，单击【图片工具－格式】选项卡下【排列】组中的【环绕文字】按钮，在弹出的下拉列表中选择【衬于文字下方】选项，如下图所示。

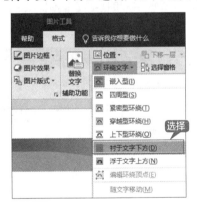

第7步　然后调整图片大小，使其占满整个页面，效果如下图所示。

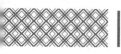

3.3 添加表格

表格是由多个行或列的单元格组成的，用户在使用 Word 创建个人简历时，可以使用表格编排简历内容，通过对表格的编辑、美化，来提高个人求职简历的水平。

3.3.1 重点：创建表格

Word 2019 提供了多种插入表格的方法，用户可以根据需要选择。

1. 创建快速表格

可以利用 Word 2019 提供的内置表格模型来快速创建表格，但提供的表格类型有限，只适用于建立特定格式的表格。

第1步 将鼠标指针定位至需要插入表格的位置。单击【插入】选项卡下【表格】组中的【表格】按钮，在弹出的下拉列表中选择【快速表格】选项，在弹出的级联列表中选择需要的表格类型，这里选择【带副标题 1】选项，如下图所示。

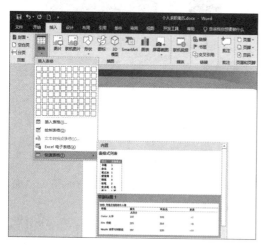

第2步 即可插入选择的表格类型，用户可以根据需要替换模板中的数据，如下图所示。

第3步 插入表格后，单击表格左上角的按钮，选中所有表格并右击，在弹出的快捷菜单中选择【删除表格】命令，即可将表格删除，如下图所示。

2. 使用表格菜单创建表格

使用表格菜单适合创建规则的、行数和列数较少的表格，最多可以创建 8 行 10 列

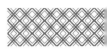

的表格。将鼠标指针定位在需要插入表格的位置。单击【插入】选项卡下【表格】组中的【表格】按钮，在弹出的下拉列表中选择要插入表格的行数和列数，即可在指定位置插入表格。选中的单元格将以橙色显示，并在名称区域显示选中的行数和列数，如下图所示。

3. 使用【插入表格】对话框创建表格

使用表格菜单创建表格固然方便，可是由于菜单所提供的单元格数量有限，因此只能创建有限的行数和列数。而使用【插入表格】对话框，则不受数量限制，并且可以对表格的宽度进行调整。下面以个人求职简历为例，使用【插入表格】对话框创建表格。具体操作步骤如下。

第1步 将鼠标指针定位至需要插入表格的位置。单击【插入】选项卡下【表格】组中的【表格】按钮，在弹出的下拉列表中选择【插入表格】选项，如下图所示。

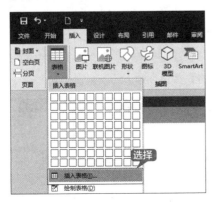

第2步 在弹出的【插入表格】对话框中设置表格尺寸，设置【列数】为【4】，【行数】为【13】，单击【确定】按钮，如下图所示。

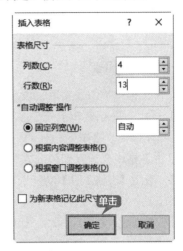

> **| 提示 |** ┊┊┊┊┊┊
>
> 【"自动调整"操作】选项区域中各个单选按钮的含义如下。
>
> 【固定列宽】单选按钮：设定列宽的具体数值，单位是厘米。当选择为自动时，表示表格将自动在窗口填满整行，并平均分配各列为固定值。
>
> 【根据内容调整表格】单选按钮：根据单元格的内容自动调整表格的列宽和行高。
>
> 【根据窗口调整表格】单选按钮：根据窗口大小自动调整表格的列宽和行高。

第3步 即可插入一张 4 列 13 行的表格，效果如下图所示。

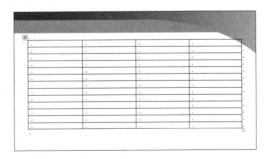

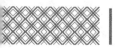

3.3.2 重点：编辑表格

表格创建完成后，根据需要对表格进行编辑，这里主要是根据内容调整表格的布局，如插入新行和新列、单元格的合并和拆分等。

1. 插入新行和新列

有时在文档中插入表格后，发现表格少了一行或一列，那么该如何快速插入一行或一列呢？具体操作步骤如下。

第1步 单击表格中要插入新列的左侧列的任一单元格，激活【表格工具】功能选项卡，选择【表格工具－布局】选项卡下【行和列】组中的【在右侧插入】选项，如下图所示。

第2步 即可在指定位置插入新的列，如下图所示。

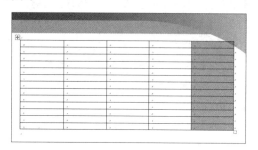

第3步 若要删除列，选中要删除的列并右击，在弹出的快捷菜单中选择【删除列】选项，如下图所示。

第4步 即可将选择的列删除，如下图所示。

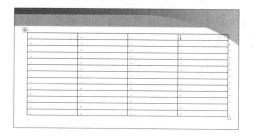

2. 单元格的合并与拆分

表格插入完成后，在输入表格内容之前，可以先根据内容对单元格进行合并或拆分，以调整表格的布局，具体操作步骤如下。

第1步 选择要合并的单元格，单击【表格工具－布局】选项卡下【合并】组中的【合并单元格】按钮，如下图所示。

第2步 即可将选中的单元格合并，如下图所示。

第3步 若要拆分单元格，可以先选中要拆分的单元格，再单击【表格工具－布局】选项卡下【合并】组中的【拆分单元格】按钮，如下图所示。

单击
合并单元格
拆分单元格
拆分表格
合并

第4步 弹出【拆分单元格】对话框，设置要拆分的"列数"和"行数"，单击【确定】按钮，如下图所示。

第5步 即可按指定的行数和列数拆分单元格，如下图所示。

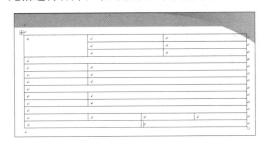

第6步 使用同样的方法，将其他需要合并的单元格进行合并，最终效果如下图所示。

3.3.3 填写简历内容

表格布局调整完成后，即可根据个人的实际情况，填写简历内容，具体操作步骤如下。

第1步 填写表格内容，效果如下图所示。

第2步 表格内容填写完成后，单击表格左上角的田按钮，选中表格中所有内容，单击【开始】选项卡下【字体】组中的【字体】下拉按钮，在弹出的下拉列表中选择【微软雅黑】选项，如下图所示。

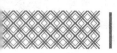

第3步 即可看到设置为【微软雅黑】字体后，表格的行距变大了，并且无法调整，如下图所示。

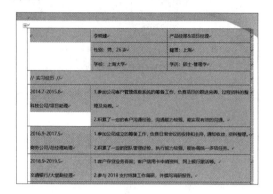

第4步 单击【开始】选项卡下【段落】组中的【段落设置】按钮，如下图所示。

第5步 弹出【段落】对话框，选择【缩进和间距】选项卡，在【间距】选项区域中取消选中【如果定义了文档网格，则对齐到网格】复选框，如下图所示。

第6步 表格即可恢复正常行距，效果如下图

所示。

第7步 选中"实习经历""项目实践""职场技能"文本内容，单击【开始】选项卡下【字体】组中的【字体】下拉按钮，在弹出的下拉列表中选择【小二】选项，并单击【加粗】按钮，如下图所示。

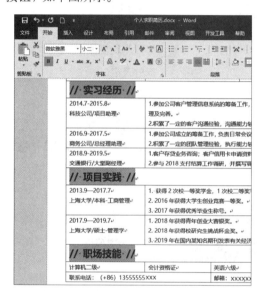

第8步 使用同样的方法设置其他文本的字体，效果如下图所示。

第 9 步 表格字号调整完成后，发现表格内容整体上看起来比较拥挤，这时可以适当调整表格的行高。将鼠标指针定位至要调整行高的单元格中，选择【表格工具－布局】选项卡，在【单元格大小】组的【表格行高】文本框中输入表格的行高，或者单击文本框右侧的微调按钮，调整表格行高，这里输入"1.5厘米"，按【Enter】键，如下图所示。

第 10 步 即可调整表格行高，如下图所示。

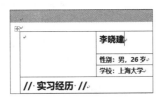

第 11 步 使用同样的方法，为表格中的其他行调整行高。调整后的效果如下图所示。

第 12 步 接着设置表格内容的对齐方式，选择要设置对齐方式的单元格，选择【表格工具－布局】选项卡，单击【对齐方式】组中的【中部两端对齐】按钮，如下图所示。

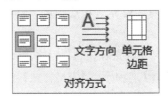

第 13 步 即可将选中单元格中的内容对齐，如下图所示。

李晓建	产品经理&项目经理
性别：男，26 岁	籍贯：上海
学校：上海大学	学历：硕士－管理学

第 14 步 使用同样的方法，为其他文本内容设置对齐方式，并调整背景图片的大小和位置，效果如下图所示。

3.3.4 重点：美化表格

在 Word 2019 中表格制作完成后，可对表格的边框、底纹进行美化设置，使个人求职简历看起来更加美观。

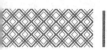
1. 填充表格底纹

为了突出表格内的某些内容，可以为其填充底纹，以便查阅者能够清楚地看到要突出的数据。填充表格底纹的具体操作步骤如下。

第1步 选择要填充底纹的单元格，单击【表格工具－设计】选项卡下【表格样式】组中的【底纹】下拉按钮，在弹出的下拉列表中选择一种底纹颜色，如下图所示。

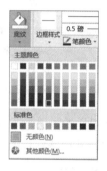

第2步 即可看到设置底纹后的效果，如下图所示。

李晓建 产品经理&项目经理

性别：男，26岁 籍贯：上海

学校：上海大学 学历：硕士·管理学

// 实习经历 //

2014.7-2015.8 科技公司/项目助理

1.参加公司客户管理信息系统的筹备工作，负责项目的跟进完善，过程资料的整理及完善。
2.积累了一定的客户沟通经验，沟通能力较强，能实现有效的沟通。

> **┃提示┃**
>
> 选择要设置底纹的表格，单击【开始】选项卡下【段落】组中的【底纹】按钮，在弹出的下拉列表中也可以填充表格底纹。

第3步 选中刚才设置底纹的单元格，单击【设计】选项卡下【表格样式】组中的【底纹】下拉按钮，在弹出的下拉列表中选择【无颜色】选项，如下图所示。

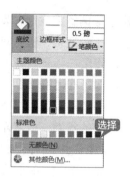

第4步 即可删除刚才设置的底纹颜色，如下图所示。

2. 设置表格的边框类型

（1）添加表格边框类型

如果用户对默认的表格边框设置不满意，可以重新进行设置。为表格添加边框的具体操作步骤如下。

第1步 选择整个表格，单击【表格工具－布局】选项卡【表】组中的【属性】按钮。弹出【表格属性】对话框，选择【表格】选项卡，单击【边框和底纹】按钮，如下图所示。

第2步 弹出【边框和底纹】对话框，在【边框】选项卡下选择【设置】选项区域中的【自定义】选项。在【样式】列表框中任意选择一种线型，这里选择第一种线型，设置【颜色】为【橙色】，设置【宽度】为【0.5磅】。选择要设置的边框位置，即可看到预览效果，如下图所示。

> **| 提示 |** :::::::
>
> 还可以在【设计】选项卡的【边框】组中更改边框的样式。

第3步 选择【底纹】选项卡下【填充】选项区域中的下拉按钮，在弹出的【主题颜色】面板中，选择【橙色，个性色2，淡色80%】选项，如下图所示。

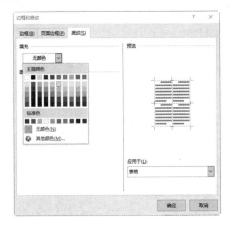

第4步 返回【边框和底纹】对话框，在【预览】选项区域即可看到设置底纹后的效果，单击

【确定】按钮，如下图所示。

第5步 返回【表格属性】对话框，单击【确定】按钮，如下图所示。

第6步 在求职简历文档中即可看到设置表格边框类型后的效果，如下图所示。

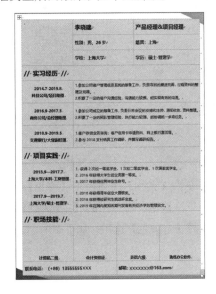

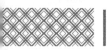

（2）取消表格边框类型

要取消表格颜色、底纹、边框，具体操作步骤如下。

第1步 选择整个表格，单击【布局】选项卡【表】组中的【属性】按钮。弹出【表格属性】对话框，单击【边框和底纹】按钮，如下图所示。

第2步 弹出【边框和底纹】对话框，在【边框】选项卡下选择【设置】选项区域中的【无】选项，在【预览】选项区域即可看到取消边框后的效果，如下图所示。

第3步 单击【底纹】选项卡下【填充】选项区域中的下拉按钮，在弹出的【主题颜色】面板中，选择【无颜色】选项，如下图所示。

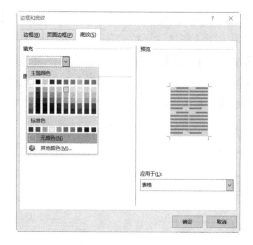

第4步 返回【边框和底纹】对话框，在【预览】选项区域即可看到取消底纹后的效果，单击【确定】按钮，如下图所示。

第5步 返回【表格属性】对话框，单击【确定】按钮，如下图所示。

第6步 在简历文档中，即可查看取消边框和底纹后的效果，如下图所示。

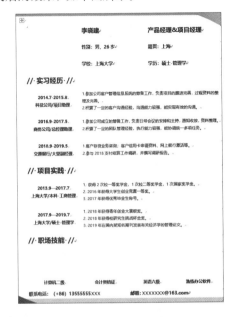

3. 快速应用表格样式

Word 2019 中内置了多种表格样式，用户根据需要选择要设置的表格样式，即可将其应用到表格中。具体操作步骤如下。

第1步 将鼠标指针置于要设置样式的表格的任意位置（也可以在创建表格时直接自动套用格式）或选中表格。单击【表格工具－设计】选项卡下【表格样式】组中的某种表格样式图标，文档中的表格即可以预览的形式显示所选表格的样式，这里单击【其他】按钮，在弹出的下拉列表中选择一种表格样式，即可将选择的表格样式应用到表格中，如下图所示。

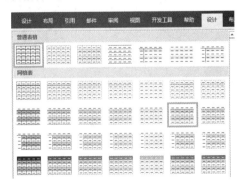

第2步 应用表格样式后的效果如下图所示。

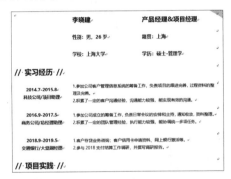

第3步 按【Ctrl+Z】组合键，即可撤销上一步应用的样式，效果如下图所示。

本案例通过设置表格的边框类型来美化表格，具体操作步骤如下。

第1步 选中"实习经历"文本所在的单元格，单击【开始】选项卡下【段落】组中的【边框】下拉按钮，在弹出的下拉列表中选择【边框和底纹】选项，如下图所示。

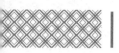

第2步 弹出【边框和底纹】对话框，选择【边框】选项卡，在【设置】选项区域中选择【自定义】选项，在【样式】列表框中选择一种边框样式，将其【宽度】设置为【1.5磅】，在【预览】选项区域中选择边框应用的位置，如下图所示。

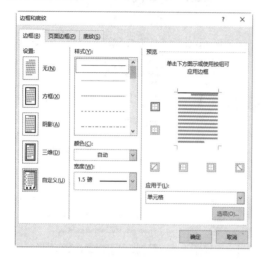

第3步 选择【底纹】选项卡，在【填充】选项区域中的下拉列表中选择一种填充颜色，在【预览】选项区域中可看到设置后的效果，单击【确定】按钮，如下图所示。

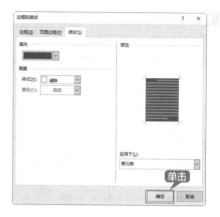

第4步 即可看到设置边框和底纹的表格效果，如下图所示。

第5步 使用同样的方法，为表格中的其他单元格添加边框和底纹效果，并根据需要设置字体颜色，效果如下图所示。

3.4 重点：使用形状工具

利用 Word 2019 系统提供的形状，可以绘制出各种形状来为求职简历设置个别内容醒目的效果。Word 2019 中的形状包括线条、矩形、基本形状、箭头总汇、公式形状、流程图、星与旗帜和标注，用户可以根据需要从中选择适当的图形，具体操作步骤如下。

第1步 单击【插入】选项卡下【插图】组中的【形状】按钮，在弹出的下拉列表中选择【矩形】选项组中的【矩形：圆角】形状，如下图所示。

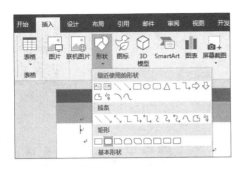

第2步 在文档中选择要绘制形状的起始位置，按住鼠标左键并拖曳至合适位置，松开鼠标左键，即可完成形状的绘制，如下图所示。

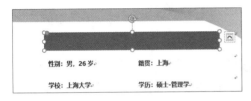

第3步 选中插入的矩形形状，将鼠标指针放在【形状】边框的 4 个角上，当鼠标指针变为↘形状时，按住鼠标左键并拖曳，即可改变矩形形状的大小，如下图所示。

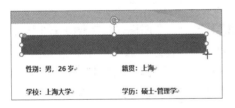

第4步 选中插入的矩形形状，将鼠标指针放在【形状】边框上，当鼠标指针变为↔形状时，按住鼠标左键并拖曳，即可调整矩形形状的位置，如下图所示。

第5步 单击【绘图工具－格式】选项卡下【形状样式】组中【形状填充】右侧的下拉按钮，在弹出的下拉列表中选择【无填充】选项，如下图所示。

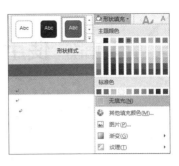

第6步 单击【绘图工具－格式】选项卡下【形状样式】组中【形状轮廓】右侧的下拉按钮，在弹出的下拉列表中选择【黄色】选项，如下图所示。

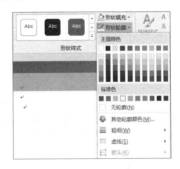

第7步 单击【绘图工具－格式】选项卡下【形状样式】组中【形状轮廓】右侧的下拉按钮，在弹出的下拉列表中选择【粗细】→【3 磅】选项，如下图所示。

第8步 在简历页面中即可看到设置形状样式后的效果，如下图所示。

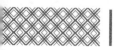

3.5 新功能：使用在线图标

在制作简历时，有时会用到图标。大部分图标结构简单、表达力强，但在网上搜索时却很难找到合适的。Office 2019增加了在线插入图标的新功能，在 Word 2019 中单击【插入】选项卡下【插图】组中的【图标】按钮，调出【插入图标】对话框。

在对话框中可以看到所有的图表被分为"人物""技术和电子""通信"等类型。并且这些图标还支持填充颜色及图标拆分后分块填色，如下图所示。

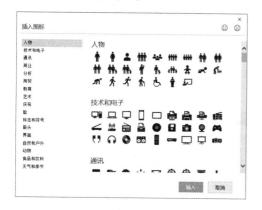

下面根据需要在"职场技能"栏中插入4个图标，具体操作步骤如下。

第1步 将鼠标指针定位至"计算机二级"前，单击【插入】选项卡下【插图】组中的【图标】按钮，如下图所示。

第2步 弹出【插入图标】对话框，分别在"技术和电子""通信""分析"类型中选中合适的图标，单击【插入】按钮，如下图所示。

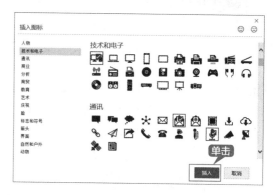

第3步 即可将选中的图标插入文档中，然后再将插入的4个图标放置在相应的单元格中，效果如下图所示。

第4步 选中一个图标，则会激活【图形工具】功能选项卡，选择【图形工具－格式】选项卡下【图形样式】组中的【图形填充】下拉按钮，在弹出的下拉列表中选择【蓝色，个性色1，深色 50%】选项，如下图所示。

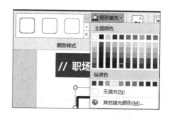

第5步 即可更改图标颜色，效果如下图所示。

第6步 使用同样的方法，更改其他 3 个图标的颜色，效果如下图所示。

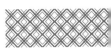

3.6 添加个人照片

在简历中添加个人图片时，会遇到各种问题，如图片显示不完整、无法调整图片大小等。本节通过介绍插入图片和编辑图片的方法，来帮助用户解决在简历中插入个人图片的问题。

3.6.1 插入图片

Word 2019 支持更多的图片格式，如 ".jpg" ".jpeg" ".jfif" ".jpe" ".png" ".bmp" ".dib" 和 ".rle" 等。在个人简历中添加图片的具体操作步骤如下。

第 1 步 将鼠标指针定位至要插入头像的位置，单击【插入】选项卡下【插图】组中的【图片】按钮，如下图所示。

第 2 步 弹出【插入图片】对话框，选择要插入的图片，单击【插入】按钮，如下图所示。

第 3 步 即可将图片插入。将鼠标指针放置在图片的 4 个角上，当鼠标指针变为形状时，按住鼠标左键并拖曳，即可等比例地缩放图片，如下图所示。

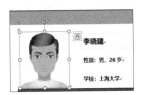

第 4 步 选中图片，单击【图片工具－格式】选项卡下【排列】组中的【环绕文字】按钮，在弹出的下拉列表中选择【浮于文字上方】选项，如下图所示。

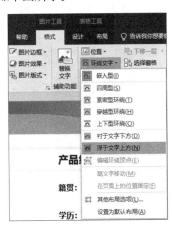

第 5 步 然后将鼠标指针放置在图片上，当鼠标指针变为形状时，按住鼠标左键并拖曳，调整图片的位置，最终效果如下图所示。

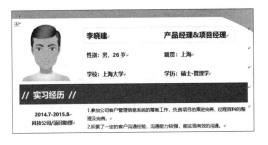

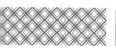

3.6.2　编辑图片

对插入的图片进行样式、更正、调整、添加艺术效果等的编辑，可以使图片更好地融入个人简历的氛围中。具体操作步骤如下。

第1步　选择插入的图片，单击【图片工具－格式】选项卡下【调整】组中的【校正】按钮，在弹出的下拉列表中选择【亮度／对比度】选项组中的一种，如下图所示。

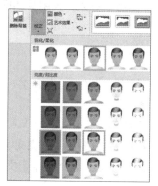

第2步　即可改变图片的亮度／对比度，如下图所示。

第3步　选中图片，单击【调整】组中的【颜色】按钮，在弹出的下拉列表中选择【重新着色】选项组中的一种颜色，如下图所示。

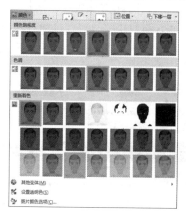

第4步　即可为图片重新着色，如下图所示。

第5步　选中图片，单击【调整】组中的【艺术效果】按钮，在弹出的下拉列表中选择一种艺术效果，如下图所示。

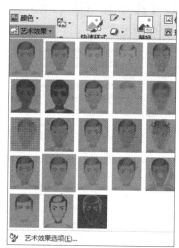

第6步　即可改变图片的艺术效果，如下图所示。

第7步　选中图片，单击【图片工具－格式】选项卡下【图片样式】组中的【其他】按钮，在弹出的下拉列表中选择【柔化边缘椭圆】选项，如下图所示。

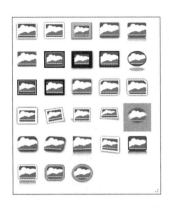

第8步 即可看到图片样式更改后的效果，如下图所示。

第9步 单击【图片工具 – 格式】选项卡下【图片样式】组中的【图片效果】按钮，在弹出的下拉列表中选择【预设】→【预设 1】选项，如下图所示。

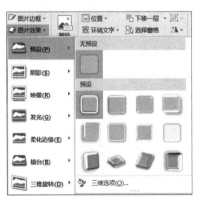

第10步 即可在简历中看到图片预设后的效果，如下图所示。

| 提示 |

在【图片效果】下拉列表中还可以为图片设置"阴影""映像""发光""柔化边缘""棱台""三维旋转"效果，有兴趣的用户可根据需要自行设置，这里就不再具体介绍了。

第11步 选中图片，单击【图片工具 – 格式】选项卡下【调整】组中的【重置图片】按钮，如下图所示。

第12步 即可删除前面对图片添加的各种格式，恢复最原始的调整过大小之后的图片，如下图所示。

举一反三

制作企业培训流程图

与求职简历类似的文档还有企业培训流程图、产品活动宣传页、产品展示文档、公司业务流程图等。排版这类文档时，都要做到色彩统一、图文结合、编排简洁，使读者能把握重点并快速获取需要的信息。下面就以制作企业培训流程图为例进行介绍，具体操作步骤如下。

第1步 设置页面

新建空白文档，设置流程图的页面边距、页面大小、插入背景等，如下图所示。

第2步 添加流程图标题

选择【插入】选项卡下【文本】组中的【艺术字】选项，在流程图中插入艺术字标题"企业培训流程图"，并设置文字效果，如下图所示。

第3步 插入流程图形状

根据企业的培训流程，在文档中插入自选流程图形，如下图所示。

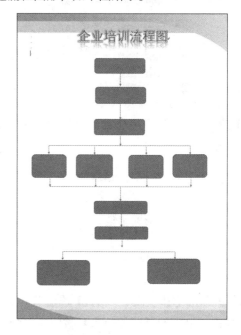

第4步 添加文字

在插入的流程图形中，根据企业的培训流程添加文字，并对文字与形状的样式进行调整，如下图所示。

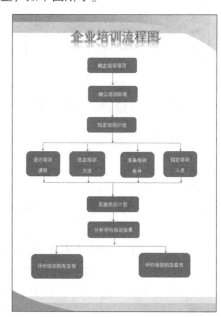

◇ 表格上下两行竖线怎么也对不齐

改造别人的表格时，有没有遇到不论向左还是向右移动竖线，都会差那么一点点对不齐的情况？实际上，按住一个按键，调整竖线，就能对齐了，具体操作步骤如下。

第1步 打开"素材 \ch03\ 表格边框对不齐 .docx"文件，可以看到"业主联系人"文本处的边框没有对齐，如下图所示。

结算人姓名		结算类别	
项目名称		项目情况	
项目地段			
业主单位名···称		业主联系人	
合同签订时···间		合同总价（元）	增加费用（元）

第2步 此时按住【Alt】键，调整表格边框，即可将边框对齐，效果如下图所示。

结算人姓名		结算类别	
项目名称		项目情况	
项目地段			
业主单位名···称		业主联系人	
合同签订时···间		合同总价（元）	增加费用（元）

◇ 给跨页的表格添加表头

如果表格的内容较多，会自动在下一个 Word 页面显示表格内容，但是表头却不会在下一页显示。可以通过设置，当表格跨页时自动在下一页添加表头，具体操作步骤如下。

第1步 将鼠标指针定位至表格的标题行，单击【图表工具－布局】选项卡下【表】组中的【属性】按钮，如下图所示。

第2步 在弹出的【表格属性】对话框中，选中【行】选项卡下【选项】选项区域中的【在各页顶端以标题行形式重复出现】复选框，然后单击【确定】按钮，如下图所示。

第3步 返回 Word 文档中，即可看到每一页的表格前均添加了表头，如下图所示。

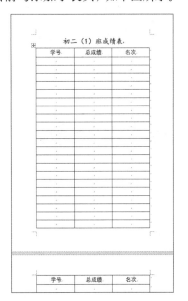

◇ 总是删不掉的最后一页空白页

"个人求职简历"表格做完之后，突然发现最后多了一页空白页，并且怎么也删不掉！

怎么办呢? 看下面的具体操作步骤。

第1步 将鼠标指针定位至表格的最后一行中,选择【表格工具－布局】选项卡,在【单元格大小】组的【表格行高】文本框中输入"1.5厘米",减小表格行高,如下图所示。

第2步 按【Enter】键,即可将最后一页空白页删除。

提示

也可以通过设置缩小其他行的行高来删除空白页。

◇ 新功能: 插入 3D 模型

Office 2019 不仅新增了插入图标的功能,还支持插入 3D 模型。在制作 Word 文档、Excel 表格及 PPT 演示文稿时,利用这些新增功能,可以提升整个文件的水平和质量。下面以 Word 2019 为例,来了解一下"插入 3D 模型"新功能。具体操作步骤如下。

第1步 新建一个空白文档,单击【插入】选项卡下【插图】组中的【3D 模型】按钮,如下图所示。

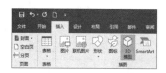

第2步 弹出【插入 3D 模型】对话框,选择要插入的 3D 模型,单击【插入】按钮,如下图所示。

提示

Word 支持的 3D 模型文件格式有".fbx"".obj"".3mf"".ply"".stl"".glb"。

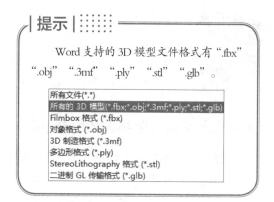

第3步 即可将选择的 3D 模型插入 Word 文档中,如下图所示。

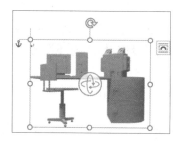

第4步 选中插入的 3D 模型,则会激活【3D模型工具】功能选项卡,单击【3D 模型工具－格式】选项卡下【3D 模型视图】组中的【其他】按钮,在弹出的下拉列表中选择【上前左视图】选项,如下图所示。

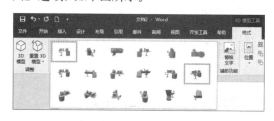

第5步 即可更改 3D 模型的视图,效果如下图所示。

第4章
Word 的高级应用——
长文档的排版

本章导读

在办公与学习中，经常会遇到包含大量文字的长文档，如毕业论文、个人合同、公司合同、企业管理制度、施工组织设计资料、产品说明书等。使用 Word 提供的创建和更改样式、插入页眉和页脚、插入页码、创建目录等功能，可以方便地对这些长文档进行排版。本章以制作施工组织设计资料为例，介绍长文档的排版技巧。

思维导图

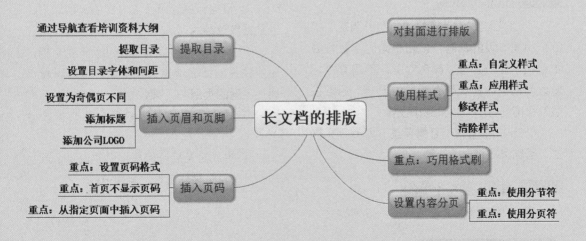

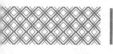
4.1 施工组织设计资料

施工组织设计资料是指用于指导施工组织与管理、施工进度的控制等全面性的技术、经济文件。

实例名称：对施工组织设计资料进行排版	
实例目的：进一步掌握排版方法	
素材	素材 \ch04\ 施工组织设计资料 .docx
结果	结果 \ch04\ 施工组织设计文件 .docx
视频	视频教学 \04 第 4 章

4.1.1　案例概述

施工组织设计资料是以施工项目为对象进行编制的，用于对施工全过程的科学管理。本章以制作施工组织设计资料为例，介绍制作施工组织设计资料的操作方法。

对施工组织设计资料进行排版需要注意以下几点。

1. 格式统一

① 施工组织设计资料的内容分为若干等级，相同等级的标题要使用相同的字体样式（包括字体、字号、颜色等），不同等级标题之间的字体样式要有明显的区分。通常按照等级高低将字号由大到小设置。

② 正文字号最小且需要统一所有正文样式，否则文档将显得杂乱。

2. 层次结构区别明显

① 可以根据需要设置标题的段落样式，为不同标题设置不同的段间距和行间距，使不同标题等级之间或标题和正文之间的结构区分更明显，以便读者查阅。

② 使用分页符将施工组织设计资料中需要单独显示的页面另起一页显示。

3. 提取目录便于阅读

① 根据标题等级设置对应的大纲级别，这是提取目录的前提。

② 添加页眉和页脚不仅可以美化文档，还能快速向读者传递文档信息，可以设置奇偶页不同的页眉和页脚。

③ 插入页码也是提取目录的必备条件之一。

④ 提取目录后可以根据需要设置目录的样式，使目录格式工整、层次分明。

4.1.2　设计思路

排版施工组织设计资料时可以按以下思路进行。

① 制作施工组织设计资料封面，包含项目名称、单位名称、项目负责人、日期等，可以根据需要对封面进行美化。

② 设置施工组织设计资料的标题、正文格式，包括文本样式及段落样式等，并根据需要设置标题的大纲级别。

③ 使用分隔符或分页符设置文本格式，将重要内容另起一页显示。

④ 插入页码、页眉和页脚，并根据要求提取目录。

4.1.3 涉及知识点

本案例主要涉及以下知识点。

① 使用样式。

② 使用格式刷工具。

③ 使用分隔符和分页符。

④ 插入页码。

⑤ 插入页眉和页脚。

⑥ 提取目录。

4.2 对封面进行排版

首先为施工组织设计资料添加封面，具体操作步骤如下。

第1步 打开"素材 \ch04\ 施工组织设计资料 .docx"文件，将鼠标指针定位至文档最前面的位置，单击【插入】选项卡下【页面】组中的【空白页】按钮，如下图所示。

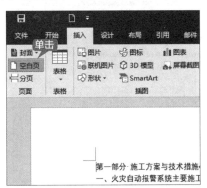

第2步 即可在文档中插入一个空白页面，将鼠标指针定位于页面最开始的位置，如下图所示。

第3步 按【Enter】键换行，并输入文字"XXX 站房改扩建工程"，按【Enter】键换行，然后依次输入"火灾自动报警系统""施工组织设计""单位名称""施工负责人"等文本并换行，最后输入日期，效果如下图所示。

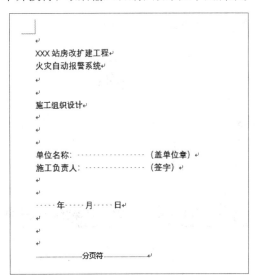

第4步 选中"XXX 站房改扩建工程"和"火灾自动报警系统"文本，单击【开始】选项卡

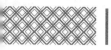

下【字体】组中的【字体】按钮，打开【字体】对话框，在【字体】选项卡下设置【中文字体】为【宋体】、【西文字体】为【（使用中文字体）】、【字形】为加粗、【字号】为【一号】，单击【确定】按钮，如下图所示。

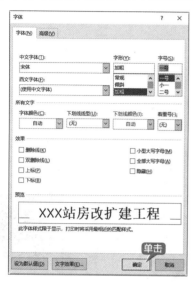

第5步 单击【开始】选项卡下【段落】组中的【居中】按钮，如下图所示。

第6步 设置完成后的效果如下图所示。

第7步 选择"施工组织设计"文本，将其【字体】设置为【宋体】、【字号】为【初号】，并添加【加粗】效果，使其【居中】显示，如下图所示。

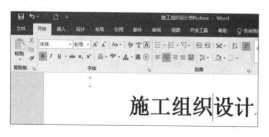

第8步 选择"单位名称"和"施工负责人"等文本内容，设置【字体】为【宋体】、【字号】为【四号】，如下图所示。

第9步 单击【开始】选项卡下【段落】组中的【段落设置】按钮，弹出【段落设置】对话框，选择【缩进和间距】选项卡，在【缩进】选项区域中设置【左侧】为【7字符】，单击【确定】按钮，如下图所示。

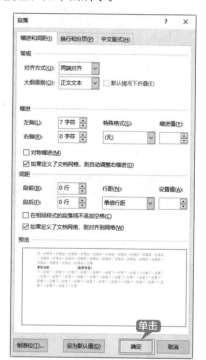

第10步 选中"单位名称"与"（盖单位章）"文本之间的空格，单击【开始】选项卡下【字体】组中的【下画线】右侧的下拉按钮，在弹出的下拉列表中选择一种下画线，如下图所示。

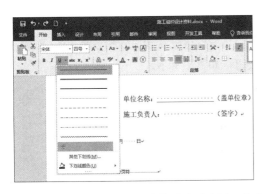

显示。然后调整页面，使文本内容占满整个页面，如下图所示。

第11步 使用同样的方法为其他文本添加下画线，效果如下图所示。

第12步 选中日期文本，设置【字体】为【宋体】、【字号】为【四号】，并将其【右对齐】

4.3 使用样式

样式是字体格式和段落格式的集合。在对长文本的排版中，可以使用样式对相同样式的文本进行样式套用，从而提高排版效率。

4.3.1 重点：根据文档格式要求自定义样式

在对施工组织设计资料等这样的长文档进行排版时，需要设置多种类型的样式，这时常常需要自定义样式，然后将相同级别的文本使用同一样式。在施工组织设计资料文档中自定义样式的具体操作步骤如下。

第1步 选中"第一部分 施工方案与技术措施"文本，单击【开始】选项卡下【样式】组中的【样式】按钮，如下图所示。

第2步 弹出【样式】窗格，单击窗格底部的【新建样式】按钮，如下图所示。

第3步 弹出【根据格式化创建新样式】对话框，在【属性】选项区域中设置【名称】为【标书标题1】，在【格式】选项区域中设置【字体】为【黑体】、【字号】为【二号】。单击左下角的【格式】按钮，在弹出的下拉列表中选择【段落】选项，如下图所示。

第4步 弹出【段落】对话框，在【缩进和间距】选项卡下【常规】选项区域中设置【对齐方式】为【居中】、【大纲级别】为【1级】，在【间距】选项区域中设置【段前】和【段后】都为【12磅】、【行距】为【1.5倍行距】，单击【确定】按钮，如下图所示。

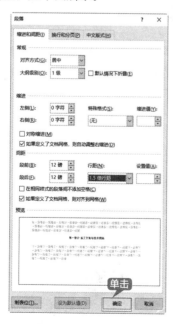

第5步 返回【根据格式化创建新样式】对话框，在预览窗口可以看到设置的效果，单击【确定】按钮，如下图所示。

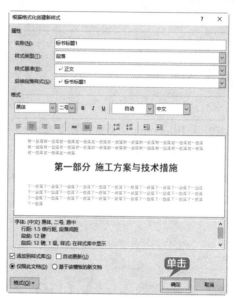

第6步 即可创建名称为"标书标题1"的样式，所选文字将会自动应用自定义的样式，如下图所示。

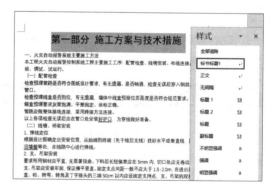

第7步 使用同样的方法选择"一、火灾自动报警系统主要施工方法"文本，并将其样式命名为"标书标题2"，设置其【字体】为【华文楷体】、【字号】为【小三】、【对齐方式】为【两端对齐】、【大纲级别】为【2级】，【段前】和【段后】间距都设置为【8磅】，设置【行距】为【1.5倍行距】，如下图所示。

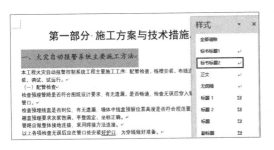

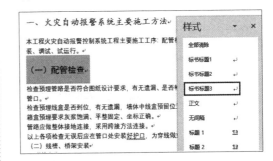

第8步 使用同样的方法选择"（一）配管检查"文本，并将其样式命名为"标书标题 3"，设置其【字体】为【黑体】、【字号】为【四号】、【对

齐方式】为【两端对齐】、【大纲级别】为【3级】、【段前】和【段后】间距都设置为【0.5 行】，【行距】设置为【1.5 倍行距】，如下图所示。

4.3.2 重点：应用样式

创建样式后，即可将创建的样式应用到其他需要设置相同样式的文本中，应用样式的具体操作步骤如下。

第1步 选中"第二部分 质量管理体系与措施"文本，在【样式】窗格的列表中单击"标书标题 1"样式，即可将该样式应用至所选段落，如下图所示。

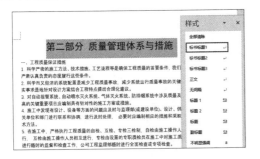

第2步 使用同样的方法对其余标题样式进行

应用，最终效果如下图所示。

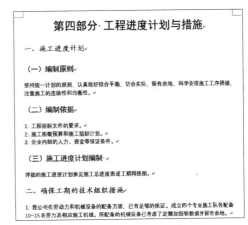

4.3.3 修改样式

如果排版的要求在原来样式的基础上发生了一些变化，可以对样式进行修改，相应地，应用该样式的文本样式也会对应地发生改变。具体操作步骤如下。

第1步 单击【开始】选项卡下【样式】组中的【样式】按钮，弹出【样式】窗格，如下图所示。

第2步 选中要修改的样式，如"标书标题2"样式，单击【标书标题2】样式右侧的下拉按钮，在弹出的下拉列表中选择【修改】选项，如下图所示。

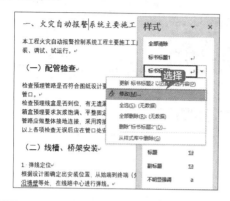

第3步 弹出【修改样式】对话框，将【格式】选项区域中的【字体】改为【黑体】，单击左下角的【格式】按钮，在弹出的下拉列表中选择【段落】选项，如下图所示。

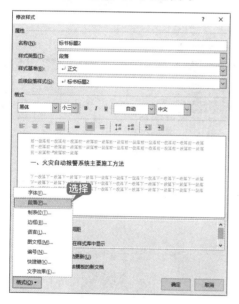

第4步 弹出【段落】对话框，将【间距】选项区域中的【段前】和【段后】均修改为【10磅】，单击【确定】按钮，如下图所示。

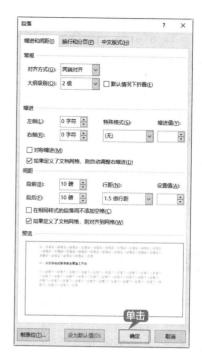

第5步 返回【修改样式】对话框，在预览窗口查看设置效果，单击【确定】按钮，如下图所示。

第6步 修改完成后，所有应用该样式的文本样式也相应地发生了变化，效果如下图所示。

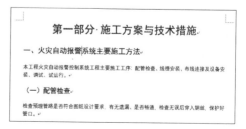

4.3.4 清除样式

如果不再需要某些样式，可以将其清除，清除样式的具体操作步骤如下。

第1步 创建【字体】为【楷体】、【字号】为【11】、【首行缩进】为【2字符】的名称为"正文内容"的样式，并将其应用到正文文本中，如下图所示。

第2步 选中"正文内容"样式，单击【正文内容】样式右侧的下拉按钮，在弹出的下拉列表中选择【删除"正文内容"】选项，如下图所示。

第3步 在弹出的确认删除提示框中单击【是】按钮，即可将该样式删除，如下图所示。

第4步 如下图所示，该样式已经从样式列表中删除。

第5步 相应地，使用该样式的文本样式也发生了变化，如下图所示。

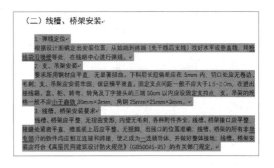

4.4 重点：巧用格式刷

除了对文本套用创建好的样式之外，还可以使用格式刷工具对相同格式的文本进行格式设置。设置正文的样式并使用格式刷的具体操作步骤如下。

第1步 选择要设置正文样式的段落，如下图所示。

一、火灾自动报警系统主要施工方法

本工程火灾自动报警控制系统工程主要施工工序: 配管检查、线槽安装、布线连接及设备安装、调试、试运行。

第2步 在【开始】选项卡下【字体】组中设置【字体】为【宋体】、【字号】为【小四】，如下图所示。

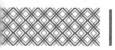

第3步 单击【开始】选项卡下【段落】组中的【段落设置】按钮，弹出【段落】对话框，在【缩进和间距】选项卡下，设置【常规】选项区域中的【对齐方式】为【两端对齐】、【大纲级别】为【正文文本】，设置【缩进】选项区域中的【特殊格式】为【首行缩进】、【缩进值】为【2 字符】，设置【间距】选项区域中的【行距】为【多倍行距】、【设置值】为【1.2】，单击【确定】按钮，如下图所示。

第4步 设置完成后，效果如下图所示。

第5步 双击【开始】选项卡下【剪贴板】组中的【格式刷】按钮，可重复使用格式刷工具。使用格式刷工具对其余正文内容的格式进行设置，最终效果如下图所示。

4.5 设置内容分页

在施工组织设计资料中，有些文本内容需要分页显示。下面介绍如何使用分节符和分隔符进行分页。

4.5.1 重点：使用分节符

分节符是指为表示节的结尾插入的标记，包含节的格式设置元素，如页边距、页面方向、页眉和页脚，以及页码的顺序。分节符起着分隔其前面文本格式的作用，如果删除了某个分节符，它前面的文字会合并到后面的节中，并且采用后者的格式设置。设置分节符的具体操作步骤如下。

第1步 将鼠标指针放置在任意段落末尾，单击【布局】选项卡下【页面设置】组中的【分隔符】按钮，在弹出的下拉列表中选择【分节符】选项组中的【下一页】选项，如下图所示。

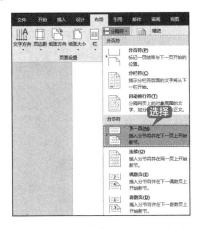

第2步 即可将鼠标指针下方的文本移至下一页，效果如下图所示。

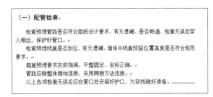

第3步 如果删除分节符，可以将鼠标指针放置在插入分节符的位置，按【Delete】键删除，效果如下图所示。

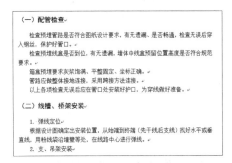

4.5.2 重点：使用分页符

施工组织设计资料分为 6 个部分，可在每一部分结束处插入分页符，使下一部分另起一页显示，具体操作步骤如下。

第1步 将鼠标指针放置在第一部分结束的位置，单击【布局】选项卡下【页面设置】组中的【分隔符】按钮，在弹出的下拉列表中选择【分页符】选项组中的【分页符】选项，如下图所示。

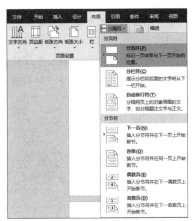

第2步 即可在此处插入分页符，使第二部分的内容另起一页显示，如下图所示。

第3步 使用同样的方法在其他位置插入分页符，如下图所示。

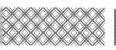

4.6 插入页码

对于施工组织设计资料等篇幅较长的文档，页码可以帮助读者记住阅读的位置，阅读起来也更加方便。

在施工组织设计资料文档中单击【插入】选项卡下【页眉和页脚】组中的【页码】按钮，在弹出的下拉列表中选择一种页码样式，即可插入页码，如下图所示。

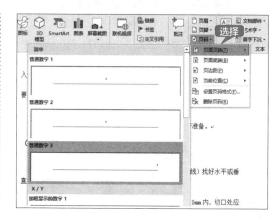

4.6.1 重点：设置页码格式

为了使页码达到最佳的显示效果，可以对页码的格式进行简单的设置，具体操作步骤如下。

第1步 单击【插入】选项卡下【页眉和页脚】组中的【页码】按钮，在弹出的下拉列表中选择【设置页码格式】选项，如下图所示。

第2步 弹出【页码格式】对话框，在【编号格式】下拉列表框中选择一种编号格式，单击【确定】按钮，如下图所示。

第3步 设置完成后效果如下图所示。

> **┃提示┃**
>
> 【页码格式】对话框中其余各选项的含义如下。
>
> 【包含章节号】复选框：可以将章节号插入页码中，也可以选择章节起始样式和分隔符。
>
> 【续前节】单选按钮：接着上一节的页码连续设置页码。
>
> 【起始页码】单选按钮：选中此单选按钮后，可以在后方的数值框中输入起始页码数。

4.6.2 重点：首页不显示页码

施工组织设计资料的首页是封面，一般不显示页码，使首页不显示页码的具体操作步骤如下。

第1步 单击【插入】选项卡下【页眉和页脚】组中的【页码】按钮，在弹出的下拉列表中选择【设置页码格式】选项，如下图所示。

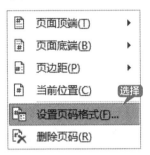

第2步 弹出【页码格式】对话框，在【页码编号】选项区域中选中【起始页码】单选按钮，在数值框中输入"0"，单击【确定】按钮，如下图所示。

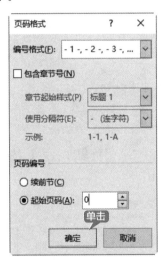

第3步 将鼠标指针放置在页码位置并右击，

在弹出的快捷菜单中选择【编辑页脚】选项，如下图所示。

第4步 在【页眉和页脚工具 – 设计】选项卡下【选项】组中选中【首页不同】复选框，如下图所示。

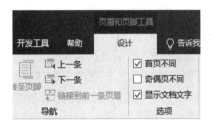

第5步 设置完成，单击【关闭页眉和页脚】按钮，如下图所示。

第6步 即可取消首页页码的显示，效果如下图所示。

4.6.3 重点：从指定页面中插入页码

对于篇幅较长的文档，用户可以从指定的页面开始添加页码，具体操作步骤如下。

第1步 将鼠标指针放置在第一部分结束处，按【Delete】键，将之前插入的"分页符"删除。单击【布局】选项卡下【页面设置】组中的【分隔符】按钮，在弹出的下拉列表中选择【分节符】选项组中的【下一页】选项，如下图所示。

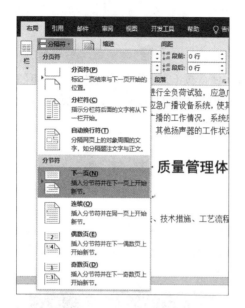

第2步 此时鼠标指针在下一页显示，双击此页页眉位置，进入页眉页脚编辑状态。单击【页眉和页脚工具－设计】选项卡下【导航】组中的【链接到前一条页眉】按钮，取消此功能，如下图所示。

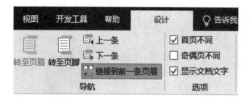

| 提示 |

　　取消"链接到前一条页眉"功能后，不同节的页眉将不再有联系，删除或修改一节的页眉，其他节不受影响。

第3步 选中背景图片，按【Delete】键将其删除。单击【页眉和页脚工具－设计】选项卡下【页眉和页脚】组中的【页码】按钮，在弹出的下拉列表中选择【页面底端】→【普通数字3】选项，如下图所示。

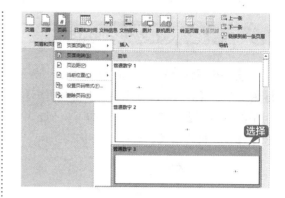

第4步 单击【页眉和页脚】组中的【页码】按钮，在弹出的下拉列表中选择【设置页码格式】选项，弹出【页码格式】对话框，设置【起始页码】为【1】，单击【确定】按钮，如下图所示。

第5步 单击【关闭页眉和页脚】按钮，效果如下图所示。

火系统施工验收规范》和施工
之与施工人员经济收入挂钩。
员在施工中自觉严格按照技术
同时在施工中自觉地对产品采

－1－

| 提示 |

　　从指定页面插入页码的操作在长文档的排版中会经常遇到，如果排版时不需要此操作，则可以将其删除，并重新插入符合要求的页码样式。

4.7 插入页眉和页脚

在页眉和页脚中可以输入创建文档的基本信息，如在页眉中输入文档名称、章节标题或作者名称等信息，在页脚中输入文档的创建时间、页码等，不仅能使文档更美观，还能向读者快速传递文档要表达的信息。

> **提示** ┊┊┊┊┊┊┊
>
> 插入和设置页眉、页脚的方法类似，在本案例中无须设置页脚，在这里就不再过多介绍了。

4.7.1 设置为奇偶页不同

页眉和页脚都可以设置为奇偶页显示不同的内容，以传达更多信息。下面以设置页眉奇偶页不同效果为例来介绍，具体操作步骤如下。

第1步 单击【插入】选项卡下【页眉和页脚】组中的【页眉】按钮，在弹出的下拉列表中选择【空白】选项，即可插入页眉，如下图所示。

第2步 输入"XX公司"，然后选中"XX公司"文本内容，在【开始】选项卡下【字体】组中设置【字体】为【黑体】、【字号】为【五号】，在【段落】组中设置【对齐方式】为【左对齐】，效果如下图所示。

第3步 在【页眉和页脚工具－设计】选项卡下【选项】组中选中【奇偶页不同】复选框，如下图所示。

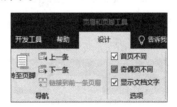

第4步 页面会自动跳转至页眉编辑页面，在偶数页文本编辑栏中输入"施工组织设计"文本，将其【字体】设置为【宋体】、【字号】为【五号】，设置其【对齐方式】为【右对齐】，效果如下图所示。

第5步 单击【页眉和页脚工具－设计】选项卡下【页眉和页脚】组中【页码】按钮，在弹出的下拉列表中选择【页面底端】→【普通数字3】选项，如下图所示。

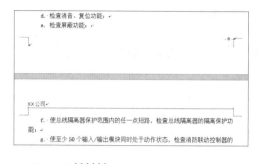

第6步 即可为偶数页重新设置页码，双击空白处，退出页眉和页脚编辑状态，效果如下图所示。

提示

设置奇偶页不同效果后，需要重新设置奇数页和偶数页样式。

4.7.2 添加标题

如果正文页眉要显示当前页面的内容标题，如在页眉处显示施工组织设计资料中各部分的标题，则可以使用 StyleRef 域来设置，具体操作步骤如下。

第1步 在页眉处双击，进入页眉和页脚编辑状态，取消选中【页眉和页脚工具－设计】选项卡下【选项】组中的【奇偶页不同】复选框，如下图所示。

第2步 即可取消奇偶页不同页眉的显示，将所有页眉统一显示为奇数页的页眉，如下图所示。

第3步 单击【页眉和页脚工具－设计】选项卡下【插入】组中的【文档部件】按钮，在弹出的下拉列表中选择【域】选项，如下图所示。

第4步 弹出【域】对话框，在【域名】列表框中选择【StyleRef】选项，在【样式名】列表框中选择【标书标题1】选项，单击【确定】按钮，如下图所示。

第5步 即可在文档的页眉处插入相应的标题，如下图所示。

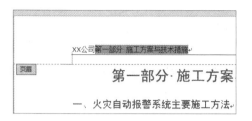

第6步 将鼠标指针放在"XX 公司"和"第一部分 施工方案与技术措施"之间，按【Enter】键，将"第一部分 施工方案与技术措施"文

本内容换到下一行，并将其设置为【右对齐】。双击空白处，退出页眉和页脚编辑状态，如下图所示。

4.7.3　添加公司 LOGO

在施工组织设计资料里加入公司 LOGO 会使文件看起来更加美观，具体操作步骤如下。

第1步 在页眉处双击，进入页眉和页脚编辑状态。单击【页眉和页脚工具 – 设计】选项卡下【插入】组中【图片】按钮，如下图所示。

第2步 弹出【插入图片】对话框，选择"素材 \ ch04\ 公司 LOGO.png"图片，单击【插入】按钮，如下图所示。

第3步 即可插入图片至页眉，调整图片大小。然后选中图片，选择【图片工具 – 格式】选项卡下【排列】组中的【环绕文字】按钮，

在弹出的下拉列表中选择【浮于文字上方】选项，如下图所示。

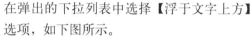

第4步 调整图片的位置，双击空白处，退出页眉和页脚编辑状态，效果如下图所示。

 提取目录

目录是施工组织设计资料的重要组成部分，可以帮助读者更方便地阅读资料，使读者更快地找到自己想要阅读的内容。

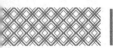

4.8.1 通过导航查看培训资料大纲

对文档应用了标题样式或设置标题级别之后，可以在导航窗格中查看设置后的效果，并可以快速切换至所要查看的章节。

选择【视图】选项卡，在【显示】组中选中【导航窗格】复选框，即可在屏幕左侧显示导航窗口，如下图所示。

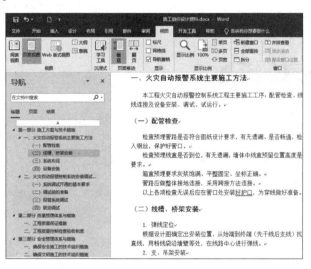

4.8.2 提取目录

为方便阅读，需要在公司施工组织设计资料中加入目录。插入目录的具体操作步骤如下。

第1步 将鼠标指针定位在"第一部分 施工方案与技术措施"文本前，单击【布局】选项卡下【页面设置】组中的【分隔符】按钮，在弹出的下拉列表中选择【分页符】选项组中的【分页符】选项，如下图所示。

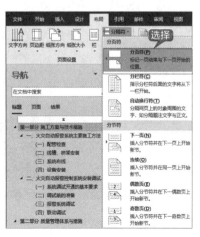

第2步 将鼠标指针放置于新插入的页面中，在空白页中输入"目录"文本，按【Enter】键切换至下一行，单击【开始】选项卡下【字体】组中的【清除所有格式】按钮。即可将光标所在行的格式清除，如下图所示。

第3步 单击【引用】选项卡下【目录】组中的【目录】按钮，在弹出的下拉列表中选择【自定义目录】选项，如下图所示。

第 4 步 弹出【目录】对话框，在【格式】下拉列表中选择【正式】选项，将【显示级别】设置为【3】，在 Web 预览区域中可以看到设置后的效果，单击【确定】按钮，如下图所示。

第 5 步 建立目录后的效果如下图所示。

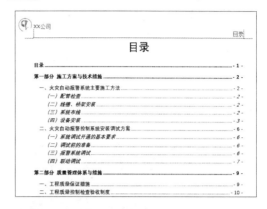

第 6 步 将鼠标指针移动至目录上，按住【Ctrl】键，鼠标指针会变为"⟨ᔑ⟩"形状，单击相应标题链接，即可跳转至相应正文，如下图所示。

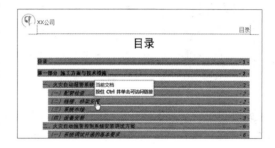

4.8.3　设置目录字体和间距

　　目录是文章的导航型文本，合适的字体和间距会方便读者快速找到需要的信息。设置目录字体和间距的具体操作步骤如下。

第1步 选中除"目录"文本外的所有目录内容，选择【开始】选项卡，在【字体】组中【字体】下拉列表中选择【宋体】选项，【字号】设置为【小四】，并单击两次【倾斜】按钮，如下图所示。

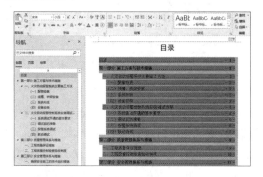

┃ 提示 ┃∶∶∶∶∶∶∶

　　因目录中有部分字体倾斜，所以单击两次【倾斜】按钮，可以取消所有文本的"倾斜"效果。

第2步 单击【段落】组中的【行和段落间距】按钮，在弹出的下拉列表中选择【1.15】选项，如下图所示。

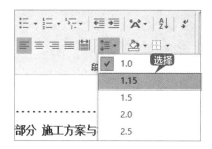

第3步 在目录中右击，在弹出的快捷菜单中选择【更新域】选项，如下图所示。

第4步 弹出【更新目录】对话框，选中【只更新页码】单选按钮，单击【确定】按钮，如下图所示。

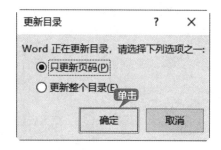

第5步 设置完成后的效果如下图所示。

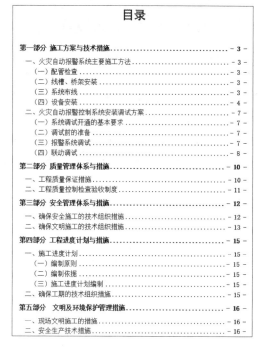

第6步 最后为文档中需要添加编号的文本内容设置编号，效果如下图所示。

（一）配管检查

　　1. 检查预埋管路是否符合图纸设计要求，有无遗漏、是否畅通，检查无误后穿入钢丝，保护好管口。
　　2. 检查预埋线盒是否到位，有无遗漏，墙体中线盒预留位置高度是否符合规范要求。
　　3. 箱盒预埋要求灰浆饱满、平整固定、坐标正确。
　　4. 管路应做整体连接连接，采用跨接方法连接。
　　5. 以上各项检查无误后应在管口处安装好护口，为穿线做好准备。

　　至此，就完成了施工组织设计资料的排版。

毕业论文排版

设计毕业论文时需要注意的是，文档中同一类别文本的格式要统一，层次要有明显的区分。要对同一级别的段落设置相同的大纲级别，还需要将单独显示的页面单独显示。本节根据需要制作毕业论文。

排版毕业论文时可以按以下思路进行。

第1步 设计毕业论文首页

制作论文封面，包含题目、个人相关信息、指导教师和日期等，如下图所示。

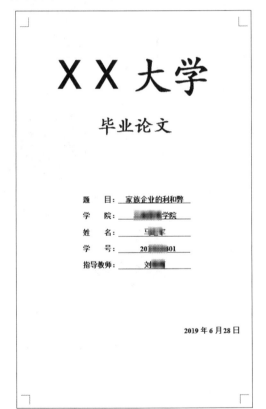

第2步 设计毕业论文格式

在撰写毕业论文时，学校会统一毕业论

文的格式，需要根据提供的格式统一样式，如下图所示。

第3步 设置页眉并插入页码

在毕业论文中可能需要插入页眉，使文档看起来更美观，一般还需要插入页码，如下图所示。

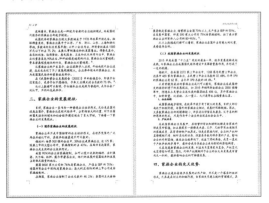

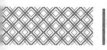

第 4 步 提取目录

格式设计完成之后就可以提取目录，如下图所示。

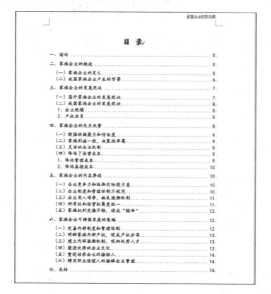

◇ 删除页眉中的横线

在添加页眉时，经常会看到自动添加的分割线。下面介绍删除自动添加的分割线的具体操作步骤。

第 1 步 双击页眉，进入页眉编辑状态。选中页眉处的文本内容，如下图所示。

第 2 步 单击【开始】选项卡下【段落】组中【边框】右侧的下拉按钮，在弹出的下拉列表中选择【无框线】选项，如下图所示。

第 3 步 即可删除页眉处的横线，如下图所示。

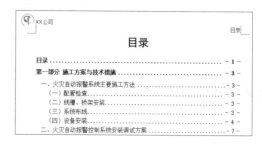

◇ 为样式设置快捷键

在创建样式时，可以为样式指定快捷键，

只需选择要应用样式的段落并按快捷键,即可应用样式。具体操作步骤如下。

第1步 在【样式】窗格中单击要指定快捷键的样式后的下拉按钮,在弹出的下拉列表中选择【修改】选项,如下图所示。

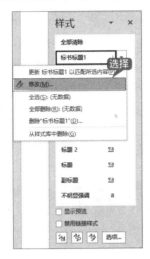

第2步 打开【修改样式】对话框,单击【格式】按钮,在弹出的下拉列表中选择【快捷键】选项,如下图所示。

单击【指定】按钮,如下图所示。

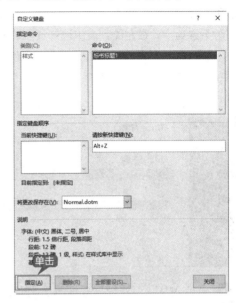

第4步 即可将此快捷键添加至【当前快捷键】列表框中,单击【关闭】按钮,即可完成指定样式快捷键的操作,如下图所示。

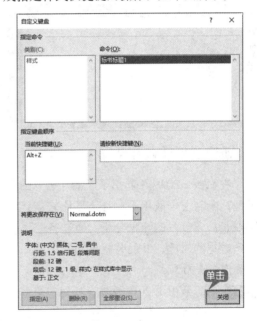

第3步 弹出【自定义键盘】对话框,将鼠标指针定位至【请按新快捷键】文本框中,并输入要设置的快捷键,这里输入"Alt+Z",

◇ 新功能:使用 Office 新增的主题颜色

Office 2019 中新增了一款"黑色"的主题颜色,这里以 Word 2019 为例,来介绍一下 Office 2019 新增的黑色主题。具体操作步骤如下。

第1步 启动 Word，新建一个空白文档，选择【文件】选项卡，在左侧列表中选择【账户】选项，在【账户】界面中单击【Office 主题】下拉按钮，在弹出的下拉列表中选择【黑色】选项，如下图所示。

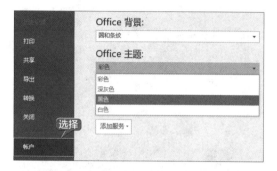

第2步 返回 Word 工作界面，即可看到应用黑色主题后的界面效果，如下图所示。

◇ 新功能：插入漏斗图

在 Word 2019 中新增了"漏斗图"图表类型，漏斗图一般用于业务流程比较规范、周期长、环节多的流程分析，通过各个环节业务数据的对比，发现并找出问题所在。具体操作步骤如下。

第1步 启动 Word 2019 软件，新建一个空白文档，单击【插入】选项区域中【插图】选项组中的【图表】按钮，如下图所示。

第2步 弹出【插入图表】对话框，在左侧列表中选择【漏斗图】选项，单击【确定】按钮，如下图所示。

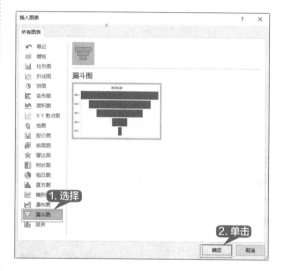

第3步 即可完成"漏斗图"的创建，如下图所示。

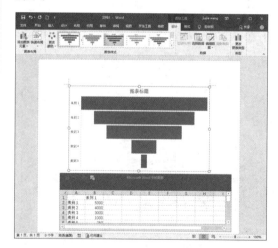

Excel 办公应用篇

　　本篇主要介绍 Excel 中的各种操作，通过本篇的学习，读者可以掌握 Excel 的基本操作、表格的美化、初级数据处理与分析，以及图表、公式和函数的应用等操作。

第5章
Excel 的基本操作

⊜ 本章导读

Excel 2019 提供了创建工作簿与工作表、输入和编辑数据、插入行与列、设置文本格式、页面设置等基本操作，可以方便地记录和管理数据。本章以制作公司员工考勤表为例，介绍 Excel 表格的基本操作。

● 思维导图

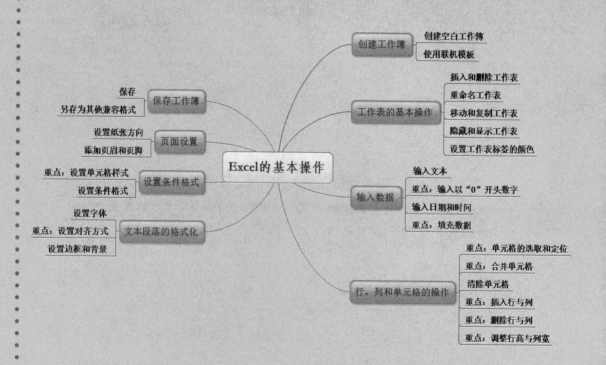

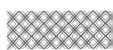

5.1 公司员工考勤表

制作公司员工考勤表要做到数据精确，确保能准确记录公司员工的考勤情况。

实例名称：制作公司员工考勤表	
实例目的：准确记录公司员工的考勤情况	
素材	素材 \ch05\ 公司员工考勤表 .xlsx
结果	结果 \ch05\ 公司员工考勤表 .xlsx
视频	视频教学 \05 第 5 章

5.1.1 案例概述

公司员工考勤表是公司员工每天上班的凭证，也是员工领取工资的凭证。它记录了员工上班的天数，准确的上、下班时间，以及迟到、早退、旷工、请假等情况。制作公司员工考勤表时，需要注意以下几点。

1. 数据准确

① 制作公司员工考勤表时，选取单元格要准确，合并单元格时要安排好合并的位置，插入的行和列要定位准确，以确保考勤表中的数据计算准确。

② Excel 中的数据分为数字型、文本型、日期型、时间型、逻辑型等，要分清考勤表中的数据是哪种数据类型，做到数据输入准确。

2. 便于统计

① 制作的表格要完整，精确到每一个工作日，可以把节假日用其他颜色突出显示，便于统计加班时的考勤。

② 根据公司情况既可以分别设置上午、下午的考勤时间，也可以不区分上午、下午。

3. 界面简洁

① 确定考勤表的布局，避免多余数据。

② 合并需要合并的单元格，为单元格内容保留合适的位置。

③ 字体不宜过大，但表格的标题与表头一栏可以适当加大、加粗字体。

5.1.2 设计思路

制作员工考勤表时可以按以下思路进行。

① 创建空白工作簿，并对工作簿进行保存命名。

② 合并单元格，并调整行高与列宽。

③ 在工作簿中输入文本与数据，并设置文本格式。

④ 设置单元格样式，并添加条件格式。

⑤ 设置纸张方向，并添加页眉和页脚。

⑥ 另存为兼容格式，共享工作簿。

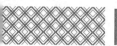

5.1.3　涉及知识点

本案例主要涉及以下知识点。
① 创建空白工作簿。
② 合并单元格。
③ 插入与删除行和列。
④ 设置文本段落格式。
⑤ 页面设置。
⑥ 设置条件样式。
⑦ 保存与共享工作簿。

5.2 创建工作簿

在制作公司员工考勤表时，首先要创建空白工作簿，并对创建的工作簿进行保存与命名。

5.2.1　创建空白工作簿

工作簿是指在 Excel 中用来存储并处理工作数据的文件。在 Excel 2019 中，其扩展名为 .xlsx。通常所说的 Excel 文件是指工作簿文件。在使用 Excel 时，首先需要创建一个工作簿，具体创建方法有以下几种。

1. 自动创建

使用自动创建，可以快速地在 Excel 中创建一个空白的工作簿。在本案例制作的公司员工考勤表中，可以使用自动创建的方法创建一个工作簿，具体操作步骤如下。

第1步 启动 Excel 2019 后，在打开的界面右侧选择【空白工作簿】选项，如下图所示。

第2步 系统会自动创建一个名称为"工作簿1"

的工作簿，如下图所示。

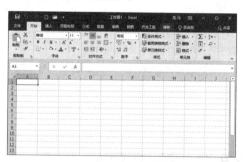

第3步 选择【文件】选项卡，在弹出的界面中选择【另存为】→【浏览】选项，在弹出的【另存为】对话框中选择文件要保存的位置，并在【文件名】文本框中输入"公司员工考勤表"，单击【保存】按钮，如下图所示。

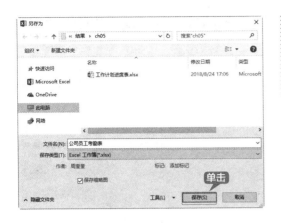

2. 使用【文件】选项卡

如果已经启动 Excel 2019，也可以再次新建一个空白的工作簿。

选择【文件】选项卡，在弹出的界面左侧选择【新建】选项。在右侧选择【空白工作簿】选项，即可创建一个空白工作簿，如下图所示。

3. 使用快速访问工具栏

使用快速访问工具栏，也可以新建空白工作簿。

单击【自定义快速访问工具栏】按钮，在弹出的下拉菜单中选择【新建】选项。将该选项固定显示在【快速访问工具栏】中，然后单击【新建】按钮，即可创建一个空白工作簿，如下图所示。

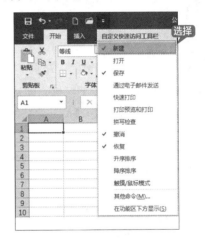

4. 使用快捷键

使用快捷键，可以快速地新建空白工作簿。

在打开的工作簿中，按【Ctrl + N】组合键，即可新建一个空白工作簿。

5.2.2 使用联机模板创建考勤表

启动 Excel 2019 后，可以使用联机模板创建考勤表。具体操作步骤如下。

第1步 选择【文件】选项卡，在弹出的界面左侧选择【新建】选项。在右侧搜索文本框中出现【搜索联机模板】字样，如下图所示。

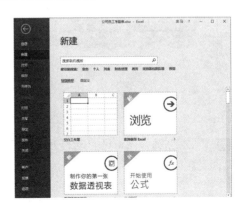

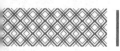

第2步 在该文本框中输入"考勤表",单击【搜索】按钮🔍,如下图所示。

第3步 再次弹出的【新建】区域,即是 Excel 2019 中的联机模板,选择【员工考勤时间表】模板,如下图所示。

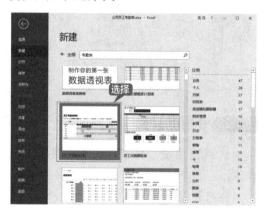

第4步 在弹出的【员工考勤时间表】模板界面中单击【创建】按钮,即可开始下载模板,如下图所示。

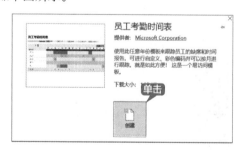

第5步 下载完成后,Excel 自动打开【员工考勤时间表】模板,如下图所示。

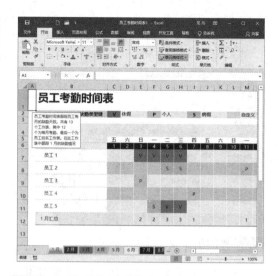

第6步 如果要使用该模板创建考勤表,只需更改工作表中的数据并保存工作簿即可。这里单击【功能区】右上角的【关闭】按钮 ×,在弹出的【Microsoft Excel】提示框中单击【不保存】按钮,如下图所示。

第7步 Excel 工作界面返回"公司员工考勤表"工作簿,如下图所示。

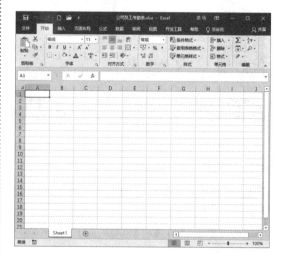

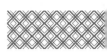

5.3 工作表的基本操作

工作表是工作簿中的一个表。Excel 2019 的一个工作簿默认有一个工作表，用户可以根据需要添加工作表，每一个工作簿最多可以包括 255 个工作表。在工作表的标签上显示系统默认的工作表名称为 Sheet1、Sheet2、Sheet3。本节主要介绍公司员工考勤表中工作表的基本操作。

5.3.1 插入和删除工作表

除了新建工作表外，还可插入新的工作表来满足多工作表的需求。下面介绍几种插入工作表的方法。

1. 插入工作表

（1）使用功能区

第1步 在打开的 Excel 文件中，单击【开始】选项卡下【单元格】组中的【插入】下拉按钮，在弹出的下拉列表中选择【插入工作表】选项，如下图所示。

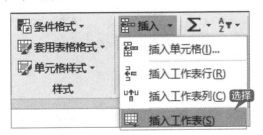

第2步 即可在工作表的前面创建一个新工作表，如下图所示。

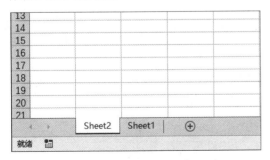

（2）使用快捷菜单插入工作表

第1步 在 Sheet1 工作表标签上右击，在弹出的快捷菜单中选择【插入】选项，如下图所示。

第2步 弹出【插入】对话框，单击【工作表】图标，单击【确定】按钮，如下图所示。

第3步 即可在当前工作表的前面插入一个新工作表，如下图所示。

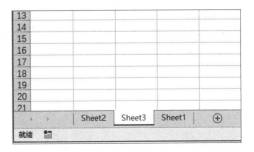

（3）使用【新工作表】按钮

单击工作表名称后的【新工作表】按钮，也可以快速插入新工作表，如下图所示。

2. 删除工作表

（1）使用快捷菜单

第1步 选中 Excel 中多余的工作表，在选中的工作表标签上右击，在弹出的快捷菜单中选择【删除】选项，如下图所示。

第2步 在 Excel 中即可看到删除工作表后的效果，如下图所示。

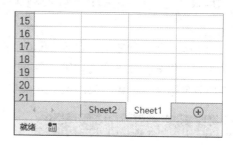

（2）使用功能区删除

选择要删除的工作表，单击【开始】选项卡下【单元格】组中的【删除】下拉按钮，在弹出的下拉列表中选择【删除工作表】选项，即可将选择的工作表删除，如下图所示。

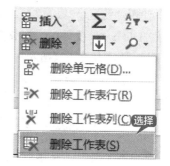

5.3.2 重命名工作表

每个工作表都有自己的名称，默认情况下以 Sheet1、Sheet2、Sheet3……命名工作表。用户可以对工作表进行重命名操作，以便更好地管理工作表。

重命名工作表的方法有以下两种。

1. 在标签上直接重命名

第1步 双击要重命名的工作表标签 Sheet2（此时该标签以高亮显示），标签 Sheet2 进入可编辑状态，如下图所示。

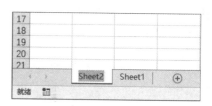

第2步 输入新的标签名，按【Enter】键即可完成对该工作表标签的重命名操作，如下图所示。

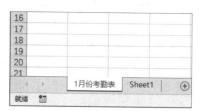

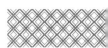

2. 使用快捷菜单重命名

第1步 在要重命名的工作表标签上右击，在弹出的快捷菜单中选择【重命名】选项，如下图所示。

5.3.3 移动和复制工作表

在 Excel 中插入多个工作表后，可以移动和复制工作表。

1. 移动工作表

移动工作表最简单的方法是使用鼠标操作，在同一个工作簿中移动工作表的方法有以下两种。

（1）直接拖曳法

第1步 选择要移动的工作表标签，按住鼠标左键不放，如下图所示。

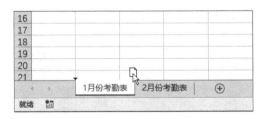

第2步 拖曳鼠标让鼠标指针移动到工作表的新位置，黑色倒三角会随鼠标指针移动，如下图所示。

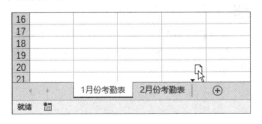

第2步 此时工作表标签会高亮显示，在标签上输入新的标签名，即可完成工作表的重命名，如下图所示。

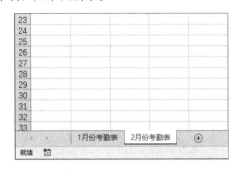

第3步 释放鼠标左键，工作表即可被移动到新的位置，如下图所示。

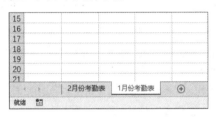

（2）使用快捷菜单法

第1步 在要移动的工作表标签上右击，在弹出的快捷菜单中选择【移动或复制】选项，如下图所示。

第2步 在弹出的【移动或复制工作表】对话框中选择工作表要插入的位置，单击【确定】按钮，如下图所示。

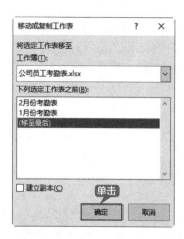

第3步 即可将当前工作表移动到指定的位置，如下图所示。

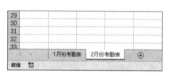

> **提示**
>
> 另外，不但可以在同一个 Excel 工作簿中移动工作表，还可以在不同的工作簿中移动。若要在不同的工作簿中移动工作表，则要求这些工作簿必须是打开的。打开【移动或复制工作表】对话框，在【将选定工作表移至工作簿】下拉列表中选择要移动的目标位置，单击【确定】按钮，即可将当前工作表移动到指定的位置，如下图所示。
>
>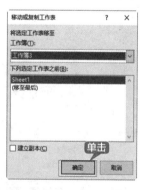

2. 复制工作表

用户可以在一个或多个 Excel 工作簿中复制工作表，一般有以下两种方法。

（1）使用鼠标复制工作表

使用鼠标复制工作表的步骤与移动工作表的步骤相似，只是在拖曳鼠标的同时按住【Ctrl】键即可。具体操作步骤如下。

第1步 选择要复制的工作表，按住【Ctrl】键的同时单击该工作表，拖曳鼠标让鼠标指针移动到工作表的新位置，黑色倒三角会随鼠标指针移动，如下图所示。

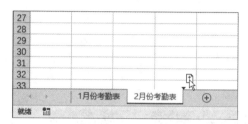

第2步 释放鼠标左键，工作表即被复制到新的位置，如下图所示。

（2）使用快捷菜单复制工作表

具体操作步骤如下。

第1步 选择要复制的工作表，在工作表标签上右击，在弹出的快捷菜单中选择【移动或复制】选项，如下图所示。

第2步 在弹出的【移动或复制工作表】对话框中选择要复制的目标工作簿和插入的位置。选中【建立副本】复选框，单击【确定】按钮，如下图所示。

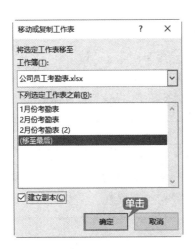

第3步 即可完成复制工作表的操作，如下图所示。

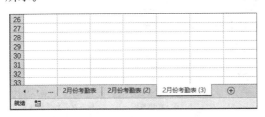

第4步 选择多余的工作表，在选中的工作表标签上右击，在弹出的快捷菜单中选择【删除】选项，如下图所示。

第5步 即可删除多余的工作表，如下图所示。

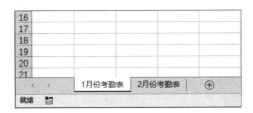

5.3.4 隐藏和显示工作表

用户可以对工作表进行隐藏和显示操作，以便更好地管理工作表。具体操作步骤如下。

第1步 选择要隐藏的工作表，这里选择"1月份考勤表"在工作表标签上右击，在弹出的快捷菜单中选择【隐藏】选项，如下图所示。

第2步 在 Excel 中即可看到"1月份考勤表"工作表已被隐藏，如下图所示。

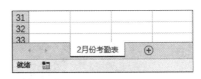

第3步 在任意一个工作表标签上右击，在弹出的快捷菜单中选择【取消隐藏】选项，如下图所示。

第4步 在弹出的【取消隐藏】对话框中，选择【1月份考勤表】选项，单击【确定】按钮，如下图所示。

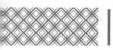

第5步 在 Excel 中即可看到"1 月份考勤表"工作表已重新显示，如下图所示。

| 提示 |⋮⋮⋮⋮⋮⋮

　　隐藏工作表时在工作簿中必须有两个或两个以上的工作表。

5.3.5　设置工作表标签的颜色

　　Excel 中可以对工作表的标签设置不同的颜色，来区分工作表的内容分类及重要级别等，使用户更好地管理工作表。具体操作步骤如下。

第1步 选择要设置标签颜色的工作表，在工作表标签上右击，在弹出的快捷菜单中选择【工作表标签颜色】选项，如下图所示。

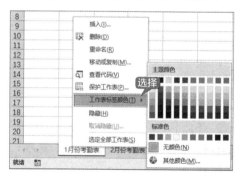

第2步 在弹出的【主题颜色】面板中，选择【标准色】选项组中的【红色】选项，如下图所示。

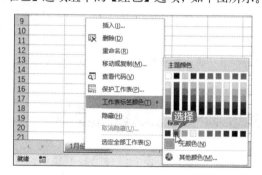

第3步 即可看到工作表的标签颜色已经更改为"红色"，如下图所示。

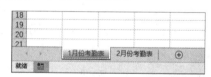

5.4　输入数据

　　对于单元格中输入的数据，Excel 会自动地根据数据的特征进行处理并显示出来。本节介绍公司员工考勤表中如何输入和编辑这些数据。

5.4.1　输入文本

　　单元格中的文本包括汉字、英文字母、数字和符号等。每个单元格最多可包含 32 767 个字符。在单元格中输入文字和数字，Excel 会将它显示为文本形式。若仅输入文字，Excel 则会作为文本处理；若仅输入数字，Excel 会将数字作为数值处理。

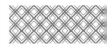
选择要输入的单元格，输入数据后按【Enter】键，Excel 会自动识别数据类型，并将单元格对齐方式默认为"左对齐"。

如果单元格列宽容纳不下文本字符串，多余字符串会在相邻单元格中显示；若相邻的单元格中已有数据，就会截断显示，如下图所示。

在考勤表中，输入其他文本数据，如下图所示。

提示

如果在单元格中输入的是多行数据，在换行处按【Alt+Enter】组合键，可以实现换行。换行后在一个单元格中将显示多行文本，行的高度也会自动增大。

5.4.2 重点：输入以"0"开头的员工编号

在考勤表中，输入以"0"开头的员工编号，对考勤表进行规范管理。

输入以"0"开头的数字，有以下3种方法。

（1）添加英文单引号

第1步 如果输入以数字 0 开头的数字串，Excel 将自动省略 0。如果要保持输入的内容不变，可以先输入英文标点单引号（'），再输入以 0 开头的数字，如下图所示。

第2步 按【Enter】键，即可确定输入的数字内容，如下图所示。

（2）使用功能区

第1步 选中要输入以"0"开头的数字的单元格，单击【开始】选项卡下【数字】组中【数字格式】右侧的下拉按钮，如下图所示。

第2步 在弹出的下拉列表中，选择【文本】选项，如下图所示。

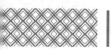
第3步 返回 Excel 中，输入数值"001002"，如下图所示。

第4步 按【Enter】键确定输入数值后，数值前的"0"并没有消失，如下图所示。

（3）使用【设置单元格格式】对话框

选择要输入以"0"开头的数字的单元格区域，右击，在弹出的快捷菜单中选择【设置单元格格式】选项，弹出【设置单元格格式】对话框，在【数字】选项卡下【分类】列表框中选择【文本】选项，单击【确定】按钮，即可在单元格中输入以"0"开头的数字，如下图所示。

5.4.3 输入日期和时间

在员工考勤表中输入日期或时间时，需要用特定的格式定义，日期和时间也可以参加运算。Excel 内置了一些日期与时间的格式，当输入的数据与这些格式相匹配时，Excel 会自动将它们识别为日期或时间数据。

1. 输入日期

公司员工考勤表中，需要输入当前月份的日期，以便归档管理考勤表。在输入日期时，可以用左斜线或短线分隔日期的年、月、日。例如，可以输入"2019/1"或"2019-1"。具体操作步骤如下。

第1步 选择要输入日期的单元格，输入"2019/1"，如下图所示。

第2步 按【Enter】键，单元格中的内容变为"Jan-19"，如下图所示。

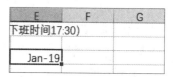

第3步 选中该单元格，单击【开始】选项卡下【数字】组中【数字格式】右侧的下拉按钮，在弹出的下拉列表中选择【短日期】选项，如下图所示。

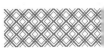

第4步 在 Excel 中即可看到单元格的数字格式设置后的效果，如下图所示。

E	F	G
下班时间17:30)		
2019/1/1		

第5步 单击【开始】选项卡下【数字】组中【数字格式】右侧的下拉按钮，在弹出的下拉列表中选择【长日期】选项，如下图所示。

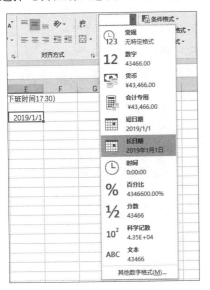

第6步 在 Excel 中即可看到单元格的数字格式设置后的效果，如下图所示。

E	F	G
下班时间17:30)		
2019年1月1日		

> **提示**
>
> 如果要输入当前的日期，按【Ctrl +；】组合键即可。

第7步 在本例中，选择 D2 单元格，输入"2019年1月份"，如下图所示。

D2		× ✓ fx	2019年1月份	
	A	B	C	D	E
1	公司员工考勤表（早上上班时间8:30、晚上下班时间17:30)				
2	员工编号	员工姓名	上、下班时	2019年1月份	
3	'001001	张XX			

2. 输入时间

在员工考勤表中，输入每个员工的上、下班时间，可以细致地记录每个人的出勤情况。具体操作步骤如下。

第1步 在输入时间时，小时、分、秒之间用冒号（：）作为分隔符，即可快速地输入时间。例如，输入"8:25"，结果如下图所示。

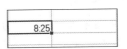

第2步 如果按 12 小时制输入时间，需要在时间的后面空一格，再输入字母 am（上午）或 pm（下午）。例如，输入"5:00 pm"，按【Enter】键的时间结果是"5:00 PM"，如下图所示。

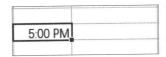

第3步 如果要输入当前的时间，按【Ctrl + Shift +；】组合键即可，如下图所示。

	15:56	

第4步 在员工考勤表中，在 C3 单元格输入"上班时间"，并输入部分员工的上、下班时间，如下图所示。

	A	B	C	D	E	F
1	公司员工考勤表（早上上班时间8:30、晚上下班时间17:30)					
2	员工编号	员工姓名	上、下班时	2019年1月份		
3	'001001	张XX	上班时间	8:21		
4	'001002	王XX		8:25		
5		李XX		8:40		
6		赵XX		9:02		
7		周XX		8:30		
8		钱XX		8:12		
9		金XX		7:56		
10		朱XX		8:42		
11		胡XX		8:20		

> **提示**
>
> 特别需要注意的是，如果单元格中首次输入的是日期，则单元格就自动格式化为日期格式，以后即使输入一个普通数值，系统也会换算成日期显示。

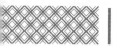

5.4.4 重点：填充数据

在考勤表中，用 Excel 的自动填充功能可以方便地输入有规律的数据。有规律的数据是指等差、等比、系统预定义的数据填充序列和用户自定义的序列。

1. 填充相同的数据

使用填充柄可以在表格中输入相同的数据，相当于复制数据。具体操作步骤如下。

第1步 选定单元格 C3，将鼠标指针指向该单元格右下角的填充柄，如下图所示。

第2步 拖曳鼠标至单元格 C22，结果如下图所示。

2. 填充序列

使用填充柄还可以填充序列数据，如等差或等比序列，具体操作步骤如下。

第1步 选中单元格 A4，将鼠标指针指向该单元格区域右下角的填充柄，如下图所示。

第2步 待鼠标指针变为"＋"形状时，拖曳鼠标至单元格 A22，即可进行 Excel 2019 中默认的等差序列的填充，如下图所示。

第3步 在第 3 行上方插入新行，在 D3、E3 单元格中输入"1""2"，选中单元格区域 D3:E3，将鼠标指针指向该单元格区域右下角的填充柄，如下图所示。

第4步 待鼠标指针变为"＋"形状时，拖曳鼠标至单元格 AH3，即可进行等差序列填充，如下图所示。

　　填充完成后，单击【自动填充选项】右侧的下拉按钮，在弹出的下拉列表中，可以选择填充的方式，如选中【填充序列】单选按钮，如右图所示。

5.5 行、列和单元格的操作

　　单元格是工作表中行列交汇处的区域，它可以保存数值、文字和声音等数据。在 Excel 中，单元格是编辑数据的基本元素。下面介绍在员工考勤表中行、列、单元格的基本操作。

5.5.1 重点：单元格的选取和定位

　　对员工考勤表中的单元格进行编辑操作，首先要选择单元格或单元格区域（启动 Excel 并创建新的工作簿时，单元格 A1 处于自动选定状态）。

1. 选择一个单元格

　　单击某一单元格，若单元格的边框线变成青色的粗线条，则此单元格处于选定状态。当前单元格的地址显示在名称框中，在工作表区域内，鼠标指针会呈白色"✚"形状，如下图所示。

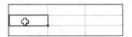

| 提示 |

　　在名称框中输入目标单元格的地址，如输入"G1"，按【Enter】键即可选定第 G 列和第 1 行交汇处的单元格。此外，使用键盘上的上、下、左、右 4 个方向键，也可以选定单元格，如下图所示。

2. 选择连续的单元格区域

　　在考勤表中，若要对多个单元格进行相同的操作，可以先选择单元格区域。具体操作步骤如下。

第1步　单击该区域左上角的单元格 A2，按住【Shift】键的同时单击该区域右下角的单元格 C6，如下图所示。

| 提示 |

　　将鼠标指针移到该区域左上角的单元格 A2 上，按住鼠标左键不放，向该区域右下角的单元格 C6 拖曳，或者在名称框中输入单元格区域名称"A2:C6"，按【Enter】键，均可选定单元格区域 A2:C6，如下图所示。

第2步 此时即可选定单元格区域A2:C6, 结果如下图所示。

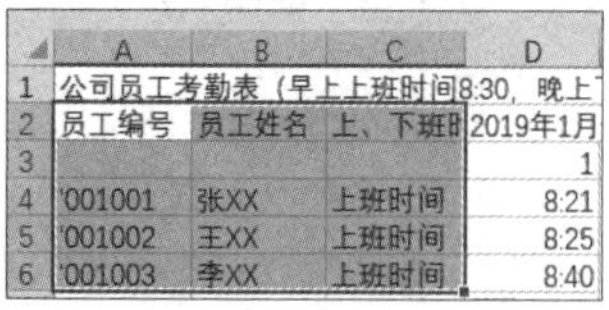

	A	B	C	D
1	公司员工考勤表（早上上班时间8:30，晚上			
2	员工编号	员工姓名	上、下班	2019年1月
3				1
4	'001001	张XX	上班时间	8:21
5	'001002	王XX	上班时间	8:25
6	'001003	李XX	上班时间	8:40

3. 选择不连续的单元格区域

选择不连续的单元格区域也就是选择不相邻的单元格或单元格区域，具体操作步骤如下。

第1步 选择第1个单元格区域（如选择单元格区域A2:C3）后，按住【Ctrl】键不放，如下图所示。

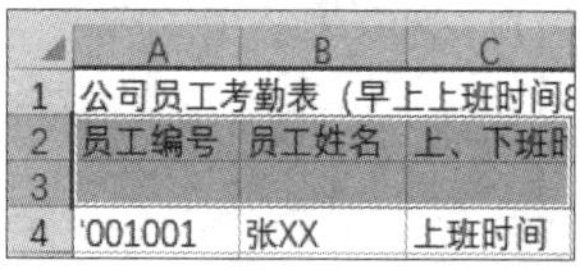

	A	B	C
1	公司员工考勤表（早上上班时间8		
2	员工编号	员工姓名	上、下班
3			
4	'001001	张XX	上班时间

第2步 拖曳鼠标选择第2个单元格区域（如选择单元格区域C6:E8），如下图所示。

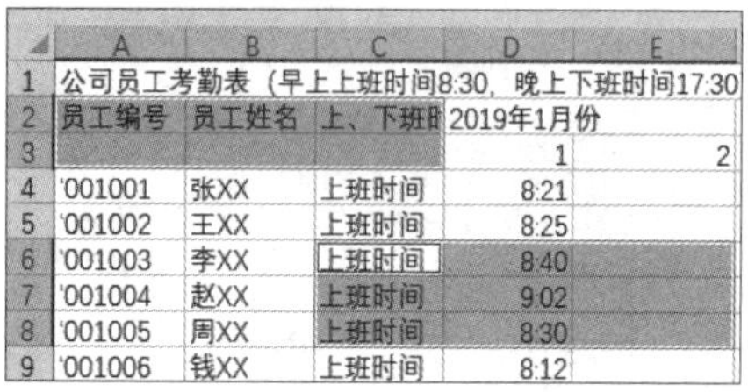

	A	B	C	D	E
1	公司员工考勤表（早上上班时间8:30，晚上下班时间17:30				
2	员工编号	员工姓名	上、下班	2019年1月份	
3				1	2
4	'001001	张XX	上班时间	8:21	
5	'001002	王XX	上班时间	8:25	
6	'001003	李XX	上班时间	8:40	
7	'001004	赵XX	上班时间	9:02	
8	'001005	周XX	上班时间	8:30	
9	'001006	钱XX	上班时间	8:12	

第3步 使用同样的方法可以选择多个不连续的单元格区域，如下图所示。

	A	B	C	D	E
1	公司员工考勤表（早上上班时间8:30，晚上下班时间17:30				
2	员工编号	员工姓名	上、下班	2019年1月份	
3				1	2
4	'001001	张XX	上班时间	8:21	
5	'001002	王XX	上班时间	8:25	
6	'001003	李XX	上班时间	8:40	
7	'001004	赵XX	上班时间	9:02	
8	'001005	周XX	上班时间	8:30	
9	'001006	钱XX	上班时间	8:12	
10	'001007	金XX	上班时间	7:56	
11	'001008	朱XX	上班时间	8:42	
12	'001009	胡XX	上班时间	8:20	
13	'001010	马XX	上班时间		
14	'001011	孙XX	上班时间		

4. 选择所有单元格

选择所有单元格，即选择整个工作表，有以下两种方法。

方法1：单击工作表左上角行号与列标相交处的【全选】按钮，即可选定整个工作表，如下图所示。

	A	B	C	D	E	F	G	H
1	公司员工考勤表（早上上班时间8:30，晚上下班时间17:30)							
2	员工编号	员工姓名	上、下班	2019年1月份				
3				1	2	3	4	5
4	'001001	张XX	上班时间	8:21				
5	'001002	王XX	上班时间	8:25				
6	'001003	李XX	上班时间	8:40				
7	'001004	赵XX	上班时间	9:02				
8	'001005	周XX	上班时间	8:30				
9	'001006	钱XX	上班时间	8:12				
10	'001007	金XX	上班时间	7:56				
11	'001008	朱XX	上班时间	8:42				
12	'001009	胡XX	上班时间	8:20				
13	'001010	马XX	上班时间					
14	'001011	孙XX	上班时间					
15	'001012	刘XX	上班时间					

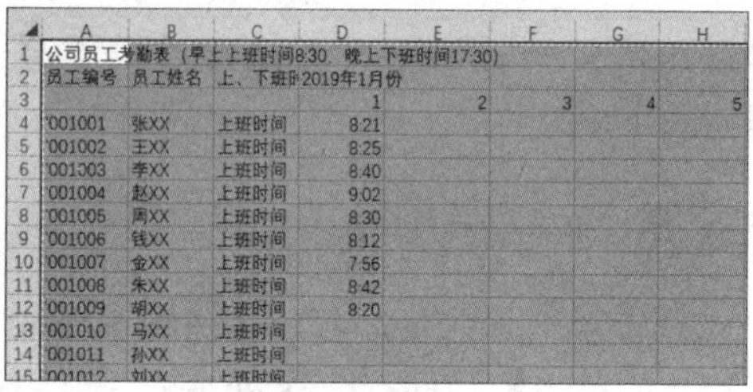

方法2：按【Ctrl+A】组合键也可以选择整个工作表，如下图所示。

	A	B	C	D	E	F	G	H
1	公司员工考勤表（早上上班时间8:30，晚上下班时间17:30)							
2	员工编号	员工姓名	上、下班	2019年1月份				
3				1	2	3	4	5
4	'001001	张XX	上班时间	8:21				
5	'001002	王XX	上班时间	8:25				
6	'001003	李XX	上班时间	8:40				
7	'001004	赵XX	上班时间	9:02				
8	'001005	周XX	上班时间	8:30				
9	'001006	钱XX	上班时间	8:12				
10	'001007	金XX	上班时间	7:56				
11	'001008	朱XX	上班时间	8:42				
12	'001009	胡XX	上班时间	8:20				
13	'001010	马XX	上班时间					
14	'001011	孙XX	上班时间					
15	'001012	刘XX	上班时间					

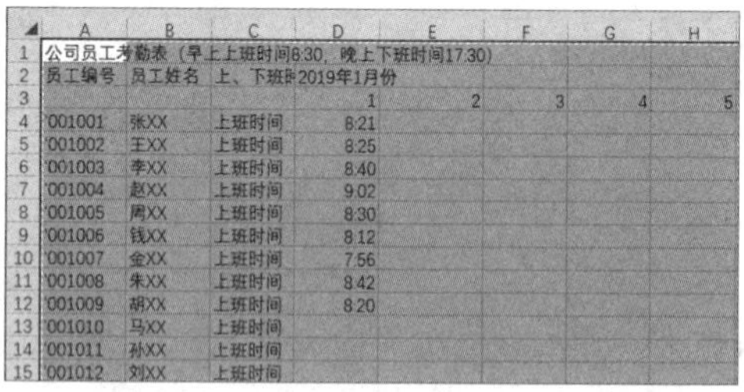

5.5.2 重点：合并单元格

合并与拆分单元格是最常用的单元格操作，它不仅可以满足用户编辑考勤表内表格中数据的需求，也可以使考勤表整体上更加美观。

1. 合并单元格

合并单元格是指在 Excel 工作表中，将两个或多个选定的相邻单元格合并成一个单元格。在公司员工考勤表中的具体操作步骤如下。

第1步 选择单元格区域 A2:A3，单击【开始】选项卡下【对齐方式】组中的【合并后居中】按钮，如下图所示。

第2步 单击【开始】选项卡下【对齐方式】组中【合并后居中】下拉按钮，在弹出的下拉列表中选择【取消单元格合并】选项，如下图所示。

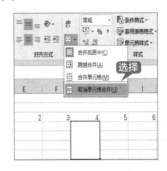

第2步 即可合并且居中显示该单元格，如下图所示。

第3步 即可取消合并的单元格，如下图所示。

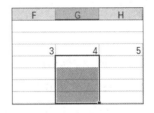

第3步 合并考勤表中需要合并的其他单元格，效果如下图所示。

使用鼠标右键也可以拆分单元格，具体操作步骤如下。

第1步 在合并后的单元格上右击，在弹出的快捷菜单中选择【设置单元格格式】选项，如下图所示。

| 提示 |

单元格合并后，将使用原始区域左上角的单元格地址来表示合并后的单元格地址。

2. 拆分单元格

在 Excel 工作表中，还可以将合并后的单元格拆分成多个单元格。

第1步 合并 G4:G7 单元格区域，选择合并后的单元格 G4，如下图所示。

第2步 弹出【设置单元格格式】对话框，在【对齐】选项卡下取消选中【合并单元格】复选框，然后单击【确定】按钮，如下图所示。

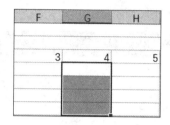

第3步 即可将合并后的单元格拆分，效果如下图所示。

5.5.3 清除单元格

清除单元格中的内容，使考勤表中的数据修改更加简便、快捷。清除单元格的内容有以下3种方法。

1. 使用【清除】按钮

选中要清除数据的单元格F3，单击【开始】选项卡下【编辑】组中的【清除】右侧的下拉按钮，在弹出的下拉列表中选择【清除内容】选项，即可在考勤表中清除单元格中的内容，如下图所示。

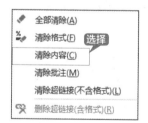

| 提示 |

选择【全部清除】选项，可以将单元格中的内容、格式、批注及超链接等全部清除。

选择【清除格式】选项，只清除为单元格设置的格式；选择【清除内容】选项，仅清除单元格中的文本内容；选择【清除批注】选项，仅清除在单元格中添加的批注；选择【清除超链接】选项，仅清除单元格中设置的超链接。

2. 使用快捷菜单

第1步 选中要清除数据的单元格D12并右击，如下图所示。

第2步 在弹出的快捷菜单中选择【清除内容】选项，如下图所示。

第3步 即可清除单元格D12中的内容，如下图所示。

3. 使用【Delete】键

第1步 选中要清除数据的单元格 D11，如下图所示。

	A	B	C	D	E
1					
2	员工编号	员工姓名	、下班时		
3				1	2
4	'001001	张XX	上班时间	8:21	
5	'001002	王XX	上班时间	8:25	
6	'001003	李XX	上班时间	8:40	
7	'001004	赵XX	上班时间	9:02	
8	'001005	周XX	上班时间	8:30	
9	'001006	钱XX	上班时间	8:12	
10	'001007	金XX	上班时间	7:56	
11	'001008	朱XX	上班时间	8:42	

第2步 按【Delete】键，即可清除单元格 D11 中的内容，如下图所示。

	A	B	C	D	E
1					
2	员工编号	员工姓名	、下班时		
3				1	2
4	'001001	张XX	上班时间	8:21	
5	'001002	王XX	上班时间	8:25	
6	'001003	李XX	上班时间	8:40	
7	'001004	赵XX	上班时间	9:02	
8	'001005	周XX	上班时间	8:30	
9	'001006	钱XX	上班时间	8:12	
10	'001007	金XX	上班时间	7:56	
11	'001008	朱XX	上班时间		
12	'001009	胡XX	上班时间		

5.5.4 重点：插入行与列

在考勤表中，用户可以根据需要插入行和列。插入行与列有以下两种方法。

1. 使用快捷菜单

第1步 如果要在第 5 行上方插入行，可以选择第 5 行的任意单元格或选择第 5 行，这里选择 A5 单元格并右击，在弹出的快捷菜单中选择【插入】选项，如下图所示。

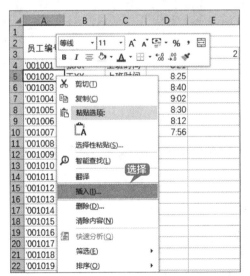

第2步 弹出【插入】对话框，选中【整行】单选按钮，单击【确定】按钮，如下图所示。

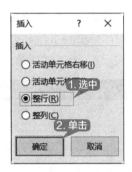

第3步 即可在第 5 行的上方插入新行，如下图所示。

第4步 如果要插入列，可以选择某列或某列的任意单元格并右击，在弹出的快捷菜单中选择【插入】选项，在弹出的【插入】对话框中，选中【整列】单选按钮，单击【确定】按钮，如下图所示。

第5步 即可在所选列或所选单元格所在列的左侧插入新列，如下图所示。

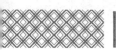

2. 使用功能区

第1步 选择需要插入行的单元格 A7，单击【开始】选项卡下【单元格】组中【插入】右侧的下拉按钮，在弹出的下拉列表中选择【插入工作表行】选项，如下图所示。

第2步 可以在第7行的上方插入新行。单击【开始】选项卡下【单元格】组中【插入】

右侧的下拉按钮，在弹出的下拉列表中选择【插入工作表列】选项，如下图所示。

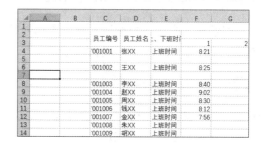

第3步 即可在所选单元格左侧插入新列。使用功能区插入行与列后的效果如下图所示。

> **提示**
>
> 在工作表中插入新行，当前行向下移动；而插入新列，当前列则向右移动。选中单元格的名称也会相应地发生变化。

5.5.5 重点：删除行与列

删除多余的行与列，可以使考勤表更加美观、准确。删除行和列有以下3种方法。

1. 使用【删除】对话框

第1步 选择要删除的行或列中的任意一个单元格，这里选中单元格 A7 并右击，在弹出的快捷菜单中选择【删除】选项，如下图所示。

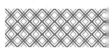

第2步 在弹出的【删除】对话框中选中【整行】单选按钮,然后单击【确定】按钮,如下图所示。

第3步 即可删除选中单元格所在的行,如下图所示。

	A	B	C	D	E
1					
2					
3			员工编号	员工姓名	、下班时间
4			'001001	张XX	上班时间
5					
6			'001002	王XX	上班时间
7			'001003	李XX	上班时间
8			'001004	赵XX	上班时间
9			'001005	周XX	上班时间
10			'001006	钱XX	上班时间
11			'001007	金XX	上班时间

第4步 选择要删除的列中的一个单元格,这里选中单元格 A1 并右击,在弹出的快捷菜单中选择【删除】选项,在弹出的【删除】对话框中选中【整列】单选按钮,然后单击【确定】按钮,如下图所示。

第5步 即可删除选中单元格所在的列,如下图所示。

	A	B	C	D	E
1					
2			员工编号	员工姓名	、下班时间
3					1
4			'001001	张XX	上班时间	8:21
5					
6			'001002	王XX	上班时间	8:25
7			'001003	李XX	上班时间	8:40
8			'001004	赵XX	上班时间	9:02
9			'001005	周XX	上班时间	8:30

2. 使用功能区

第1步 选择要删除列的任一单元格,这里选中单元格 A1,单击【开始】选项卡下【单元格】组中【删除】右侧的下拉按钮,在弹出的下拉列表中选择【删除工作表列】选项,如下图所示。

第2步 即可将选中的单元格所在的列删除,如下图所示。

	A	B	C	D	E
1					
2		员工编号	员工姓名	、下班时间	
3				1	2
4	'001001	张XX	上班时间	8:21	
5					
6	'001002	王XX	上班时间	8:25	
7	'001003	李XX	上班时间	8:40	
8	'001004	赵XX	上班时间	9:02	

第3步 重复插入行与列的操作,在考勤表中插入需要的行和列,如下图所示。

	A	B	C	D	E
1					
2		员工编号	员工姓名	、下班时间	
3				1	2
4	'001001	张XX	上班时间	8:21	
5					
6	'001002	王XX	上班时间	8:25	
7					
8	'001003	李XX	上班时间	8:40	
9					
10	'001004	赵XX	上班时间	9:02	
11					
12	'001005	周XX	上班时间	8:30	
13					
14	'001006	钱XX	上班时间	8:12	
15					
16	'001007	金XX	上班时间	7:56	
17					
18	'001008	朱XX	上班时间		
19					
20	'001009	胡XX	上班时间		
21					
22	'001010	马XX	上班时间		
23					
24	'001011	孙XX	上班时间		
25					
26	'001012	刘XX	上班时间		

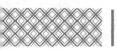

第4步 将需要合并的单元格区域合并，并输入其他内容，效果如下图所示。

选择要删除的整行或整列并右击。在弹出的快捷菜单中选择【删除】选项，即可直接删除选择的整行或整列，如下图所示。

5.5.6 重点：调整行高与列宽

在考勤表中，当单元格的宽度或高度不足时，会导致数据显示不完整，这时就需要调整列宽和行高，使考勤表的布局更加合理，外表更加美观。

1. 调整单行或单列

制作考勤表时，可以根据需要调整单列或单行的列宽或行高，具体操作步骤如下。

第1步 将鼠标指针移动到第1行与第2行的列号之间，当指针变成"┿"形状时，按住鼠标左键的同时，向上拖曳可使行高变小，向下拖曳可使行高变大，如下图所示。

第2步 向下拖曳到合适位置时，松开鼠标左键，即可增大行高，如下图所示。

第3步 将鼠标指针移动到第2列与第3列两列的列标之间，当指针变成┿形状时，按住鼠标左键的同时，向左拖曳可使列变窄，向右拖曳则可使列变宽，如下图所示。

第4步 向右拖曳到合适位置，松开鼠标左键，即可增大列宽，如下图所示。

提示

拖曳时将显示以点和像素为单位的宽度工具提示。

2. 调整多行或多列

在考勤表中,如果对应的日期列宽过宽,可以同时进行宽度调整。

第1步 选择列 D 列到 AH 列之间的所有列,将鼠标指针放置在任意两列的列标之间,然后拖曳鼠标,向右拖曳可增大列宽,向左拖曳可减小列宽,如下图所示。

第2步 向左拖曳到合适位置时,松开鼠标左键,即减小了列宽,如下图所示。

第3步 选择行 2 到行 43 中间的所有行,然后拖曳所选行号的下侧边界,向下拖曳可增大行高,如下图所示。

第4步 拖曳到合适位置时,松开鼠标左键,即增大了行高,如下图所示。

3. 调整整个工作表的行或列

如果要调整工作表中所有列的宽度,单击【全选】按钮,然后拖曳任意列标题的边界调整行高或列宽,如下图所示。

4. 自动调整行高与列宽

在 Excel 中,除了手动调整行高与列宽外,还可以将单元格设置为根据单元格内容自动调整行高或列宽。具体操作步骤如下。

第1步 在考勤表中,选择要调整的行或列,这里选择 C 列。单击【开始】选项卡下【单元格】组中的【格式】按钮,在弹出的下拉列表中选择【自动调整行高】或【自动调整列宽】选项,如下图所示。

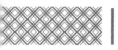

第 2 步 自动调整行高或列宽的效果如下图所示。

5.6 文本段落的格式化

在 Excel 2019 中，设置字体格式、对齐方式、边框和背景等，可以美化考勤表的内容。

5.6.1 设置字体

在考勤表制作完成后，可对字体进行设置，如大小、加粗、颜色等，使考勤表看起来更加美观。具体操作步骤如下。

第 1 步 选择 A1 单元格，单击【开始】选项卡下【字体】组中【字体】右侧的下拉按钮，在弹出的下拉列表中选择【微软雅黑】选项，如下图所示。

第 2 步 单击【开始】选项卡下【字体】组中【字号】右侧的下拉按钮，在弹出的下拉列表中

选择【18】选项，如下图所示。

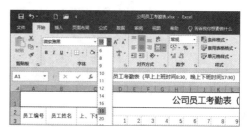

第 3 步 双击 A1 单元格，选中单元格中的"（早上上班时间 8:30，晚上下班时间 17:30）"文本，单击【开始】选项卡下【字体】组中【字体颜色】右侧的下拉按钮，在弹出的【主题颜色】面板中选择【红色】选项，如下图所示。

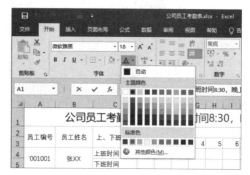

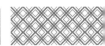

第4步 单击【开始】选项卡下【字体】组中【字号】右侧的下拉按钮，在弹出的下拉列表中选择【12】选项，如下图所示。

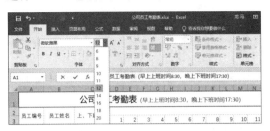

第5步 重复上面的步骤，选择行 2 和行 3，设置【字体】为【微软雅黑】、【字号】为【12】，如下图所示。

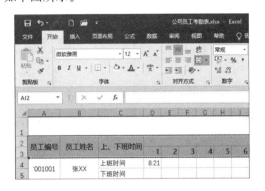

第6步 选择行 4 到行 43 之间的所有行，设置

【字体】为【等线】、【字号】为【11】，如下图所示。

第7步 选择 2019 年 1 月份中日期为周六和周日的单元格，并设置其【字体颜色】为【红色】，如下图所示。

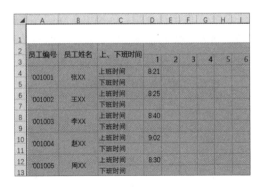

5.6.2 重点：设置对齐方式

Excel 2019 允许为单元格数据设置的对齐方式有左对齐、右对齐和合并居中对齐等。在本案例中设置居中对齐，使考勤表更加有序美观。

在【开始】选项卡中的【对齐方式】组中，对齐按钮的分布及名称如下图所示，单击对应按钮可执行相应设置。具体操作步骤如下。

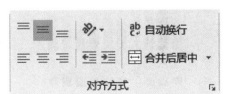

第1步 单击【全选】按钮，选定整个工作表，如下图所示。

第2步 单击【开始】选项卡下【对齐方式】组中的【居中】按钮，由于考勤表进行过【合并后居中】操作，因此这时考勤表会首先取消居中显示，如下图所示。

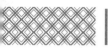

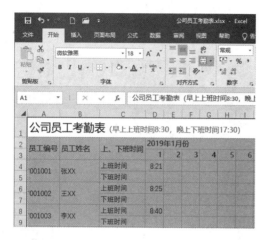

第3步 再次单击【开始】选项卡下【对齐方式】组中的【居中】按钮，考勤表中的数据会全部居中显示，如下图所示。

> **| 提示 |**
>
> 默认情况下，单元格的文本是左对齐，数字是右对齐。

5.6.3 设置边框和背景

在 Excel 2019 中，单元格四周的灰色网格线默认是不能被打印出来的。为了使考勤表更加规范、美观，可以为表格设置边框和背景。

设置边框主要有以下两种方法。

1. 使用【字体】组

第1步 选中要添加边框和背景的 A1:AH43 单元格区域，单击【开始】选项卡下【字体】组中【边框】右侧的下拉按钮，在弹出的下拉列表中选择【所有框线】选项，如下图所示。

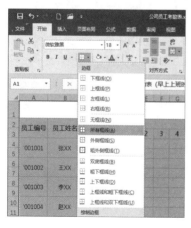

第2步 即可为表格添加边框效果，如下图所示。

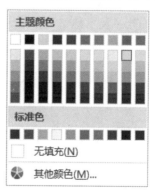

第3步 单击【开始】选项卡下【字体】组中【填充颜色】右侧的下拉按钮，在弹出的【主题颜色】面板中，选择任一颜色，如下图所示。

第4步 考勤表设置边框和背景后的效果如下图所示。

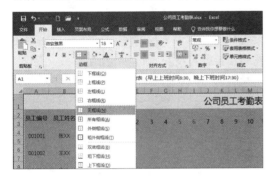

第5步 重复上面的步骤，选择【无框线】选项，取消上面步骤中添加的框线，如下图所示。

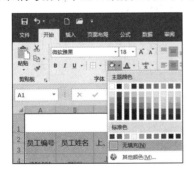

第6步 在【主题颜色】面板中，选择【无填充】选项，取消考勤表中的背景颜色，如下图所示。

2. 使用【单元格格式】设置边框

使用【设置单元格格式】对话框也可以设置表格的边框和背景，具体操作步骤如下。

第1步 选择 A1:AH43 单元格区域，单击【开始】选项卡下【单元格】组中【格式】右侧的下拉按钮，在弹出的下拉列表中选择【设置单元格格式】选项，如下图所示。

第2步 弹出【设置单元格格式】对话框，选择【边框】选项卡，在【样式】列表框中选择一种样式，然后在【颜色】下拉列表框中选择一种颜色，在【预置】选项区域中选择【外边框】和【内部】选项，如下图所示。

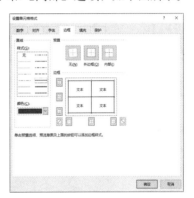

第3步 选择【填充】选项卡，在【背景色】选项区域中选择一种颜色可以填充单色背景。这里设置双色背景，单击【填充效果】按钮，如下图所示。

第4步 弹出【填充效果】对话框，单击【渐

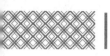

变】选项卡下【颜色】选项区域中【颜色2】右侧的下拉按钮，在弹出的【主题颜色】面板中，选择【橙色，个性色2，淡色80%】选项，如下图所示。

第5步 返回【填充效果】对话框，单击【确定】按钮，如下图所示。

第6步 返回【设置单元格格式】对话框，单击【确定】按钮，如下图所示。

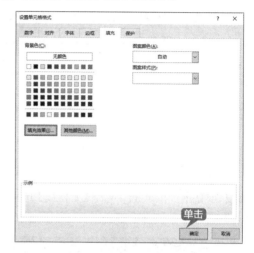

第7步 返回考勤表文档中，即可查看设置边框和背景后的效果，如下图所示。

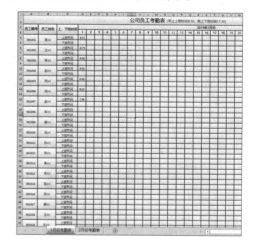

5.7 设置条件格式

设置条件格式是指用区别于一般单元格的样式来表示迟到、早退时间所在的单元格，可以方便、快速地在考勤表中查看需要的信息。

5.7.1 重点：设置单元格样式

单元格样式是一组已定义的格式特征，使用 Excel 2019 中的内置单元格样式可以快速改变文本样式、标题样式、背景样式和数字样式等。在考勤表中设置单元格样式的具体操作步骤如下。

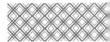

第1步 选择单元格 A1：AH43 单元格区域，单击【开始】选项卡下【样式】组中【单元格样式】右侧的下拉按钮，在弹出的下拉列表中选择【20%- 着色 2】选项，如下图所示。

第2步 设置完成后，效果如下图所示。

第3步 如果对效果不满意，可以再次设置边框背景与文字格式，效果如下图所示。

5.7.2 设置条件格式

在 Excel 2019 中可以使用条件格式，使考勤表中符合条件的数据突出显示，让公司员工对自己的迟到次数和时间等一目了然。对一个单元格区域应用条件格式的操作步骤如下。

第1步 选择要设置条件格式的单元格区域 D4：AH43，单击【开始】选项卡下【样式】组中【条件格式】右侧的下拉按钮，在弹出的下拉列表中选择【突出显示单元格规则】→【介于】选项，如下图所示。

第2步 弹出【介于】对话框，在两个文本框

中分别输入 "8：30" 与 "17：30"，在【设置为】右侧的下拉列表中选择【绿填充色深绿色文本】选项，单击【确定】按钮，如下图所示。

第3步 效果如下图所示，介于 "8：30" 与 "17：30" 之间的数字会突出显示，如下图所示。

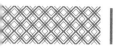
| 提示 |

　　选择【新建规则】选项，弹出【新建格式规则】对话框，在此对话框中可以根据需要来设定条件规则。

　　设定条件格式后，可以管理和清除设置的条件格式。

　　选择设置条件格式的区域，单击【开始】选项卡下【样式】组中的【条件格式】按钮，

在弹出的下拉列表中选择【清除规则】→【清除所选单元格的规则】选项，即可清除选择区域中的条件规则，如下图所示。

5.8 页面设置

通过设置纸张方向和添加页眉与页脚来满足考勤表格式的要求，并完善文档的信息。

5.8.1 设置纸张方向

　　设置纸张的方向，可以满足考勤表的布局格式要求。具体操作步骤如下。

第1步 单击【页面布局】选项卡下【页面设置】组中的【纸张方向】按钮，在弹出的下拉列表中选择【横向】选项，如下图所示。

第2步 设置纸张方向后的效果如下图所示。

5.8.2 添加页眉和页脚

　　在页眉和页脚中可以输入创建文档的基本信息，如在页眉中输入文档名称、章节标题或作者名称等信息，在页脚中输入文档的创建时间、页码等，不仅能使表格更加美观，还能向读者快速传递文档要表达的信息，具体操作步骤如下。

第1步 选中考勤表中任一单元格，单击【插入】选项卡下【文本】组中的【页眉和页脚】按钮，显示页眉和页脚区域，如下图所示。

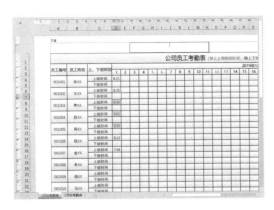

组中的【普通】按钮，如下图所示。

第 2 步 在【添加页眉】文本框中，输入"考勤表"，如下图所示。

第 5 步 返回普通视图，效果如下图所示。

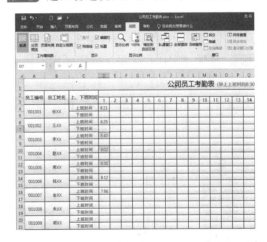

第 3 步 在【添加页脚】文本框中，输入"2019"，如下图所示。

第 4 步 单击【视图】选项卡下【工作簿视图】

5.9 保存工作簿

保存与共享考勤表，可以使公司员工之间保持同步工作进程，提高工作效率。

5.9.1 保存考勤表

保存考勤表到计算机硬盘中，防止资料丢失，具体操作步骤如下。

第 1 步 选择【文件】选项卡，在弹出的界面左侧选择【另存为】选项，在右侧选择【这台电脑】选项，单击【浏览】按钮，如下图所示。

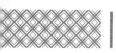

第2步 在弹出的【另存为】对话框中选择文件要保存的位置，并在【文件名】文本框中输入"公司员工考勤表.xlsx"，单击【保存】

5.9.2 另存为其他兼容格式

将 Excel 工作簿另存为其他兼容格式，可以方便不同用户阅读。具体操作步骤如下。

第1步 选择【文件】选项卡，在弹出的界面左侧选择【另存为】选项，在右侧选择【这台电脑】选项，单击【浏览】按钮，如下图所示。

第2步 在弹出的【另存为】对话框中选择文件要保存的位置，并在【文件名】文本框中输入"副本公司员工考勤表"，如下图所示。

按钮，即可保存考勤表，如下图所示。

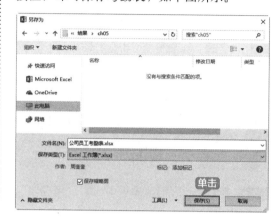

第3步 单击【保存类型】右侧的下拉按钮，在弹出的下拉列表中选择【PDF（*.pdf）】选项，如下图所示。

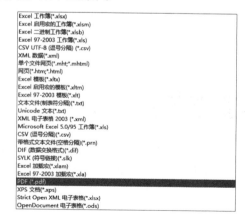

第4步 返回【另存为】对话框，单击【选项】

按钮，如下图所示。

第6步 返回【另存为】对话框，单击【保存】按钮，如下图所示。

第5步 弹出【选项】对话框，选中【发布内容】选项区域中的【整个工作簿】单选按钮。然后单击【确定】按钮，如下图所示。

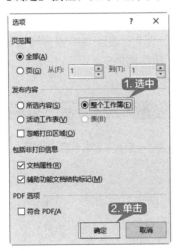

第7步 即可把考勤表另存为 PDF 格式，如下图所示。

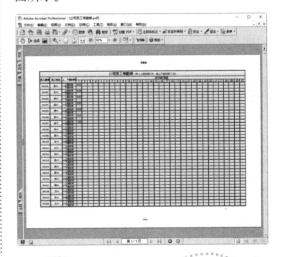

制作工作计划进度表

与公司员工考勤表类似的文档还有工作计划进度表、包装材料采购明细表、成绩表、汇总表等。制作这类表格时，要做到数据准确、重点突出、分类简洁，使读者快速明了表格信息，并方便对表格进行编辑操作。下面以制作工作计划进度表为例进行介绍，具体操作步骤如下。

第1步 创建空白工作簿

新建空白工作簿，重命名工作表并设置工作表标签的颜色等，如下图所示。

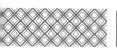
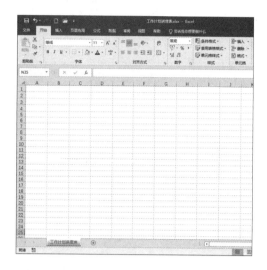

式，如下图所示。

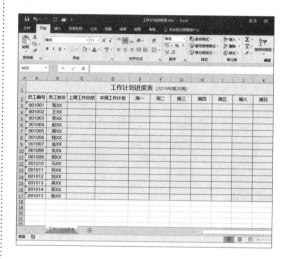

第2步 输入数据

输入工作计划进度表中的各种数据，并对数据列进行填充，合并单元格并调整行高与列宽，如下图所示。

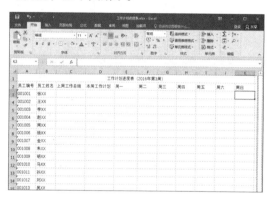

第4步 设置边框和背景

在工作计划进度表中根据需要设置边框和背景，如下图所示。

第3步 文本段落格式化

设置工作簿中文本的字体样式和段落样

◇ **使用右键和双击填充**

使用 Excel 的快速填充功能，可以快速输入大量有规律的数据信息。

1. 使用右键填充

第1步 在 A1 单元格中输入"2019/1/1"，将鼠标指针移至单元格的右下角，当鼠标指针变为填充柄形状时，按住鼠标右键向下拖动至 A10 单元格中，然后松开鼠标右键，在弹出的快捷菜单中，可以根据需要选择相应的选项，这里选择【以年填充】选项，如下图所示。

第2步 即可按年填充数据，如下图所示。

2. 双击填充

在 B1 单元格中输入 1，将鼠标指针移至

B1 单元格的右下角，当指针变为填充柄形状时，双击填充柄，即可实现快速填充，如下图所示。

| 提示 |

双击填充数据的范围会根据周围单元格中的已有数据范围来定，如果是一张空白工作表，则无法使用双击填充功能。

◇ 将单元格区域粘贴为图片

在 Excel 中可以将选择的单元格区域粘贴为图片格式，便于其他没有安装 Office 的用户查看内容。具体操作步骤如下。

第1步 在制作完成的"工作计划进度表 .xlsx"文件中选择 A1:K17 单元格区域，按【Ctrl+C】组合键复制，如下图所示。

第2步 单击【开始】选项卡下【剪贴板】组中的【粘贴】下拉按钮，在弹出的下拉列表中选择【图片】选项，如下图所示。

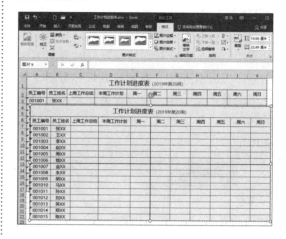

第 3 步 即可将选择的单元格区域粘贴为图片，如下图所示。

第6章
Excel 表格的美化

◉ 本章导读

　　工作表的管理和美化是制作表格的一项重要内容。通过对表格格式的设置，可以使表格的框线、底纹以不同的形式表现出来。同时还可以设置表格的条件格式，重点突出表格中的特殊数据。Excel 2019 为工作表的美化设置提供了方便的操作方法和多项功能。本章以美化公司客户信息管理表为例，介绍美化表格的操作。

◉ 思维导图

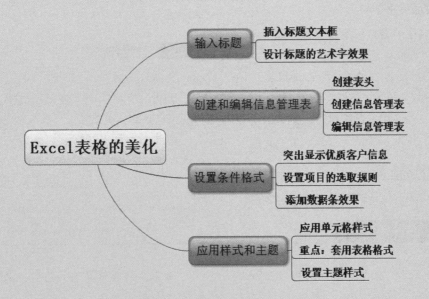

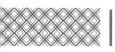

6.1 公司客户信息管理表

公司客户信息管理表是管理公司客户信息的表格，制作公司客户信息管理表时要准确记录客户的基本信息，并突出重点客户。

实例名称：制作公司客户信息管理表	
实例目的：学习 Excel 表格的美化	
素材	素材 \ch06\ 客户表 .xlsx
结果	结果 \ch06\ 公司客户信息管理表 .xlsx
视频	视频教学 \06 第 6 章

6.1.1 案例概述

公司客户信息管理表是公司常用的表格，主要用于管理公司的客户信息。制作公司客户信息管理表时，需要注意以下几点。

1. 内容要完整

① 表格中的客户信息要完整，如客户公司的编号、名称、电话、传真、邮箱，以及客户购买的产品、数量等，可以通过客户信息管理表快速了解客户的基本信息。

② 输入的内容要仔细核对，避免出现数据错误。

2. 制作规范

① 表格的整体色调要协调一致。客户信息管理表是比较正式的表格，不需要使用过多的颜色。

② 数据的格式要统一，文字的大小与单元格的宽度和高度要匹配，要避免太拥挤或太稀疏。

3. 突出特殊客户

制作公司客户信息管理表时可以突出重点或优质的客户，便于公司人员快速根据制作的表格对客户分类。

公司客户信息管理表需要制作规范并设置客户等级分类。

6.1.2 设计思路

美化公司客户信息管理表时可以按以下思路进行。

① 插入标题文本框，设计标题艺术字，使用艺术字美化表格。

② 创建表头并根据需要设置表头的样式。

③ 输入并编辑表格的内容，要保证输入信息的准确。

④ 设置条件格式，可以使用条件格式突出优质客户的信息。

⑤ 保存制作完成的客户信息管理表。

6.1.3 涉及知识点

本案例主要涉及以下知识点。

① 插入文本框。

② 插入艺术字。

③ 创建和编辑信息管理表。

④ 设置条件格式。

⑤ 应用样式。

⑥ 设置主题。

 输入标题

在美化公司客户信息管理表时，首先要设置管理表的标题并对标题中的艺术字进行设计与美化。

6.2.1 插入标题文本框

插入标题文本框能更好地控制标题内容的宽度和长度，具体操作步骤如下。

第1步 打开 Excel 2019 软件，新建一个 Excel 表格，将工作表命名为"公司客户信息管理表"，如下图所示。

第2步 选择【文件】选项卡，在弹出的界面中选择【另存为】→【浏览】选项，在弹出的【另存为】对话框中选择文件要保存的位置，并在【文件名】文本框中输入"公司客户信息管理表"，单击【保存】按钮，如下图所示。

第3步 单击【插入】选项卡下【文本】组中的【文本框】按钮，在弹出的下拉列表中选择【绘制横排文本框】选项，如下图所示。

第4步 在表格中单击，指定标题文本框的开始位置，按住鼠标左键并拖曳，拖曳至合适大小后释放鼠标左键，即可完成标题文本框的绘制。这里在单元格区域 A1:L5 上绘制文本框，如下图所示。

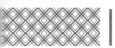

6.2.2 设计标题的艺术字效果

设置好标题文本框位置和大小后，即可在标题文本框内输入标题，并根据需要设计标题的艺术字效果。具体操作步骤如下。

首先输入文本，并设置文本的字体、字号和对齐方式等。

第1步 在【文本框】中输入"公司客户信息管理表"，如下图所示。

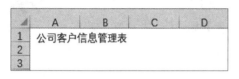

第2步 选中"公司客户信息管理表"文本，单击【开始】选项卡下【字体】组中的【增大字号】按钮，把标题的字号增大到合适的大小，并设置【字体】为【华文新魏】，如下图所示。

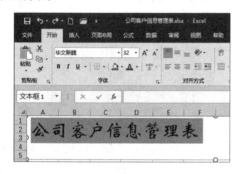

第3步 选择输入的文本，单击【开始】选项卡下【对齐方式】组中的【居中】和【垂直居中】按钮，使标题位于文本框的中间位置，如下图所示。

其次，进行艺术字效果的设置，具体操作步骤如下。

第1步 单击【绘图工具－格式】选项卡下【艺术字样式】组中的【快速样式】按钮，在弹出的下拉列表中选择一种艺术字，如下图所示。

第2步 单击【绘图工具－格式】选项卡下【艺术字样式】组中【文本填充】右侧的下拉按钮，在弹出的下拉列表中有许多颜色可以选择，如果没有需要的颜色，选择【其他填充颜色】选项，如下图所示。

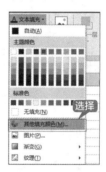

第3步 在弹出的【颜色】面板中，选择一种颜色，参数如下图所示，单击【确定】按钮，如下图所示。

第4步 选择插入的艺术字，单击【绘图工具－

格式】选项卡下【艺术字样式】组中【文本效果】右侧的下拉按钮，在弹出的下拉列表中选择【映像】→【紧密映像，接触】选项，如下图所示。

第5步 单击【绘图工具－格式】选项卡下【形状样式】组中【形状填充】右侧的下拉按钮，在弹出的下拉列表中选择一种合适的颜色，如下图所示。

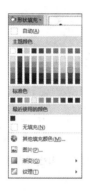

第6步 单击【绘图工具－格式】选项卡下【形状样式】组中【形状填充】右侧的下拉按钮，在弹出的下拉列表中选择【渐变】→【线性向下】选项，如下图所示。

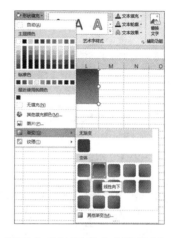

第7步 即可完成标题艺术字的设置，效果如下图所示。

6.3 创建和编辑信息管理表

在 Excel 2019 中可以创建并编辑信息管理表，完善管理表的内容，并美化管理表的文字。

6.3.1 创建表头

表头是表格中的第一行内容，是表格的开头部分，主要列举表格数据的属性或对应的值，能够使用户通过表头快速了解表格内容。设计表头时应根据调查内容的不同有所区别，表头所列项目是分析表格数据时不可或缺的。具体操作步骤如下。

第1步 打开"素材 \ch06\ 客户表 .xlsx"工作簿，选择 A1:L1 单元格区域，按【Ctrl+C】组合键进行复制，如下图所示。

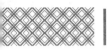
第2步 返回"公司客户信息管理表"工作簿，选择 A6 单元格，按【Ctrl+V】组合键，把所选内容粘贴到单元格区域 A6:L6 中，如下图所示。

第3步 单击【开始】选项卡下【字体】组中【字体】右侧的下拉按钮，在弹出的下拉列表中选择【华文楷体】选项，如下图所示。

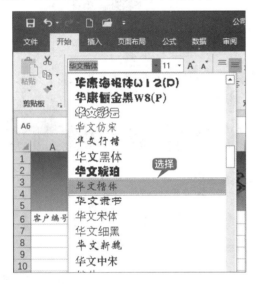

第4步 单击【开始】选项卡下【字体】组中【字号】右侧的下拉按钮，在弹出的下拉列表中

选择【12】选项，如下图所示。

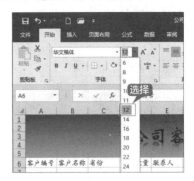

第5步 单击【开始】选项卡下【字体】组中的【加粗】按钮，如下图所示。

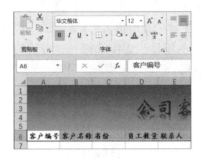

第6步 单击【开始】选项卡下【对齐方式】组中的【居中】按钮，使表头中的字体居中。创建表头后的效果如下图所示。

6.3.2 创建信息管理表

表头创建完成后，需要对信息管理表进行完善，并补充客户信息。具体操作步骤如下。

第1步 在打开的"客户表 .xlsx"工作簿中复制 A2:L22 单元格区域的内容，如下图所示。

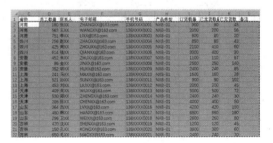

第2步 返回"公司客户信息管理表 .xlsx"工作簿，选择单元格 A7，按【Ctrl+V】组合键，把所选内容粘贴到单元格区域 A7:L27 中，如下图所示。

第3步 单击【开始】选项卡下【字体】组中【字体】右侧的下拉按钮，在弹出的下拉列表中选择【微软雅黑】选项，如下图所示。

第4步 单击【开始】选项卡下【字体】组中【字号】右侧的下拉按钮，在弹出的下拉列表中，选择【12】选项，如下图所示。

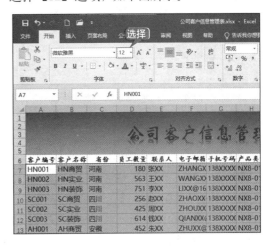

第5步 单击【开始】选项卡下【对齐方式】组中的【居中】按钮，使表格中的内容居中对齐，如下图所示。

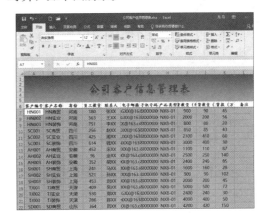

6.3.3 编辑信息管理表

完成信息管理表的内容后，需要对单元格的行高与列宽进行相应的调整，并给管理表添加边框。具体操作步骤如下。

第1步 单击【全选】按钮，单击【开始】选项卡下【单元格】组中【格式】按钮，在弹出的下拉列表中选择【自动调整列宽】选项，如下图所示。

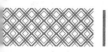
第2步 选择第6行至第27行，增大行高，效果如下图所示。

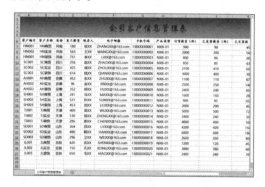

第3步 选择 A6:L27 单元格区域，单击【开始】选项卡下【字体】组中【无框线】右侧的下拉按钮，在弹出的下拉列表中选择【所有框线】选项，如下图所示。

第4步 编辑完成后的信息管理表的效果如下图所示。

6.4 设置条件格式

在信息管理表中设置条件格式，可以把满足某种条件的单元格突出显示，并设置选取规则，以及添加更简单易懂的数据条效果。

6.4.1 突出显示优质客户信息

突出显示优质客户信息，需要在信息管理表中设置条件格式。例如，需要将订货数量超过"3000"件的客户设置为优质客户，具体操作步骤如下。

第1步 选择要设置条件格式的 I7:I27 单元格区域，单击【开始】选项卡下【样式】组中【条件格式】右侧的下拉按钮，在弹出的下拉列表中选择【突出显示单元格规则】→【大于】选项，如下图所示。

第2步 弹出【大于】对话框，在【为大于以下值的单元格设置格式】文本框中输入"3000"，在【设置为】右侧的下拉列表框中选择【浅红填充色深红色文本】选项，单击【确定】按钮，如下图所示。

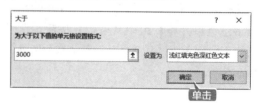

第3步 效果如下图所示，订货数量超过 3000 的客户已突出显示，如下图所示。

产品类型	订货数量（件）	已发货数量（件）	已交货款（万元）
NX8-01	900	90	45
NX8-01	2000	200	56
NX8-01	800	80	20
NX8-01	850	85	43
NX8-01	2100	410	60
NX8-01	3000	400	30
NX8-01	1100	110	87
NX8-01	2500	250	140
NX8-01	2400	240	85
NX8-01	1600	160	28
NX8-01	900	90	102
NX8-01	2000	200	45
NX8-01	5000	500	72
NX8-01	2400	240	30
NX8-01	4000	400	50
NX8-01	4200	420	150
NX8-01	6800	680	180
NX8-01	2600	260	80
NX8-01	1200	120	45
NX8-01	3800	380	60
NX8-01	2400	240	70

6.4.2 设置项目的选取规则

项目选取规则可以突出显示选定区域中最大、最小的百分数或所指定的数据所在单元格，还可以指定大于或小于平均值的单元格。在信息管理表中，需要为发货数量设置一个选取规则，具体操作步骤如下。

第 1 步 选择 J7:J27 单元格区域，单击【开始】选项卡下【样式】组中【条件格式】右侧的下拉按钮，在弹出的下拉列表中选择【最前／最后规则】→【低于平均值】选项，如下图所示。

第 2 步 弹出【低于平均值】对话框，单击【设置为】右侧的下拉按钮，在弹出的下拉列表中选择【绿填充色深绿色文本】选项，单击【确定】按钮，如下图所示。

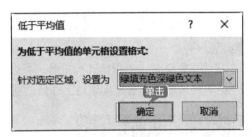

第 3 步 即可看到在信息管理表工作簿中，低于发货数量平均值的单元格都使用绿色背景突出显示，如下图所示。

订货数量（件）	已发货数量（件）	已交货款（万元）	备注
900	90	45	
2000	200	56	
800	80	20	
850	85	43	
2100	410	60	
3000	400	30	
1100	110	87	
2500	250	140	
2400	240	85	
1600	160	28	
900	90	102	
2000	200	45	
5000	500	72	
2400	240	30	
4000	400	50	
4200	420	150	
6800	680	180	
2600	260	80	
1200	120	45	
3800	380	60	
2400	240	70	

6.4.3 添加数据条效果

在信息管理表中添加数据条效果，可以使用数据条的长短来标识单元格中数据的大小，也可以使用户对多个单元格中数据的大小关系一目了然，便于数据的分析。

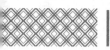
第1步 选择 K7:K27 单元格区域，单击【开始】选项卡下【样式】组中【条件格式】右侧的下拉按钮，在弹出的下拉列表中选择【数据条】→【渐变填充】→【紫色数据条】选项，如下图所示。

第2步 添加数据条后的效果如下图所示。

订货数量（件）	已发货数量（件）	已交货款（万元）	备注
900	90	45	
2000	200	56	
800	80	20	
850	85	43	
2100	410	60	
3000	400	30	
1100	110	87	
2500	250	140	
2400	240	85	
1600	160	28	
900	90	102	
2000	200	45	
5000	500	72	
2400	240	30	
4000	400	50	
4200	420	150	
6800	680	180	
2600	260	80	
1200	120	45	
3800	380	60	
2400	240	70	

6.5 应用样式和主题

在信息管理表中应用样式和主题，可以使用 Excel 2019 中设计好的字体、字号、颜色、填充色、表格边框等样式来实现对工作簿的美化。

6.5.1 应用单元格样式

在信息管理表中应用单元格样式，可以使用工作簿中设计好的字体、表格边框样式等，具体操作步骤如下。

第1步 选择单元格区域 A6:L27，单击【开始】选项卡下【样式】组中的【单元格样式】右侧的下拉按钮，在弹出的面板中选择【新建单元格样式】选项，如下图所示。

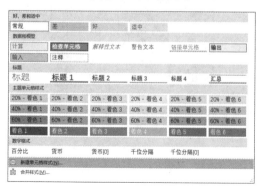

第2步 在弹出的【样式】对话框中，在【样式名】文本框中输入样式名称，这里输入"信息管

理表"，单击【格式】按钮，如下图所示。

第3步 在弹出的【设置单元格格式】对话框中，选择【边框】选项卡，单击【颜色】右侧的下拉按钮，在弹出的颜色面板中选择一种颜色，单击【外边框】图标，单击【确定】按钮，如下图所示。

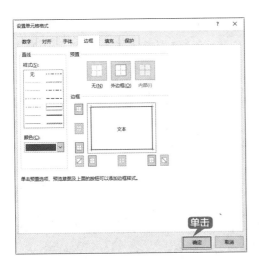

第 4 步 返回【样式】对话框，单击【确定】按钮，如下图所示。

第 5 步 单击【开始】选项卡下【样式】组中【单元格样式】右侧的下拉按钮，在弹出的面板中选择【自定义】→【信息管理表】选项，如下图所示。

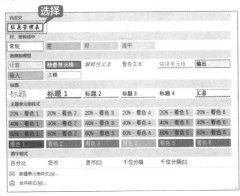

第 6 步 应用单元格样式后的效果如下图所示。

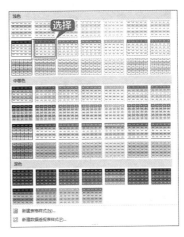

6.5.2 重点：套用表格格式

Excel 预置有 60 种常用的格式，用户可以自动地套用这些预先定义好的格式，以提高工作的效率。具体操作步骤如下。

第 1 步 选择要套用格式的单元格区域 A6:L27，单击【开始】选项卡下【样式】组中【套用表格格式】右侧的下拉按钮，在弹出的下拉列表中选择【浅色】选项组中的【表样式浅色 9】选项，如下图所示。

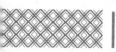

第2步 弹出【套用表格式】对话框，选中【表包含标题】复选框，单击【确定】按钮，如下图所示。

第3步 套用该浅色样式后，效果如下图所示。

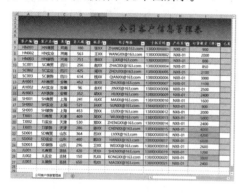

第4步 在此样式中单击任意一个单元格，功能区就会出现【表格工具－设计】选项卡，单击【表格样式】组中的【其他】按钮，在弹出的下拉列表中选择一种样式，即可完成更改表格样式的操作，如下图所示。

第5步 选择表格内的任意单元格，单击【表格工具－设计】选项卡下【工具】组中的【转换为区域】按钮，如下图所示。

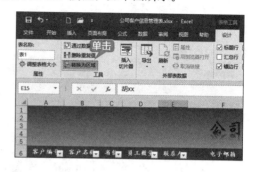

第6步 弹出【Microsoft Excel】提示框，单击【是】按钮，如下图所示。

第7步 即可结束标题栏的筛选状态，把表格转换为区域，如下图所示。

6.5.3 设置主题样式

Excel 2019工作簿由颜色、字体及效果组成，使用主题可以对信息管理表进行美化，让表格更加美观。设置主题样式的具体操作步骤如下。

第1步 单击【页面布局】选项卡下【主题】组中的【主题】下拉按钮，在弹出的【Office】面板中选择【环保】选项，如下图所示。

第2步 设置表格为【环保】主题后的效果如下图所示。

第3步 单击【页面布局】选项卡下【主题】组中【颜色】右侧的下拉按钮，在弹出的【Office】面板中，选择【蓝色】选项，如下图所示。

第4步 设置【蓝色】主题颜色后的效果如下图所示。

第5步 单击【页面布局】选项卡下【主题】组中【字体】右侧的下拉按钮，在弹出的【Office】面板中，选择一种字体主题样式，如下图所示。

第6步 设置主题样式后的效果如下图所示。

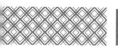

举一反三

制作装修预算表

与公司客户信息管理表类似的工作表还有装修预算表、人事变更表、采购表、期末成绩表等。制作美化这类表格时，都要做到主题鲜明、制作规范、重点突出，便于公司更好地管理内部的信息。下面以制作装修预算表为例进行介绍，具体操作步骤如下。

第1步 创建空白工作簿

新建空白工作簿，重命名工作表，并将其保存为"装修预算表.xlsx"工作簿。打开"素材\ch06\预算表.xlsx"工作簿，复制其中的内容并粘贴至"装修预算表.xlsx"工作簿中，如下图所示。

第2步 编辑装修预算表

输入标题并设置标题的文字效果，然后根据需要调整表格正文的字体及字号，还可以设置表格边框的样式，如下图所示。

第3步 设置条件格式

在装修预算表中设置条件格式，突出人工成本高于平均的成本，以及使用数据条显示成本合计数据，如下图所示。

第4步 应用样式和主题

在装修预算表中根据需要套用表格样式和主题，实现对装修预算表的美化，不需要花哨，以清晰、易读为标准，让表格看起来更加美观，如下图所示。

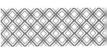

◇ 【F4】键的妙用

在 Excel 中，对表格中的数据进行操作之后，按【F4】键可以重复上一步的操作。具体操作步骤如下。

第1步 新建工作簿，并输入一些数据，选择 A1 单元格，单击【开始】选项卡下【字体】组中的【字号】按钮，在弹出的下拉列表中选择【16】选项，如下图所示。

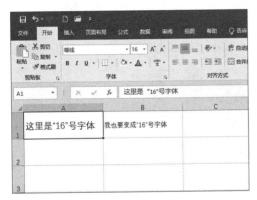

第2步 选择单元格 B1，按【F4】键，即可重复上一步将单元格中文本字号设置为【16】的操作，把 B1 单元格中文本的字号也设置为【16】，如下图所示。

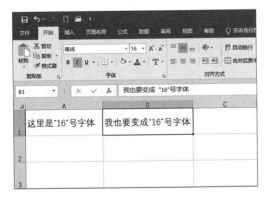

第3步 选择 C1：C6 单元格区域，单击【开始】选项卡下【对齐方式】组中的【合并后居中】

按钮，将单元格区域合并，如下图所示。

第4步 选择 D1：D6 单元格区域，按【F4】键，即可将 D1：D6 单元格区域合并，如下图所示。

◇ 巧用选择性粘贴

使用选择性粘贴功能可以有选择地粘贴剪贴板中的数值、格式、公式、批注等内容，使复制和粘贴操作更灵活。除此之外，使用选择性粘贴功能，还可以将表格的内容进行转置，具体操作步骤如下。

第1步 打开 "素材 \ch06\ 表格行列互换 .xlsx" 工作簿，选择 A1：F3 单元格区域，单击【开始】选项卡下【剪贴板】组中的【复制】按钮，如下图所示。

第2步 选中要粘贴的单元格 A6 并右击，在弹出的快捷菜单中选择【选择性粘贴】→【选择性粘贴】选项，如下图所示。

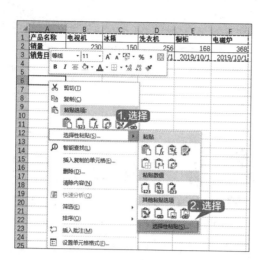

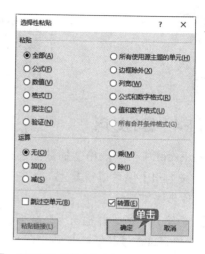

第 3 步 在弹出的【选择性粘贴】对话框中，选中【转置】复选框，单击【确定】按钮，如下图所示。

第 4 步 即可看到使用选择性粘贴功能将表格转置后的效果，如下图所示。

第7章
初级数据处理与分析

📃 本章导读

在工作中，经常对各种类型的数据进行处理和分析。Excel 具有处理与分析数据的能力，设置数据的有效性可以防止输入错误数据；使用排序功能可以将数据表中的内容按照特定的规则排序；使用筛选功能可以将满足用户条件的数据单独显示；使用条件格式功能可以直观地突出重要值；使用合并计算和分类汇总功能可以对数据进行分类或汇总。本章以统计商品库存明细表为例，介绍使用 Excel 处理和分析数据的操作。

💡 思维导图

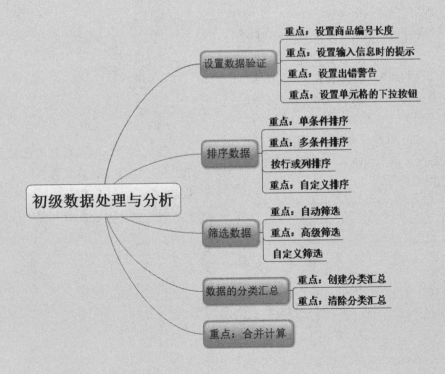

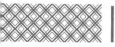

 7.1 商品库存明细表

商品库存明细表是一个公司或单位进出物品的详细统计清单，记录着一段时间内物品的消耗和剩余状况，对下一阶段相应商品的采购和使用计划有很重要的参考作用。库存明细表类目众多，手动统计不仅费时费力，而且容易出错，使用 Excel 则可以快速对这类工作表进行分析统计，得出详细而准确的数据。

实例名称：制作商品库存明细表	
实例目的：掌握 Excel 初级数据处理分析	
素材	素材 \ch07\ 商品库存明细表 .xlsx
结果	结果 \ch07\ 商品库存明细表 .xlsx
视频	视频教学 \07 第 7 章

7.1.1 案例概述

完整的商品库存明细表主要包括商品名称、商品数量、库存、结余等，需要对商品库存的各个类目进行统计和分析。在对数据进行统计分析的过程中，需要用到排序、筛选、分类汇总等操作。熟悉各个类型的操作，对以后处理相似数据有很大的帮助。

打开"素材\ch07\ 商品库存明细表 .xlsx"工作簿。

商品库存明细表工作簿包含3个工作表，分别是"商品库存明细表"工作表、"部门一预计购买量"工作表和"部门二预计购买量"工作表。其中的"商品库存明细表"工作表主要记录了商品的基本信息和使用情况，如下图所示。

记录了商品基本信息外，还记录了下个月部门一的"次月预计购买数量"和"次月预计出库数量"，如下图所示。

"部门二预计购买量"则记录了下个月部门二的"次月预计购买数量"和"次月预计出库数量"，如下图所示。

"部门一预计购买量"工作表除了简单

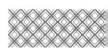

7.1.2 设计思路

对商品库存明细表的处理和分析可以通过以下思路进行。

① 设置商品编号和单位的数据验证。

② 通过对商品排序进行分析处理。

③ 通过筛选的方法对库存和使用状况进行分析。

④ 使用分类汇总操作对商品使用情况进行分析。

⑤ 使用合并计算操作将两个工作表中的数据进行合并。

7.1.3 涉及知识点

本案例主要涉及以下知识点。

① 设置数据验证。

② 排序操作。

③ 筛选数据。

④ 分类汇总。

⑤ 合并计算。

7.2 设置数据验证

在制作商品库存明细表的过程中，对数据的类型和格式会有严格要求，因此需要在输入数据时对数据的有效性进行验证。

7.2.1 重点：设置商品编号长度

商品库存明细表需要对商品进行编号，以便更好地进行统计。编号的长度是固定的，因此需要对输入数据的长度进行限制，以避免输入错误的数据，具体操作步骤如下。

 选中"商品库存明细表"工作表中的 B3:B22 单元格区域，如下图所示。

序号	商品编号	商品名称	单位	上月结余	本月入库	本月出库	领取单位	本月结余	审核人
					商品库存明细表				
1		笔筒		25	30	43	高中部	12	张XX
2		大头针		85	25	60	教研部	50	张XX
3		档案袋		52	240	280	高中部	12	张XX
4		订书机		12	10	15	高中部	7	张XX
5		复写纸		52	20	60	高中部	12	王XX
6		复印纸		206	100	280	教研组	26	张XX
7		钢笔		62	110	170	初中部	2	张XX
8		回形针		69	25	80	教研组	14	王XX
9		计算器		45	65	102	初中部	8	张XX
10		胶带		29	31	50	教研组	10	张XX
11		胶水		30	20	35	教研组	15	王XX
12		毛笔		12	20	28	高中部	4	张XX
13		起钉器		6	20	21	教研组	5	王XX
14		铅笔		112	210	298	初中部	24	王XX
15		签字笔		86	360	408	教研组	38	张XX
16		文件袋		59	160	203	教研组	16	张XX
17		文件夹		48	60	98	教研组	10	王XX
18		小刀		54	40	82	后勤部	12	王XX
19		荧光笔		34	80	68	教研组	46	王XX
20		直尺		36	40	56	初中部	20	王XX

商品库存明细表　部门一预计购买量　部门二预计购买量

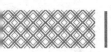

第2步 单击【数据】选项卡下【数据工具】组中的【数据验证】按钮，如下图所示。

第3步 弹出【数据验证】对话框，选择【设置】选项卡，单击【验证条件】选项区域中【允许】文本框右侧的下拉按钮，在弹出的下拉列表中选择【文本长度】选项，如下图所示。

第4步 数据文本框变为可编辑状态，在【数据】文本框的下拉列表中选择【等于】选项，在【长度】文本框内输入"6"，选中【忽略空值】复选框，单击【确定】按钮，如下图所示。

第5步 完成设置输入数据长度的操作后，当输入的文本长度不是6时，系统会弹出如下图所示的提示窗口。

7.2.2 重点：设置输入信息时的提示

完成对单元格输入数据的长度限制设置后，可以设置输入信息时的提示信息，具体操作步骤如下。

第1步 选中B3:B22单元格区域，单击【数据】选项卡下【数据工具】组中的【数据验证】按钮，如下图所示。

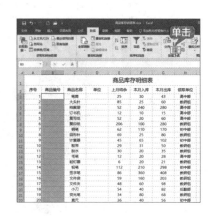

第2步 弹出【数据验证】对话框，选择【输入信息】选项卡，选中【选定单元格时显示输入信息】复选框，在【标题】文本框中输入"请输入商品编号"，在【输入信息】文本框中输入"商品编号长度为6位，请正确输入！"，单击【确定】按钮，如下图所示。

第3步 返回 Excel 工作表中，选中设置了提示信息的单元格时，即可显示提示信息，效果如下图所示。

7.2.3 重点：设置输错时的警告信息

当用户输入错误的数据时，可以设置警告信息提示用户，具体操作步骤如下。

第1步 选中 B3:B22 单元格区域，单击【数据】选项卡下【数据工具】组中的【数据验证】按钮，如下图所示。

第2步 弹出【数据验证】对话框，选择【出错警告】选项卡，选中【输入无效数据时显

示出错警告】复选框，在【样式】下拉列表中选择【停止】选项，在【标题】文本框中输入"输入错误"，在【错误信息】文本框中输入"请输入正确的商品编号"，单击【确定】按钮，如下图所示。

第3步 在 B3 单元格中输入错误数据，如输入"11"，就会弹出设置的警示信息，如下图所示。

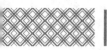

第4步 设置完成后，在 B3 单元格内输入"MN0001"，按【Enter】键确定，即可完成输入，如下图所示。

7.2.4 重点：设置单元格的下拉按钮

假如单元格内需要输入类似单位这样的特定字符时，可以将其设置为下拉选项以方便输入，具体操作步骤如下。

第1步 选中 D3:D22 单元格区域，单击【数据】选项卡下【数据工具】组中的【数据验证】按钮，如下图所示。

第5步 使用快速填充功能填充 B4:B22 单元格区域，效果如下图所示。

	A	B	C	D	E	F
1						商品库存明细表
2	序号	商品编号	商品名称	单位	上月结余	本月入库
3	1	MN0001	笔筒		25	30
4	2	MN0002	大头针		85	25
5	3	MN0003	档案袋		52	240
6	4	MN0004	订书机		12	10
7	5	MN0005	复写纸		52	20
8	6	MN0006	复印纸		206	100
9	7	MN0007	钢笔		62	110
10	8	MN0008	回形针		69	25
11	9	MN0009	计算器		45	65
12	10	MN0010	胶带		29	31
13	11	MN0011	胶水		30	20
14	12	MN0012	毛笔		12	20
15	13	MN0013	起钉器		6	20
16	14	MN0014	铅笔		112	210
17	15	MN0015	签字笔		86	360
18	16	MN0016	文件袋		59	160
19	17	MN0017	文件夹		48	60
20	18	MN0018	小刀		54	40
21	19	MN0019	荧光笔		34	80
22	20	MN0020	直尺		36	40

第2步 弹出【数据验证】对话框，选择【设置】选项卡，单击【验证条件】选项区域【允许】右侧的下拉按钮，在弹出的下拉列表中选择【序列】选项，如下图所示。

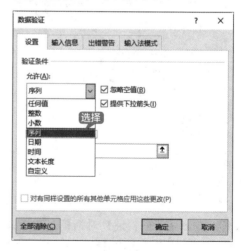

第3步 激活【来源】文本框，在文本框内输入"个，盒，包，支，卷，瓶，把"，同时选中【忽略空值】和【提供下拉箭头】复选框，单击【确定】按钮，如下图所示。

第4步 设置单元格区域的提示信息，在【标题】文本框中输入"在下拉列表中选择"，在【输入信息】文本框中输入"请在下拉列表中选择商品的单位！"，如下图所示。

第5步 设置单元格的出错警告信息，在【标题】文本框中输入"输入有误"，在【错误信息】文本框中输入"请到下拉列表中选择！"，如下图所示。

第6步 即可在单位列的单元格后显示下拉选项，单击下拉按钮，即可在下拉列表中选择特定的单位，效果如下图所示。

第7步 使用同样的方法在 B4:B22 单元格区域输入商品单位，如下图所示。

序号	商品编号	商品名称	单位	上月结余	本月入库
1	MN0001	笔筒	个	25	30
2	MN0002	大头针	盒	85	25
3	MN0003	档案袋	个	52	240
4	MN0004	订书机	个	12	10
5	MN0005	复写纸	包	52	20
6	MN0006	复印纸	包	206	100
7	MN0007	钢笔	支	62	110
8	MN0008	回形针	盒	69	25
9	MN0009	计算器	个	45	65
10	MN0010	胶带	卷	29	31
11	MN0011	胶水	瓶	30	20
12	MN0012	毛笔	支	12	20
13	MN0013	起钉器	个	6	20
14	MN0014	铅笔	支	112	210
15	MN0015	签字笔	支	86	360
16	MN0016	文件袋	个	59	160
17	MN0017	文件夹	个	48	60
18	MN0018	小刀	把	54	40
19	MN0019	荧光笔	支	34	80
20	MN0020	直尺	把	36	40

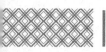

7.3 排序数据

在对商品库存明细表中的数据进行统计时，需要对数据进行排序，以便更好地对数据进行分析和处理。

7.3.1 重点：单条件排序

Excel 可以根据某个条件对数据进行排序，如在库存明细表中对入库数量的多少进行排序，具体操作步骤如下。

第1步 选中数据区域的任意单元格，单击【数据】选项卡下【排序和筛选】组中的【排序】按钮，如下图所示。

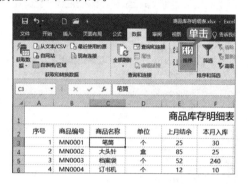

第2步 弹出【排序】对话框，将【主要关键字】设置为【本月入库】，【排序依据】设置为【单元格值】，将【次序】设置为【升序】，选中【数据包含标题】复选框，单击【确定】按钮，如下图所示。

第3步 即可将数据以入库数量为依据进行从小到大的排序，效果如下图所示。

	A	B	C	D	E	F	G
1					商品库存明细表		
2	序号	商品编号	商品名称	单位	上月结余	本月入库	本月出库
3	4	MN0004	订书机	个	12	10	15
4	5	MN0005	复写纸	包	52	20	60
5	11	MN0011	胶水	瓶	30	20	35
6	12	MN0012	毛笔	支	12	20	28
7	13	MN0013	起钉器	个	6	20	21
8	2	MN0002	大头针	盒	85	25	60
9	8	MN0008	回形针	盒	69	25	80
10	1	MN0001	笔筒	个	25	30	43
11	10	MN0010	胶带	卷	29	31	50
12	18	MN0018	小刀	把	54	40	82
13	20	MN0020	直尺	把	36	40	56
14	17	MN0017	文件夹	个	48	60	98
15	9	MN0009	计算器	个	45	65	102
16	19	MN0019	荧光笔	支	34	80	68
17	6	MN0006	复印纸	包	206	100	280
18	7	MN0007	钢笔	支	62	110	170
19	16	MN0016	文件袋	个	59	160	203
20	14	MN0014	铅笔	支	112	210	298
21	3	MN0003	档案袋	个	52	240	280
22	15	MN0015	签字笔	支	86	360	408

提示

Excel 默认的排序是根据单元格中的数据进行的。在按升序排序时，Excel 使用如下的顺序。

① 数值从最小的负数到最大的正数排序。

② 文本按 A~Z 顺序排序。

③ 逻辑值 False 在前，True 在后。

④ 空格排在最后。

7.3.2 重点：多条件排序

如果在对各个部门进行排序的同时，也要对各个部门内部商品的本月结余情况进行比较，可以使用多条件排序，具体操作步骤如下。

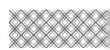

第1步 选择"商品库存明细表"工作表，选中任意数据，单击【数据】选项卡下【排序和筛选】组中的【排序】按钮，如下图所示。

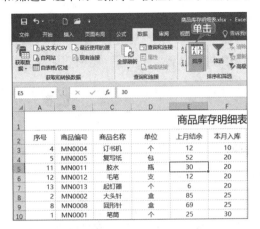

第2步 弹出【排序】对话框，设置【主要关键字】为【领取单位】、【排序依据】为【单元格值】、【次序】为【升序】，单击【添加条件】按钮，如下图所示。

第3步 设置【次要关键字】为【本月结余】、【排序依据】为【单元格值】、【次序】为【升序】，单击【确定】按钮，如下图所示。

7.3.3 按行或列排序

如果需要对商品库存明细进行按行或按列的排序，就可以通过排序功能实现，具体操作步骤如下。

第1步 选中 E2:G22 单元格区域，单击【数据】选项卡下【排序和筛选】组中的【排序】按钮，如下图所示。

第4步 即可对工作表进行排序，效果如下图所示。

上月结余	本月入库	本月出库	领取单位	本月结余	审核人
62	110	170	初中部	2	张XX
45	65	102	初中部	8	王XX
36	40	56	初中部	20	王XX
112	210	298	初中部	24	王XX
12	20	28	高中部	4	张XX
12	10	15	高中部	7	张XX
52	20	60	高中部	12	王XX
25	30	43	高中部	12	张XX
52	240	280	高中部	12	王XX
54	40	82	后勤部	12	王XX
6	20	21	教研组	5	王XX
29	31	50	教研组	10	王XX
48	60	98	教研组	10	王XX
69	25	80	教研组	14	王XX
30	20	35	教研组	15	王XX
59	160	203	教研组	16	张XX
206	100	280	教研组	26	张XX
86	360	408	教研组	38	张XX
34	80	68	教研组	46	王XX
85	25	60	教研组	50	张XX

> **提示**
>
> 在多条件排序中，数据区域按主要关键字排列，主要关键字相同的按次要关键字排列，如果次要关键字也相同，则按第三关键字排列。

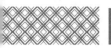

第2步 弹出【排序】对话框，单击【选项】按钮，如下图所示。

第3步 弹出【排序选项】对话框，在【方向】选项区域中选中【按行排序】单选按钮，单击【确定】按钮，如下图所示。

第4步 返回【排序】对话框，将【主要关键

字】设置为【行2】，【排序依据】设置为【单元格值】，【次序】设置为【升序】，单击【确定】按钮，如下图所示。

第5步 即可将工作表数据根据设置进行排序，效果如下图所示。

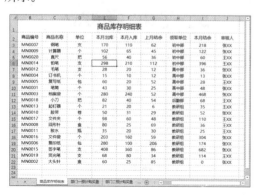

7.3.4 重点：自定义排序

如果需要按商品的单位进行一定的顺序排列，那么可以将商品的名称自定义为排序序列，具体操作步骤如下。

第1步 选中数据区域中任意单元格，如下图所示。

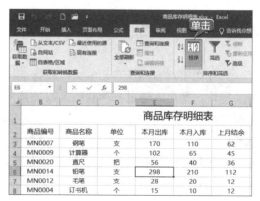

第2步 单击【数据】选项卡下【排序和筛选】组中的【排序】按钮，如下图所示。

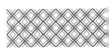

第3步 弹出【排序】对话框,设置【主要关键字】为【单位】,选择【次序】下拉列表中的【自定义序列】选项,如下图所示。

第4步 弹出【自定义序列】对话框,在【自定义序列】选项卡下【输入序列】文本框内输入"个、盒、包、支、卷、瓶、把",每输入一个条目后按【Enter】键分隔条目,输入完成后单击【确定】按钮,如下图所示。

第5步 可在【排序】对话框中看到自定义的次序,单击【确定】按钮,如下图所示。

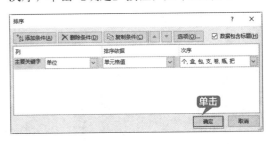

第6步 即可将数据按照自定义的序列进行排序,效果如下图所示。

7.4 筛选数据

在对商品库存明细表的数据进行处理时,如果需要查看一些特定的数据,可以使用数据筛选功能筛选出需要的数据。

7.4.1 重点:自动筛选

通过自动筛选功能,可以筛选出符合条件的数据。自动筛选包括单条件筛选和多条件筛选。

1. 单条件筛选

单条件筛选就是将符合一种条件的数据筛选出来。例如,筛选出商品库存明细表中与初中部有关的商品。

第 1 步 选中数据区域中的任意单元格，如下图所示。

第 2 步 单击【数据】选项卡下【排序和筛选】组中的【筛选】按钮，如下图所示。

第 3 步 工作表自动进入筛选状态，每列的标题下面出现一个下拉按钮，单击 H2 单元格的下拉按钮，如下图所示。

第 4 步 在弹出的下拉选项中选中【初中部】复选框，单击【确定】按钮，如下图所示。

第 5 步 即可将与初中部有关的商品筛选出来，效果如下图所示。

2. 多条件筛选

多条件筛选就是将符合多个条件的数据筛选出来。例如，显示商品库存明细表中档案袋和回形针的使用情况。

第 1 步 选中数据区域中的任意单元格，如下图所示。

第 2 步 单击【数据】选项卡下【排序和筛选】

组中的【筛选】按钮，如下图所示。

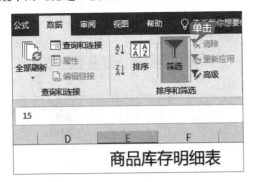

第3步 工作表自动进入筛选状态，每列的标题下面出现一个下拉按钮，单击 C2 单元格的下拉按钮，如下图所示。

7.4.2 重点：高级筛选

如果要将商品库存明细表中张 XX 审核的商品名称单独筛选出来，可以使用高级筛选功能设置多个复杂筛选条件来实现，具体操作步骤如下。

第1步 在 I25 和 I26 单元格内分别输入"审核人"和"张 XX"，在 J25 单元格内输入"商品名称"，如下图所示。

	C	D	E	F	G	H	I	J
19	胶带	卷	50	31	29	教研组	52	张XX
20	胶水	瓶	35	20	30	教研组	25	王XX
21	小刀	把	82	40	54	后勤部	68	王XX
22	直尺	把	56	40	36	初中部	60	王XX
23								
24								
25							审核人	商品名称
26							张XX	
27								
28								

第4步 在弹出的下拉选项中选中【档案袋】和【回形针】复选框，单击【确定】按钮，如下图所示。

第5步 即可筛选出与档案袋和回形针有关的所有数据，如下图所示。

第2步 选中数据区域中的任意单元格，单击【数据】选项卡下【排序和筛选】组中的【高级】按钮，如下图所示。

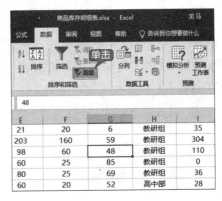

E	F	G	H	I
21	20	6	教研组	35
203	160	59	教研组	304
98	60	48	教研组	110
60	25	85	教研组	0
80	25	69	教研组	36
60	20	52	高中部	28

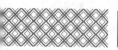

第3步 弹出【高级筛选】对话框，在【方式】选项区域中选中【将筛选结果复制到其他位置】单选按钮，在【列表区域】文本框内输入"$A$2:$J$22"，在【条件区域】文本框内输入"商品库存明细表!$I$25:$I$26"，在【复制到】文本框内输入"商品库存明细表!$J$25"，选中【选择不重复的记录】复选框，单击【确定】按钮，如下图所示。

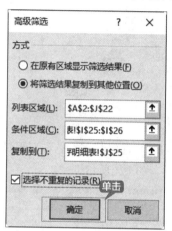

第4步 即可将商品库存明细表中张 XX 审核的商品名称单独筛选出来并复制到指定区域，效果如下图所示。

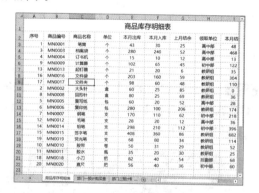

> **提示**
>
> 输入的筛选条件文字需要和数据表中的文字保持一致。

7.4.3 自定义筛选

第1步 选择数据区域中的任意单元格，如下图所示。

第2步 单击【数据】选项卡下【排序和筛选】组中的【筛选】按钮，如下图所示。

第3步 即可进入筛选模式，单击【本月入库】下拉按钮，在弹出的下拉列表中选择【数字筛选】→【介于】选项，如下图所示。

第4步 弹出【自定义自动筛选方式】对话框，

在【显示行】选项区域中上方左侧下拉列表框中选择【大于或等于】选项，对应的右侧数值设置为【20】，选中【与】单选按钮，在下方左侧下拉列表中选择【小于或等于】选项，对应的数值设置为【31】，单击【确定】按钮，如下图所示。

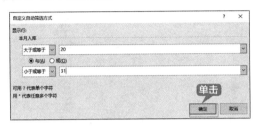

第5步 即可将本月入库量介于 20 和 31 之间的商品筛选出来，效果如下图所示。

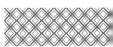

7.5 数据的分类汇总

商品库存明细表需要对不同的商品进行分类汇总，使工作表更加有条理，有利于数据的分析和处理。

7.5.1 重点：创建分类汇总

将商品根据领取单位对上月结余情况进行分类汇总，具体操作步骤如下。

第1步 选中"领取单位"区域中的任意单元格，如下图所示。

第2步 单击【数据】选项卡下【排序和筛选】组中的【升序】按钮，如下图所示。

第3步 即可将数据以领取单位为依据进行升序排列，效果如下图所示。

第4步 单击【数据】选项卡下【分级显示】组中的【分类汇总】按钮，如下图所示。

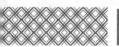

第6步 即可对工作表进行以领取单位为类别的、对本月结余进行的分类汇总，结果如下图所示。

> **提示**
>
> 在进行分类汇总之前，需要对分类字段进行排序，使其符合分类汇总的条件，以达到最佳的效果。

7.5.2 重点：清除分类汇总

如果不再需要对数据进行分类汇总，可以选择清除分类汇总，具体操作步骤如下。

第1步 接 7.5.1 小节的操作，选中数据区域中的任意单元格，如下图所示。

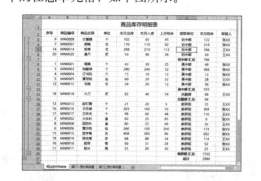

第2步 单击【数据】选项卡下【分级显示】组中的【分类汇总】按钮，在弹出的【分类汇总】对话框中单击【全部删除】按钮，如下图所示。

第3步 即可将分类汇总全部删除，效果如下图所示。

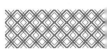

7.6 重点：合并计算

合并计算可以将多个工作表中的数据合并在一个工作表中，以便能够对数据进行更新和汇总。商品库存明细表中，可以将"部门一预计购买量"工作表和"部门二预计购买量"工作表的内容汇总在一个工作表中，具体操作步骤如下。

第1步 选择"部门一预计购买量"工作表，选中 E1:F21 单元格区域，如下图所示。

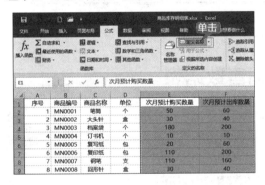

第2步 单击【公式】选项卡下【定义的名称】组中的【定义名称】按钮，如下图所示。

第3步 弹出【新建名称】对话框，在【名称】文本框内输入"表1"，单击【确定】按钮，如下图所示。

第4步 选择"部门二预计购买量"工作表，选中 E1:F21 单元格区域，单击【公式】选项卡下【定义的名称】组中的【定义名称】按钮，如下图所示。

第5步 弹出的【新建名称】对话框，在【名称】文本框中输入"表2"，单击【确定】按钮，如下图所示。

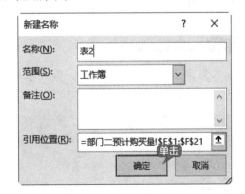

第6步 在"商品库存明细表"工作表中选中 K2 单元格，单击【数据】选项卡下【数据工具】组中的【合并计算】按钮，如下图所示。

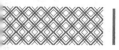

第7步 弹出【合并计算】对话框，在【函数】下拉列表中选择【求和】选项，在【引用位置】文本框内分别输入"表1""表2"，单击【添加】按钮，选中【标签位置】选项区域中的【首行】复选框，单击【确定】按钮，如下图所示。

第8步 即可将表2合并在"Sheet1"工作表内，效果如下图所示。

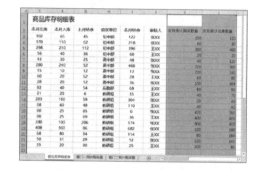

提示

除了使用上述方式外，还可以在工作表名称栏中直接为单元格区域命名。

举一反三

分析与汇总商品销售数据表

商品销售数据记录着一个阶段内各个种类商品的销售情况，通过对商品销售数据的分析，可以找出在销售过程中存在的问题。分析与汇总商品销售数据表的思路如下。

第1步 设置数据验证

设置商品编号的数据验证，完成编号的输入，如下图所示。

第2步 排序数据

根据需要按照销售金额、销售数量等对表格中的数据进行排序，如下图所示。

第3步 筛选数据

根据需要筛选出满足需要的数据，如下图所示。

◇ 让表中序号不参与排序

在对数据进行排序的过程中，某些情况下并不需要对序号进行排序，这时可以使用下面的方法。

第1步 打开"素材 \ch07\ 英语成绩表 .xlsx"工作簿，如下图所示。

	A	B	C	D
1		英语成绩表		
2	1	刘	60	
3	2	张	59	
4	3	李	88	
5	4	赵	76	
6	5	徐	63	
7	6	夏	35	
8	7	马	90	

第2步 选中 B2：C13 单元格区域，单击【数据】选项卡下【排序和筛选】组中的【排序】按钮，如下图所示。

第4步 对数据进行分类汇总

根据需要对商品的种类进行分类汇总，如下图所示。

第3步 弹出【排序】对话框，将【主要关键字】设置为【列 C】，【排序依据】设置为【单元格值】，【次序】设置为【降序】，单击【确定】按钮，如下图所示。

第4步 即可将名单进行以成绩为依据的从高到低的排序，而序号不参与排序，效果如下图所示。

	A	B	C	D
1		英语成绩表		
2	1	孙	92	
3	2	马	90	
4	3	李	88	
5	4	翟	77	
6	5	赵	76	
7	6	钱	72	
8	7	林	68	
9	8	郑	65	
10	9	徐	63	
11	10	刘	60	
12	11	张	59	
13	12	夏	35	
14				

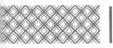

◇ 通过筛选删除空白行

对于不连续的多个空白行，可以使用筛选功能的快速删除功能，具体操作步骤如下。

第1步 打开"素材 \ch07\ 删除空白行 .xlsx"工作簿，如下图所示。

	A	B	C	D
1	序号	姓名	座位	
2	1	刘	B2	
3				
4	2	候	H3	
5				
6	3	王	C8	
7				
8	4	张	C7	
9				
10	5	苏	D1	
11				
12				
13				

第2步 选中 A1:A10 单元格区域，单击【数据】选项卡下【排序和筛选】组中的【筛选】按钮，如下图所示。

第3步 单击 A1 出现的下拉按钮，在出现的下拉列表中选中【空白】复选框，单击【确定】

按钮，如下图所示。

第4步 即可将 A1:A10 单元格区域内的空白行选中，如下图所示。

	A	B	C	D
1	序号	姓名	座位	
3				
5				
9				
11				
12				
13				
14				
15				
16				
17				

第5步 选中筛选出的空白行并右击，在弹出的快捷菜单中选择【删除行】选项，如下图所示。

第6步 将筛选出的空白行删除，再次单击【数

据】选项卡【排序和筛选】组中的【筛选】按钮，即可结束筛选状态，效果如下图所示。

	A	B	C
1	序号	姓名	座位
2	1	刘	B2
3	2	候	H3
4	3	王	C8
5	4	张	C7
6	5	苏	D1
7			

◇ 筛选多个表格的重复值

使用下面的方法可以快速在多个工作表中找重复值，节省处理数据的时间。具体操作步骤如下。

第1步 打开"素材\ch07\查找重复值.xlsx"工作簿，如下图所示。

	A	B	C
1	分类	物品	
2	蔬菜	西红柿	
3	水果	苹果	
4	肉类	牛肉	
5	肉类	鱼	
6	蔬菜	白菜	
7	水果	橘子	
8	肉类	羊肉	
9	肉类	猪肉	
10	水果	香蕉	
11	水果	葡萄	
12	肉类	鸡	
13	水果	橙子	

第2步 单击【数据】选项卡下【排序和筛选】组中的【高级】按钮，如下图所示。

第3步 在弹出的【高级筛选】对话框中选中【将筛选结果复制到其他位置】单选按钮。在【列表区域】文本框中输入"Sheet1!$A$1:$B$13"，在【条件区域】

文本框中输入"Sheet2!$A$1:$B$13"，在【复制到】文本框中输入"Sheet1!$F$3"，选中【选择不重复的记录】复选框，单击【确定】按钮，如下图所示。

第4步 即可将两个工作表中的重复数据复制到指定区域，效果如下图所示。

	A	B	C	D	E	F	G
1	分类	物品					
2	蔬菜	西红柿					
3	水果	苹果				分类	物品
4	肉类	牛肉				蔬菜	西红柿
5	肉类	鱼				水果	苹果
6	蔬菜	白菜				肉类	牛肉
7	水果	橘子				肉类	鱼
8	肉类	羊肉				蔬菜	白菜
9	肉类	猪肉				水果	橘子
10	水果	香蕉				肉类	羊肉
11	水果	葡萄				肉类	猪肉
12	肉类	鸡				肉类	鸡
13	水果	橙子				水果	橙子
14							
15							

◇ 把相同项合并为单元格

在制作工作表时，将相同的表格进行合并可以使工作表更加简洁明了。快速实现合并的具体操作步骤如下。

（1）分类汇总单元格

第1步 打开"素材\ch07\分类清单.xlsx"工作簿，如下图所示。

	A	B	C
1	蔬菜	西红柿	
2	水果	苹果	
3	肉类	牛肉	
4	肉类	鱼	
5	蔬菜	白菜	
6	水果	橘子	
7	肉类	羊肉	
8	肉类	猪肉	
9	水果	香蕉	
10	水果	葡萄	
11	肉类	鸡	
12	水果	橙子	

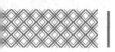
第2步 选中数据区域中 A 列单元格，单击【数据】选项卡下【排序和筛选】组中的【升序】按钮，如下图所示。

第3步 在弹出的【排序提醒】提示框中选中【扩展选定区域】单选按钮，单击【排序】按钮，如下图所示。

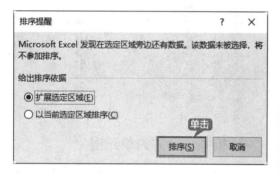

第4步 即可对数据进行以 A 列为依据的升序排列，A 列相同名称的单元格将会连续显示，效果如下图所示。

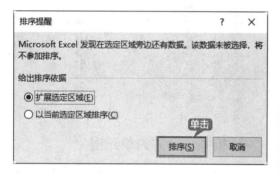

第5步 选择 A 列，单击【数据】选项卡下【分级显示】组中的【分类汇总】按钮，如下图所示。

第6步 在弹出的提示框中单击【确定】按钮，如下图所示。

第7步 弹出【分类汇总】对话框，在【分类字段】下拉列表中选择【肉类】选项，在【汇总方式】下拉列表中选择【计数】选项，选中【选定汇总项】列表框中的【肉类】复选框，再选中【汇总结果显示在数据下方】复选框，单击【确定】按钮，如下图所示。

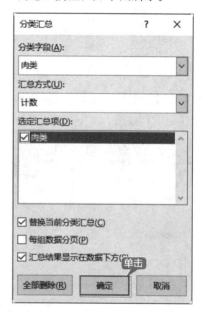

第8步 即可对 A 列进行分类汇总，效果如下图所示。

（2）对定位单元格进行合并居中

第1步 单击【开始】选项卡下【编辑】组中的【查找和替换】按钮，在弹出的下拉列表中选择【定位条件】选项，如下图所示。

第2步 弹出【定位条件】对话框，选中【空值】单选按钮，单击【确定】按钮，如下图所示。

第3步 即可选中 A 列所有空值，单击【开始】选项卡【对齐方式】组中的【合并后居中】按钮，如下图所示。

第4步 即可对定位的单元格进行合并居中的操作，效果如下图所示。

（3）删除分类汇总

第1步 选择 B 列数据，单击【数据】选项卡下【分级显示】组中的【分类汇总】按钮，

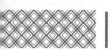
如下图所示。

第2步 确认提示框信息之后弹出【分类汇总】对话框，在【分类字段】下拉列表中选择【肉类】选项，在【汇总方式】下拉列表中选择【计数】选项，在【选定汇总项】列表框中选中【肉类】复选框，取消选中【汇总结果显示在数据下方】复选框，单击【全部删除】按钮，如下图所示。

第3步 弹出下图所示的提示框，单击【确定】按钮即可。

第4步 删除分类汇总后的效果如下图所示。

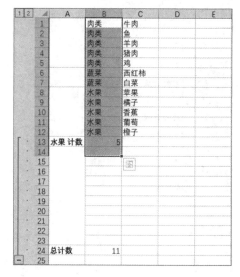

（4）使用格式刷复制格式

第1步 选中 A 列，单击【开始】选项卡下【剪贴板】组中的【格式刷】工具，如下图所示。

第2步 单击 B 列，B 列即可复制 A 列格式，然后删除 A 列，最终效果如下图所示。

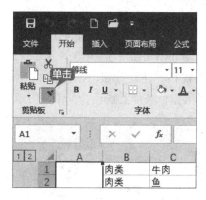

第8章
中级数据处理与分析——图表的应用

本章导读

在 Excel 中使用图表不仅能使数据的统计结果更直观、更形象，还能清晰地反映数据的变化规律和发展趋势。使用图表可以制作产品统计分析表、预算分析表、工资分析表、成绩分析表等。本章主要介绍创建图表、图表的设置和调整、添加图表元素及创建迷你图等操作。

思维导图

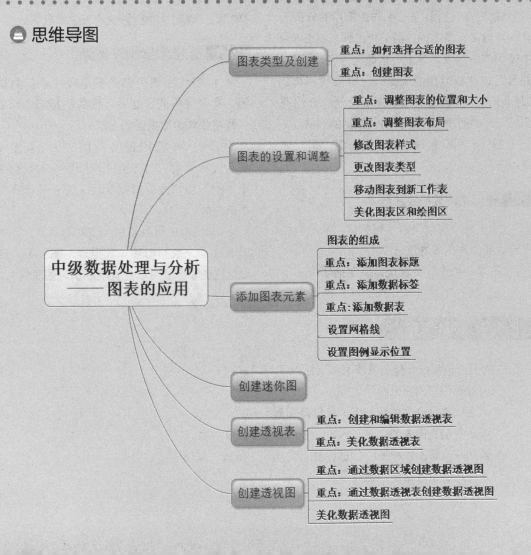

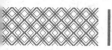

8.1 产品销售统计分析图表

　　制作产品销售统计分析图表时，表格内的数据类型格式要一致，选取的图表类型要能恰当地反映数据的变化趋势。

实例名称：制作产品销售统计分析图表	
实例目的：学习图表的使用技巧	
素材	素材 \ch08\ 产品销售统计分析图表 .xlsx
结果	结果 \ch08\ 产品销售统计分析图表 .xlsx
视频	视频教学 \08 第 8 章

8.1.1　案例概述

　　数据分析是指用适当的统计分析方法对收集来的大量数据进行分析，提取有用信息和形成结论的过程。Excel 作为常用的分析工具，可以实现基本的数据分析工作。在 Excel 中使用图表可以清楚地表达数据的变化关系，并且可以分析数据的规律，进行预测。本节以制作产品销售统计分析图表为例，介绍使用 Excel 的图表功能分析销售数据的方法。

　　制作产品销售统计分析图表时，需要注意以下几点。

1.　表格的设计要合理

　　① 表格要有明确的表格名称，快速向读者传达要制作图表的信息。

　　② 表头的设计要合理，能够指明每一项数据要反映的销售信息，如时间、产品名称或销售人员等。

　　③ 表格中的数据格式、单位要统一，这样才能正确地反映销售统计表中的数据。

2.　选择合适的图表类型

　　① 制作图表时首先要选择正确的数据源，有时表格的标题不可作为数据源，而表头通常要作为数据源的一部分。

　　② Excel 2019 提供了 16 种图表类型及组合图表类型，每一类图表所反映的数据主题不同，用户需要根据要表达的主题选择合适的图表。

　　③ 图表中可以添加合适的图表元素，如图表标题、数据标签、数据表、图例等，通过这些图表元素可以更直观地反映图表信息。

8.1.2　设计思路

制作产品销售统计分析图表时可以按以下思路进行。

① 设计要使用图表分析的数据表格。

② 为表格选择合适的图表类型并创建图表。

③ 设置并调整图表的位置、大小、布局、样式及美化图表。

④ 添加并设置图表标题、数据标签、数据表、网线及图例等图表元素。

⑤ 为各月的销售情况创建迷你图。

8.1.3　涉及知识点

本案例主要涉及以下知识点。
① 创建图表。
② 设置和整理图表。
③ 添加图表元素。
④ 创建迷你图。

图表类型及创建

Excel 2019 提供了包含组合图表在内的 17 种图表类型，用户可以根据需求选择合适的图表类型，然后创建嵌入式图表或工作表图表来表达数据信息。

8.2.1　重点：如何选择合适的图表

Excel 2019 提供了柱形图、折线图、饼图、条形图、面积图、XY 散点图、地图、股价图、曲面图、雷达图、树状图、旭日图、直方图、箱形图、瀑布图、漏斗图 16 种图表类型及组合图表类型，需要根据图表的特点选择合适的图表类型。

第 1 步　打开"素材 \ch08\ 产品销售统计分析图表 .xlsx"文件，在数据区域中选择任意一个单元格，这里选择 H6 单元格，如下图所示。

第 2 步　单击【插入】选项卡下【图表】组右下角的【查看所有图表】按钮，如下图所示。

第 3 步　弹出【插入图表】对话框，选择【所有图表】选项卡，即可在左侧的列表中查看 Excel 2019 提供的所有图表类型，如下图所示。

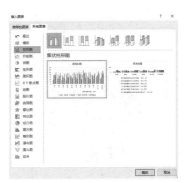

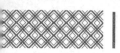
（1）柱形图——以垂直条跨若干类别比较值

柱形图由一系列垂直条组成，通常用来比较一段时间内两个或多个项目的相对尺寸。例如，不同产品季度或年销售量对比、在几个项目中不同部门的经费分配情况、每年各类资料的数目等，如下图所示。

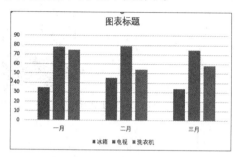

（2）折线图——按时间或类别显示趋势

折线图用来显示一段时间内的趋势。例如，数据在一段时间内是呈增长趋势的，另一段时间内处于下降趋势，可以通过折线图对将来做出预测，如下图所示。

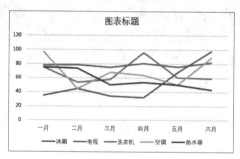

（3）饼图——显示比例

饼图用于对比几个数据在其形成的总和中所占的百分比值。整个饼代表总和，每一个数用一个楔形或薄片代表，如下图所示。

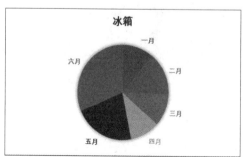

（4）条形图——以水平条跨若干类别比较值

条形图由一系列水平条组成，使对于时间轴上的某一点、两个或多个项目的相对尺寸具有可比性。条形图中的每一条在工作表上都是一个单独的数据点或数，如下图所示。

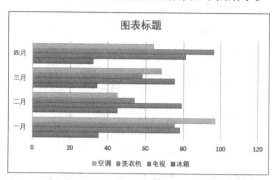

（5）面积图——显示变动幅度

面积图显示一段时间内数据变动的幅值。当有几个部分的数据都在变动时，可以选择显示需要的部分，即可看到单独各部分的变动，同时也可看到总体的变化，如下图所示。

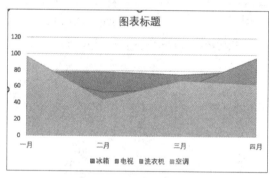

（6）XY 散点图——显示值集之间的关系

XY 散点图展示成对的数和它们所代表的趋势之间的关系。散点图可以用来绘制函数曲线，从简单的三角函数、指数函数、对数函数到更复杂的混合型函数，都可以利用它快速、准确地绘制出曲线，所以在教学、科学计算中会经常用到，如下图所示。

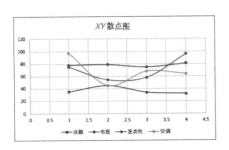

（7）地图——显示不同地理位置数据变化

使用地图图表比较值并跨地理区域显示类别。数据中可以含有地理区域，如国家/地区、省/自治区/直辖市、县或邮政编码等，通过地图图表可以清晰地比较数据变化。

（8）股价图——显示股票变化趋势

股价图是具有 3 个数据序列的折线图，被用来显示一段给定时间内一种股票的最高价、最低价和收盘价。股价图多用于金融、商贸等行业，用来描述商品价格、货币兑换率，也可以用来显示其他数据，如日降雨量和每天温度的波动等，如下图所示。

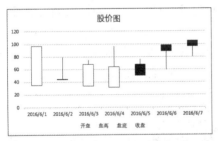

（9）曲面图——在曲面上显示两个或更多数据

曲面图显示的是连接一组数据点的三维曲面，主要用于寻找两组数据的最优组合，如下图所示。

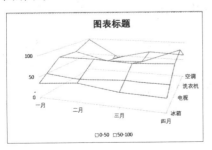

（10）雷达图——显示相对于中心点的值

显示数据如何按中心点或其他数据变动，每个类别的坐标值都从中心点辐射，如下图所示。

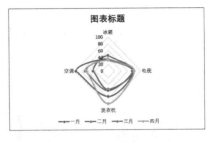

（11）树状图——以矩形显示比例

树状图主要用于比较层次结构中不同级别的值，可以使用矩形显示层次结构级别中的比例。

（12）旭日图——以环形显示比例

旭日图主要用于比较层次结构中不同级别的值，可以使用矩形显示层次结构级别中的比例，如下图所示。

（13）直方图——显示数据分布情况

直方图由一系列高度不等的纵向条纹或线段表示数据分布的情况。一般用横轴表示数据类型，纵轴表示分布情况。

（14）箱形图——显示一组数据中的变体

箱形图主要用于显示一组数据中的变体。

（15）瀑布图——显示值的演变

瀑布图用于显示一系列正值和负值的累积影响。

（16）漏斗图——显示流程中多个阶段的值

以漏斗形状显示总和等于 100% 的数据。该图表是以 100% 的一部分表示数据的单序

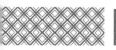

列图表，不使用轴。例如，可以使用漏斗图来显示销售渠道中每个阶段的客户转化情况。

（17）组合图——突出显示不同类型的信息

组合图将多个图表类型集中显示在一个图表中，集合各类图表的优点，更直观形象地显示数据，如下图所示。

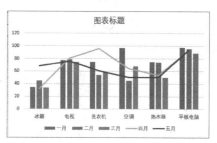

掌握各类图表的特点之后，就可以根据需要选择合适的图表。单击【插入图表】对话框右上角的【关闭】按钮，即可将其关闭，如下图所示。

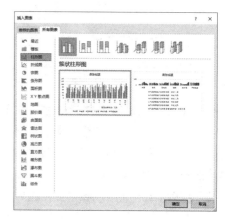

8.2.2 重点：创建图表

创建图表时，不仅可以使用系统推荐的图表创建图表，还可以根据实际需要选择并创建合适的图表。下面介绍在产品销售统计分析图表中创建图表的方法。

1. 使用系统推荐的图表

在 Excel 2019 中，系统为用户推荐了多种图表类型，并显示图表的预览，用户只需选择一种图表类型，即可完成图表的创建。具体操作步骤如下。

第1步 在打开的"产品销售统计分析图表 .xlsx"素材文件中，选择数据区域中的任意一个单元格，单击【插入】选项卡下【图表】组中【推荐的图表】按钮，如下图所示。

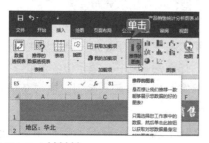

> **提示**
>
> 如果要为部分数据创建图表，仅选择要创建图表的部分数据。

第2步 打开【插入图表】对话框，选择【推荐的图表】选项卡，在左侧的列表中可以看到系统推荐的图表类型。选择需要的图表类型（这里选择【簇状柱形图】图表），单击【确定】按钮，如下图所示。

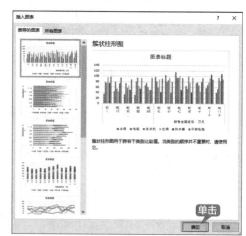

第3步 即可完成使用推荐的图表创建图表的操作，如下图所示。

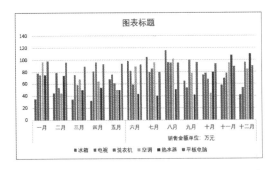

提示

如果要删除创建的图表,只需选择创建的图表,然后按【Delete】键即可。

2. 使用功能区创建图表

在 Excel 2019 的功能区中将图表类型集中显示在【插入】选项卡下的【图表】组中,方便用户快速创建图表,具体操作步骤如下。

第1步 选择数据区域中的任意一个单元格,单击【图表】组中【插入柱形图或条形图】下拉按钮,在弹出的下拉列表中选择【二维柱形图】→【簇状柱形图】选项,如下图所示。

第2步 即可在该工作表中插入一个柱形图表,效果如下图所示。

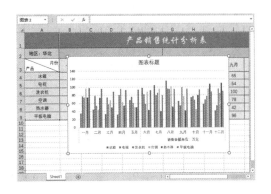

提示

在选择创建的图表后,可以按【Delete】键将其删除。

3. 使用图表向导创建图表

也可以使用图表向导创建图表,具体操作步骤如下。

第1步 在打开的素材文件中,选择数据区域中的任意一个单元格。单击【插入】选项卡下【图表】组中的【查看所有图表】按钮,弹出【插入图表】对话框,选择【所有图表】选项卡,在左侧的列表中选择【折线图】选项,在右侧选择一种折线图类型,单击【确定】按钮,如下图所示。

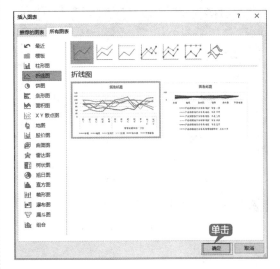

第2步 即可在 Excel 工作表中创建折线图图表,效果如下图所示。

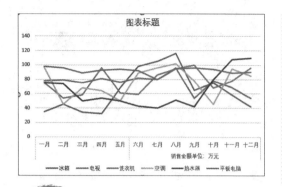

8.3 图表的设置和调整

　　在产品销售统计分析表中创建图表后，不仅可以根据需要设置图表的位置和大小，还可以根据需要调整图表的样式及类型。

8.3.1 重点：调整图表的位置和大小

　　创建图表后如果对图表的位置和大小不满意，可以根据需要调整图表的位置和大小。

1. 调整图表的位置

第1步 选择创建的图表，将鼠标指针放置在图表上，当鼠标指针变为 ✛ 形状时，按住鼠标左键并拖曳，如下图所示。

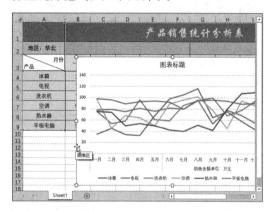

第2步 拖曳至合适位置处释放鼠标左键，即可完成调整图表位置的操作，如下图所示。

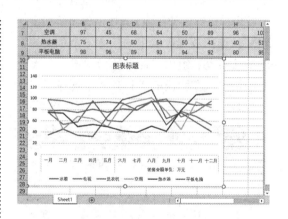

2. 调整图表的大小

　　调整图表大小有两种方法：一种是使用鼠标拖曳调整，另一种是精确调整图表的大小。

　　（1）拖曳鼠标调整

第1步 选择要插入的图表，将鼠标指针放置在图表四周的控制点上。例如，将鼠标指针放置在右下角的控制点上，当鼠标指针变为 形状时，按住鼠标左键并拖曳，如下图所示。

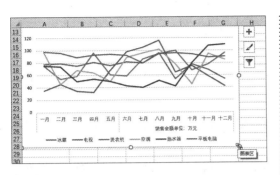

（2）精确调整图表大小

如要精确地调整图表的大小，可以选择插入的图表，在【格式】选项卡下【大小】组中单击【形状高度】和【形状宽度】数值框后的微调按钮，或者在文本框中直接输入图表的高度和宽度值，按【Enter】键确认即可，如下图所示。

第2步 拖曳至合适大小后释放鼠标左键，即可完成调整图表大小的操作，如下图所示。

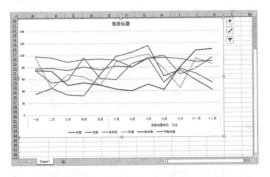

│提示│:::::::

　　将鼠标指针放置在4个角的控制点上，可以同时调整图表的宽度和高度；将鼠标指针放置在左右边的控制点上，可以调整图表的宽度；将鼠标指针放置在上下边的控制点上，可以调整图表的高度。

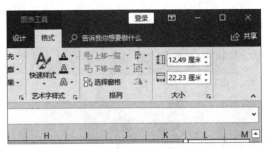

│提示│:::::::

　　单击【格式】选项卡下【大小】组中的【大小和属性】按钮，在打开的【设置图表区格式】窗格中选中【锁定纵横比】复选框，可等比放大或缩小图表。

8.3.2 重点：调整图表布局

　　创建图表后，可以根据需要调整图表的布局，具体操作步骤如下。

第1步 选择创建的图表，单击【设计】选项卡下【图表布局】组中的【快速布局】下拉按钮，在弹出的下拉列表中选择【布局5】选项，如下图所示。

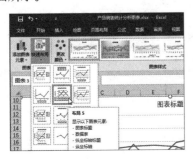

第2步 调整图表布局后的效果如下图所示。

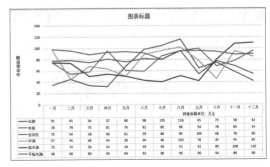

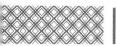

8.3.3 修改图表样式

修改图表样式主要包括调整图表颜色和调整图表样式两方面的内容，修改图表样式的具体操作步骤如下。

第1步 选择图表，单击【设计】选项卡下【图表样式】组中的【更改颜色】下拉按钮，在弹出的下拉列表中选择【彩色调色板3】选项，如下图所示。

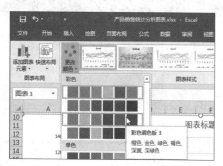

第2步 调整图表颜色后的效果如下图所示。

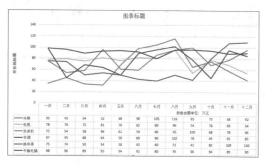

第3步 选择图表，单击【设计】选项卡下【图表样式】组中的【其他】按钮，在弹出的下拉列表中选择【样式9】选项，如下图所示。

第4步 即可更改图表的样式，效果如下图所示。

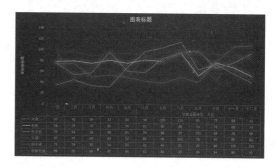

8.3.4 更改图表类型

创建图表后，如果选择的图表类型不能满足展示数据的效果，那么还可以更改图表类型，具体操作步骤如下。

第1步 选择图表，单击【设计】选项卡下【类型】组中的【更改图表类型】按钮，如下图所示。

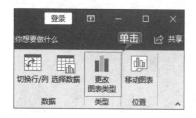

第2步 弹出【更改图表类型】对话框，如下图所示。

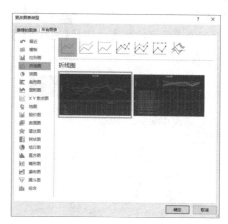

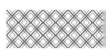

第 3 步 选择要更改的图表类型，这里在左侧列表中选择【XY 散点图】选项，在右侧选择【带平滑线的散点图】类型，单击【确定】按钮，如下图所示。

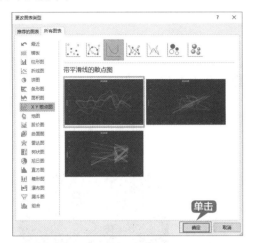

第 4 步 将折线图更改为 XY 散点图，效果如下图所示。

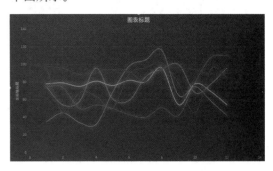

8.3.5　移动图表到新工作表

创建图表后，如果工作表中数据较多，则数据和图表将会有重叠，可以将图表移动到新工作表中。具体操作步骤如下。

第 1 步 选择图表，单击【设计】选项卡下【位置】组中的【移动图表】按钮，如下图所示。

第 2 步 弹出【移动图表】对话框，在【选择放置图表的位置】选项区域中选中【新工作表】单选按钮，并在文本框中设置新工作表的名称，单击【确定】按钮，如下图所示。

第 3 步 即可创建名称为"Chart1"的工作表，并在表中显示图表，而"Sheet1"工作表中则不包含图表，如下图所示。

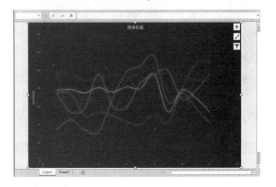

第 4 步 在"Chart1"工作表中选择图表并右击，在弹出的快捷菜单中选择【移动图表】选项，

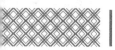

如下图所示。

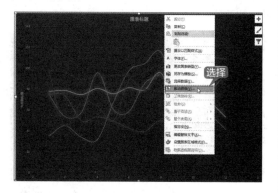

第5步 弹出【移动图表】对话框，在【选择放置图表的位置】选项区域中选中【对象位于】单选按钮，并在文本框中选择"Sheet1"工作表，单击【确定】按钮，如下图所示。

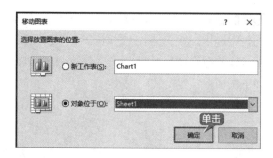

第6步 即可将图表移动至"Sheet1"工作表，并删除"Chart1"工作表，如下图所示。

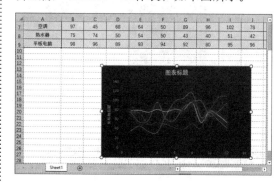

8.3.6 美化图表区和绘图区

美化图表区和绘图区可使图表更加美观，具体操作步骤如下。

1. 美化图表区

第1步 选中图表并右击，在弹出的快捷菜单中选择【设置图表区域格式】选项，如下图所示。

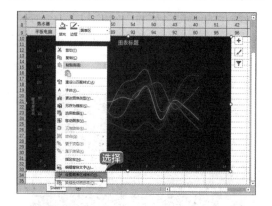

第2步 弹出【设置图表区格式】窗格，在【图表选项】选项卡下【填充】选项区域中选择填充方式，这里选中【图案填充】单选按钮，如下图所示。

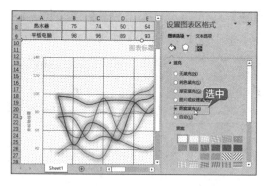

第3步 单击【背景】右侧的按钮，在弹出的【主题颜色】面板中选择一种颜色，如下图所示。

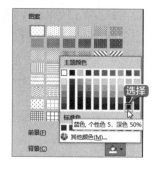

第4步 单击【前景】右侧的按钮，在弹出的【主题颜色】面板中选择一种颜色，如下图所示。

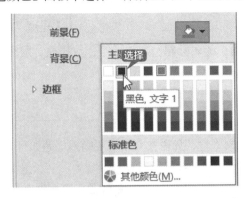

第5步 在图案列表中，选择要应用的图案样式，单击即可应用，如下图所示。

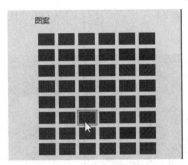

第6步 关闭【设置图表区格式】窗格，即可看到美化图表区后的效果，如下图所示。

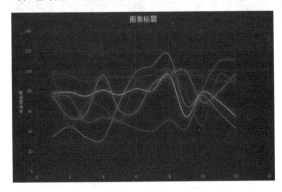

> **｜提示｜**∷∷∷∷∷∷∷
>
> 在【边框】选项区域中可以美化边框样式。

2. 美化绘图区

第1步 选中图表的绘图区并右击，在弹出的

快捷菜单中选择【设置绘图区格式】选项，如下图所示。

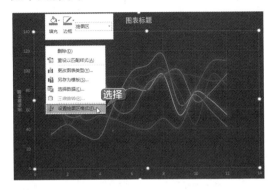

第2步 弹出【设置绘图区格式】窗格，在【填充线条】选项卡下【填充】选项区域中选中【纯色填充】单选按钮，并单击【颜色】右侧的下拉按钮，在弹出的下拉列表中选择一种颜色，还可以根据需要调整透明度，如下图所示。

第3步 关闭【设置绘图区格式】窗格，即可看到美化绘图区后的效果，如下图所示。

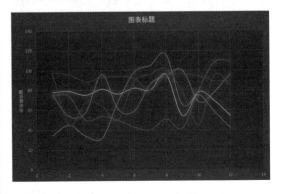

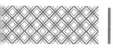

8.4 添加图表元素

创建图表后，可以在图表中添加坐标轴、轴标题、图表标题、数据标签、数据表、网格线和图例等元素。

8.4.1 图表的组成

图表主要由图表区、绘图区、图表标题、数据标签、坐标轴、图例、数据表和背景等组成，如下图所示。

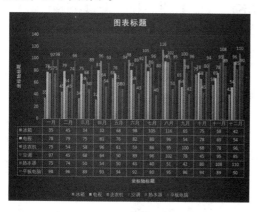

（1）图表区

整个图表及图表中的数据称为图表区。在图表区中，当鼠标指针停留在图表元素上方时，Excel 会显示元素的名称，从而方便用户查找图表元素。

（2）绘图区

绘图区主要显示数据表中的数据，数据随着工作表中数据的更新而更新，如下图所示。

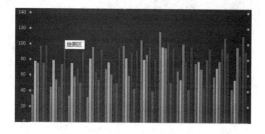

（3）图表标题

创建图表完成后，图表中会自动创建标题文本框，只需在文本框中输入标题即可。

（4）数据标签

图表中绘制的相关数据点的数据来自数据的行和列。如果要快速标识图表中的数据，可以为它们添加数据标签，在数据标签中可以显示系列名称、类别名称和百分比，如下图所示。

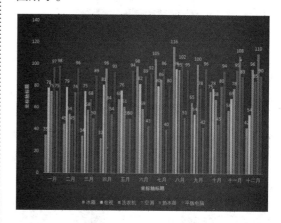

（5）坐标轴

默认情况下，Excel 会自动确定图表坐标轴中图表的刻度值，也可以自定义刻度，以满足使用需要。当在图表中绘制的数值涵盖范围较大时，可以将垂直坐标轴改为对数刻度。

（6）图例

图例用方框表示，用于标识图表中的数据系列所指定的颜色或图案。创建图表后，图例以默认的颜色显示图表中的数据系列。

（7）数据表

数据表是反映图表中源数据的表格，默认的图表一般都不显示数据表，如下图所示。

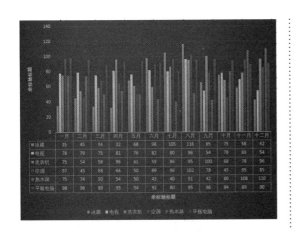

（8）背景

背景主要用于衬托图表，可以使图表更加美观。

8.4.2 重点：添加图表标题

在图表中添加标题可以直观地反映图表的内容，具体操作步骤如下。

第1步 选择美化后的图表，单击【设计】选项卡下【图表布局】组中的【添加图表元素】下拉按钮，在弹出的下拉列表中选择【图表标题】→【图表上方】选项。

并输入"产品销售统计分析图表"，即可完成图表标题的添加，如下图所示。

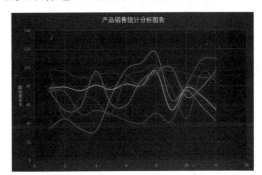

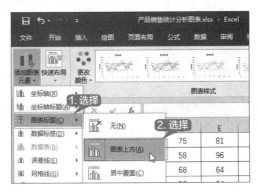

第2步 即可在图表的上方添加【图表标题】文本框，如下图所示。

第4步 选择添加的图表标题，单击【格式】选项卡下【艺术字样式】组中的【快速样式】下拉按钮，在弹出的下拉列表中选择一种艺术字样式，如下图所示。

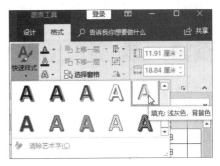

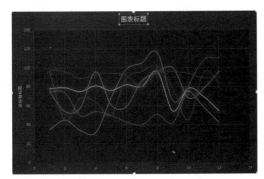

第3步 删除【图表标题】文本框中的内容，

第5步 单击【格式】选项卡下【艺术字样式】组中的【文本效果】下拉按钮，在弹出的下拉列表中选择【发光】→【发光：5磅；蓝色，主题色1】选项，如下图所示。

如下图所示。

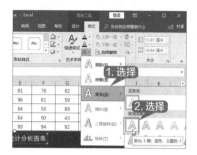

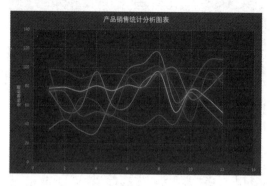

第6步 另外，还可以根据需要设置字体和字号，设置完成后，即完成图表标题的美化操作，

8.4.3 重点：添加数据标签

添加数据标签可以直接读出散点图上对应的数值，具体操作步骤如下。

第1步 选择图表或选择某条数据趋势线，单击【设计】选项卡下【图表布局】组中的【添加图表元素】下拉按钮，在弹出的下拉列表中选择【数据标签】→【上方】选项，如下图所示。

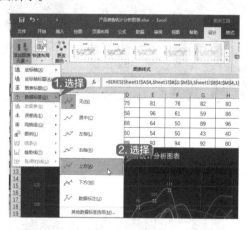

第2步 即可为所选的数据趋势线添加数据标签，效果如下图所示。

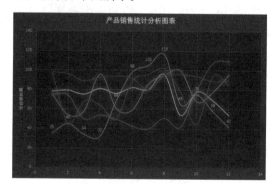

8.4.4 重点：添加数据表

数据表是反映图表中源数据的表格，默认情况下图表中不显示数据表。添加数据表的具体操作步骤如下。

第1步 在添加数据表之前，先将图表类型更改为"柱形图"，然后选择图表，单击【设计】选项卡下【图表布局】组中的【添加图表元素】下拉按钮，在弹出的下拉列表中选择【数据表】→【显示图例项标示】选项，如下图所示。

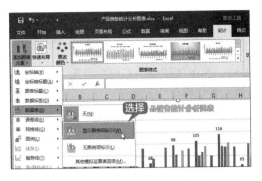

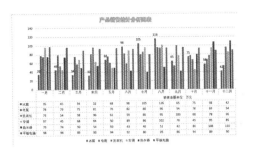

第2步 即可在图表中添加数据表，效果如下图所示。

8.4.5 设置网格线

如果对默认的网格线不满意，可以添加网格线或自定义网格线样式，具体操作步骤如下。

第1步 选择图表，单击【设计】选项卡下【图表布局】组中的【添加图表元素】下拉按钮，在弹出的下拉列表中选择【网格线】→【主轴次要垂直网格线】选项，如下图所示。

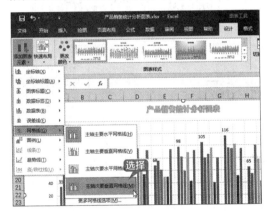

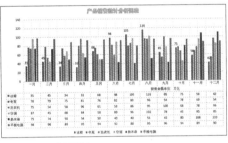

第2步 即可在图表中添加主轴主要垂直网格线表，效果如下图所示。

8.4.6 设置图例显示位置

图例可以显示在图表区的右侧、顶部、左侧及底部。为了使图表的布局更合理，可以根据需要更改图例的显示位置，设置图例显示在图表区右侧的具体操作步骤如下。

第1步 选择图表，单击【设计】选项卡下【图表布局】组中的【添加图表元素】下拉按钮，在弹出的下拉列表中选择【图例】→【右侧】选项，如下图所示。

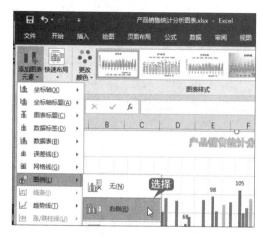

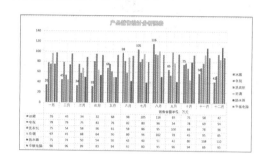

第3步 添加图表元素完成之后，根据需要调整图表的位置及大小，并对图表进行美化，以便能更清晰地显示图表中的数据，如下图所示。

第2步 即可将图例显示在图表区右侧，效果如下图所示。

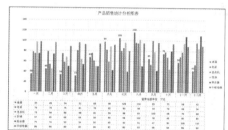

8.5 为各月销售情况创建迷你图

迷你图是一种小型图表，可放在工作表内的单个单元格中。由于其尺寸已经过压缩，因此，迷你图能够以简明且非常直观的方式显示大量数据集所反映出的图案。使用迷你图可以显示一系列数值的趋势，如季节性增长或降低、经济周期或突出显示最大值和最小值。将迷你图放在它所表示的数据附近时会产生很好的效果。若要创建迷你图，必须先选择要分析的数据区域，然后选择要放置迷你图的位置。为各月销售情况创建迷你图的具体操作步骤如下。

1. 创建迷你图

第1步 选择 N4 单元格，单击【插入】选项卡下【迷你图】组中的【折线】按钮，如下图所示。

第2步 弹出【创建迷你图】对话框，单击【选择所需的数据】选项区域中【数据范围】右侧的按钮，如下图所示。

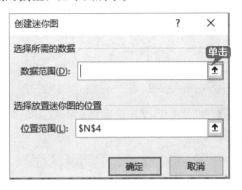

第3步 选择 B4:M4 单元格区域，单击回按钮，返回【创建迷你图】对话框，单击【确定】按钮，如下图所示。

B4:M4

第4步 即可完成各月销售情况迷你图的创建，如下图所示。

第5步 将鼠标指针放在 N4 单元格右下角的控制柄上，按住鼠标左键，拖曳鼠标向下填充至 N9 单元格，即可完成所有产品各月销售迷你图的创建，如下图所示。

2. 设置迷你图

第1步 选择 N4:N9 单元格区域，单击【设计】选项卡下【样式】组中的【其他】按钮，在弹出的下拉列表中选择一种样式，如下图所示。

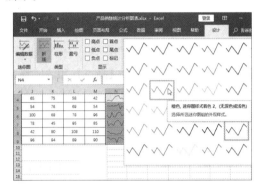

提示

如果要更改迷你图样式，可以再次选择 N4:N9 单元格区域，单击【设计】选项卡下【类型】组中的【柱形】或【盈亏】按钮，即可更改迷你图的样式，如下图所示。

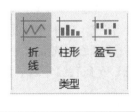

第2步 单击【设计】选项卡下【样式】组中的【迷你图颜色】下拉按钮，在弹出的下拉列表中选择【红色】选项，即可更改迷你图的颜色，如下图所示。

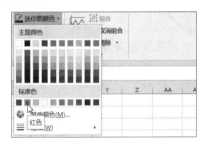

第3步 更改迷你图样式后的效果，如下图所示。

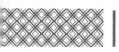

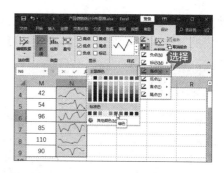

第4步 选择 N4:N9 单元格区域，选中【设计】选项卡下【显示】组中的【高点】和【低点】复选框，显示迷你图中的最高点和最低点，如下图所示。

第6步 即可看到设置迷你图后的效果，如下图所示。

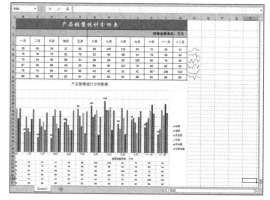

第7步 至此，就完成了产品销售统计分析图表的制作，如下图所示。只需按【Ctrl+S】组合键，即可保存制作完成的工作簿文件。

第5步 单击【设计】选项卡下【样式】组中的【标记颜色】下拉按钮，在弹出的下拉列表中选择【高点】→【绿色】选项，使用同样的方法选择【低点】→【黄色】选项，如下图所示。

8.6 创建办公用品采购透视表

办公用品采购表是各单位采购物品的明细表，一方面是下阶段采购计划的清单，另一方面从侧面反映了各种办公用品在各个部门的消耗情况。办公用品采购透视表对办公用品采购表的分析有很大帮助。

8.6.1 重点：创建和编辑数据透视表

当数据源工作表符合创建数据透视表的要求时，即可创建透视表。创建办公用品采购透视表，以便更好地对办公用品采购工作表进行分析和处理。

1. 创建数据透视表

创建数据透视表的具体操作步骤如下。

第1步 打开"素材\ch08\办公用品采购透视表.xlsx"文件，选中一维数据表中数据区域中的任意单元格，单击【插入】选项卡下【表格】组中的【数据透视表】按钮，如下图所示。

第2步 弹出【创建数据透视表】对话框，选中【请选择要分析的数据】选项区域中的【选择一个表或区域】单选按钮，单击【表／区域】文本框右侧的【折叠】按钮，如下图所示。

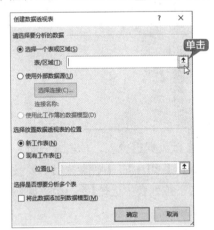

第3步 在工作表中选择表格数据区域，单击【展开】按钮，如下图所示。

第4步 选中【选择放置数据透视表的位置】选项区域中的【现有工作表】单选按钮，单击【位置】文本框右侧的【折叠】按钮，如下图所示。

第5步 在工作表中选择创建数据透视表的位置，单击【展开】按钮，如下图所示。

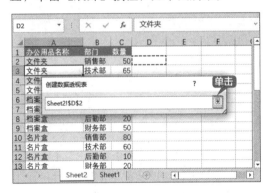

第6步 返回【创建数据透视表】对话框，单击【确定】按钮，如下图所示。

第7步 即可创建数据透视表，如下图所示。

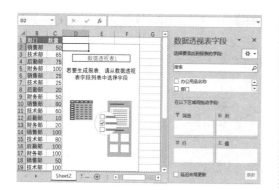

第8步 在【数据透视表字段】窗格中将【办公用品名称】字段拖动至【列】区域中，将【部门】字段拖动至【行】区域中，将【数量】字段拖动至【值】区域中，即可生成数据透视表，效果如下图所示。

第2步 在弹出的快捷菜单中选择【插入】选项，如下图所示。

第3步 即可在 D 列插入空白列，选择 D1 单元格，输入"采购人"文本，并在下方输入采购人姓名，效果如下图所示。

> **提示**
>
> 【数据透视表字段】窗格中，【行】和【列】字段分别代表数据透视表的行标题和列标题，如"销售部门"和"销售"；【筛选】是需要筛选的条件字段，如"季度"；【值】字段是需要汇总的数据，如"销售额"。

2. 修改数据透视表

如果需要对数据透视表添加字段，可以使用更改数据源的方式对数据透视表做出修改，具体操作步骤如下。

第1步 选中新建数据透视表中的 D 列单元格并右击，如下图所示。

第4步 选择数据透视表，单击【分析】选项卡下【数据】组中的【更改数据源】按钮，在弹出的下拉列表中选择【更改数据源】选项，如下图所示。

第5步 弹出【更改数据透视表数据源】对话框，单击【请选择要分析的数据】选项区域中的【表／区域】文本框右侧的【折叠】按钮，如下图所示。

第6步 选择 A1:D29 单元格区域，单击【展开】按钮，如下图所示。

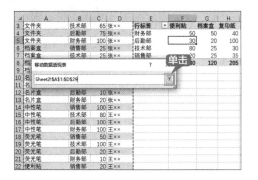

第7步 返回【移动数据透视表】对话框，单击【确定】按钮，如下图所示。

第8步 即可将【采购人】字段添加在字段列表中，将【采购人】字段拖动至【筛选】区域，如下图所示。

第9步 即可完成修改数据透视表的操作，效果如下图所示。

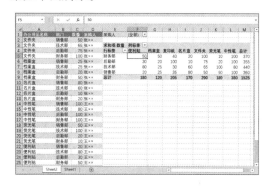

3. 添加或删除记录

如果工作表中的记录发生变化，就需要对数据透视表做出相应的修改，具体操作步骤如下。

第1步 选中一维表中第 18 和 19 行单元格区域并右击，如下图所示。

第2步 在弹出的快捷菜单中选择【插入】选项，即可插入空白行，效果如下图所示。

	A	B	C	D	E	F
14	中性笔	销售部	100	王××		
15	中性笔	技术部	80	王××		
16	中性笔	后勤部	100	王××		
17	中性笔	财务部	100	王××		
18						
19						
20	荧光笔	销售部	50	王××		
21	荧光笔	技术部	100	王××		
22	荧光笔	后勤部	20	王××		
23	荧光笔	财务部	10	王××		
24	便利贴	销售部	20	王××		
25	便利贴	技术部	80	王××		

第3步 在新插入的单元格中输入相关内容，效果如下图所示。

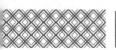

第4步 选择数据透视表，单击【分析】选项卡下【数据】组中的【刷新】按钮，如下图所示。

第5步 即可在数据透视表中加入新添加的记录，效果如下图所示。

第6步 将新插入的记录从一维表中删除。选中数据透视表，单击【分析】选项卡下【数据】组中的【刷新】按钮，记录即会从数据透视表中消失，如下图所示。

4. 设置数据透视表选项

用户可以对创建的数据透视表外观进行设置，具体操作步骤如下。

第1步 选择数据透视表，选中【设计】选项卡下【数据透视表样式选项】组中【镶边行】和【镶边列】复选框，如下图所示。

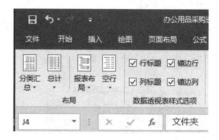

第2步 即可在数据透视表中加入镶边行和镶边列，效果如下图所示。

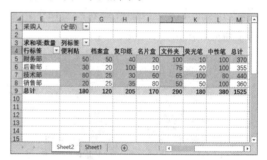

第3步 选择数据透视表，单击【分析】选项卡下【数据透视表】组中的【选项】按钮，如下图所示。

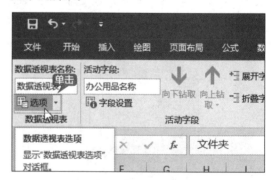

第4步 弹出【数据透视表选项】对话框，选择【布局和格式】选项卡，取消选中【格式】选项区域中的【更新时自动调整列宽】复选框，如下图所示。

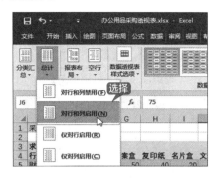

第5步 选择【数据】选项卡，选中【数据透视表数据】选项区域中的【打开文件时刷新数据】复选框，单击【确定】按钮，如下图所示。

的下拉列表中选择【对行和列启用】选项，如下图所示。

第2步 即可对行和列都进行总计操作，效果如下图所示。

第3步 单击【布局】组中的【报表布局】按钮，在弹出的下拉列表中选择【以大纲形式显示】选项，如下图所示。

5. 改变数据透视表的布局

用户可以根据需要对数据透视表的布局进行改变，具体操作步骤如下。

第1步 选择数据透视表，单击【设计】选项卡下【布局】组中的【总计】按钮，在弹出

第4步 即可以大纲形式显示数据透视表，效果如下图所示。

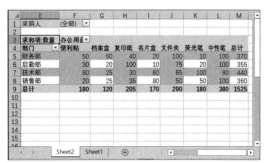

第5步 单击【布局】组中的【报表布局】按钮，在弹出的下拉列表中选择【以压缩形式显示】选项，如下图所示。

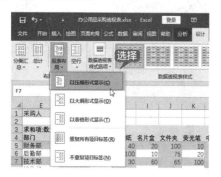

第6步 即可将数据透视表切换回压缩形式显示，如下图所示。

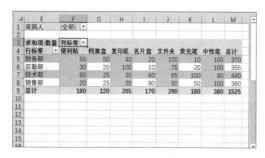

6. 整理数据透视表的字段

在统计和分析过程中，可以通过整理数据透视表中的字段来分别对各字段进行统计分析，具体操作步骤如下。

第1步 选中数据透视表，在【数据透视表字段】窗格中取消选中【部门】复选框，如下图所示。

第2步 即可在数据透视表中取消部门的显示，效果如下图所示。

第3步 取消选中【办公用品名称】复选框，则该字段也不再显示在数据透视表中，效果如下图所示。

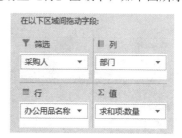

第4步 在【数据透视表字段】窗格中将【部门】字段拖动至【列】区域中，将【办公用品名称】字段拖动至【行】区域中，如下图所示。

在以下区域间拖动字段：

▼ 筛选	‖ 列
采购人 ▼	部门 ▼

≡ 行	Σ 值
办公用品名称 ▼	求和项:数量 ▼

第5步 即可将原来数据透视表中的行和列进行互换，效果如下图所示。

第6步 将【部门】字段拖动至【行】区域中，则可在数据透视表中不显示列，效果如下图所示。

第7步 再次将【办公用品名称】字段拖动至【列】区域内，即可再次更改数据透视表的行和列，效果如下图所示。

7. 刷新数据透视表

如果数据源工作表中的数据发生变化，可以使用刷新功能刷新数据透视表，具体操作步骤如下。

第1步 选择 C9 单元格，将单元格中数值更改为"200"，如下图所示。

	A	B	C	D
1	办公用品名称	部门	数量	采购人
2	文件夹	销售部	50	张××
3	文件夹	技术部	65	张××
4	文件夹	后勤部	75	张××
5	文件夹	财务部	100	张××
6	档案盒	销售部	25	张××
7	档案盒	技术部	25	张××
8	档案盒	后勤部	20	张××
9	档案盒	财务部	200	张××

第2步 选择数据透视表，单击【分析】选项卡下【数据】组中的【刷新】按钮，如下图所示。

第3步 数据透视表的数据即可发生变化，效果如下图所示。

第4步 将 C9 单元格数值改为"50"，再次单击【分析】选项卡下【数据】组中的【刷新】按钮，数据透视表中相应数据即会恢复至"50"，效果如下图所示。

8. 在数据透视表中排序

如果需要对数据透视表中的数据进行排序，具体操作步骤如下。

第1步 单击 E4 单元格内【行标签】右侧的下拉按钮，在弹出的下拉列表中选择【降序】选项，如下图所示。

第2步 即可看到以降序顺序显示的数据，效果如下图所示。

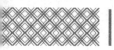

第3步 按【Ctrl+Z】组合键撤销上一步操作，选择数据透视表数据区域I列的任意单元格，单击【数据】选项卡下【排序和筛选】组中的【升序】按钮，如下图所示。

第4步 即可将数据以【名片盒】数据为标准进行升序排列，效果如下图所示。

第5步 对数据进行排序分析后，可以按【Ctrl+Z】组合键撤销上一步操作，效果如下图所示。

8.6.2 重点：美化数据透视表

设置数据透视表的格式不仅能使数据透视表更加美观，还可以增加数据透视表的可读性，方便用户快速获取重要数据。

1. 使用内置的数据透视表样式

Excel 内置了多种数据透视表的样式，可以满足大部分数据透视表的需要。使用内置数据透视表样式的具体操作步骤如下。

第1步 选择数据透视表内的任意单元格。

第2步 单击【设计】选项卡下【数据透视表样式】组中的【其他】按钮，在弹出下拉列表中选择【深色】→【深蓝，数据透视表样式深色6】选项，如下图所示。

第3步 即可对数据透视表应用该样式，效果如下图所示。

2. 为数据透视表自定义样式

除了使用内置样式外，用户还可以为数据透视表自定义样式，具体操作步骤如下。

第1步 选择数据透视表内的任意单元格，单击【设计】选项卡下【数据透视表样式】组中的【其他】按钮，在弹出的下拉列表中选择【新建数据透视表样式】选项，如下图所示。

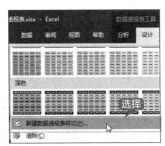

第2步 弹出【新建数据透视表样式】对话框，选择【表元素】列表框中的【整个表】选项，单击【格式】按钮，如下图所示。

第3步 弹出【设置单元格格式】对话框，选择【边框】选项卡，在【直线】选项区域的【样式】列表框中选择一种样条样式，在【颜色】下拉列表中选择【浅绿】选项，在【预置】选项区域中单击【外边框】按钮，根据需要在【边框】选项区域中选择要应用该样式的外边框，如下图所示。

第4步 使用上述方法添加内边框，根据需要设置线条样式和颜色，如下图所示。

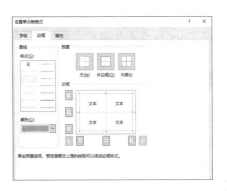

第5步 选择【填充】选项卡，在【背景色】颜色面板中选择一种颜色，单击【确定】按钮，如下图所示。

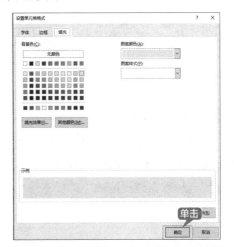

第6步 返回【修改数据透视表样式】对话框，即可在【预览】选项区域看到创建的样式预览图，单击【确定】按钮，如下图所示。

第7步 再次单击【设计】选项卡下【数据透视表样式】组中的【其他】按钮，在弹出的下拉列表中就会出现自定义的样式，选择该样式，如下图所示。

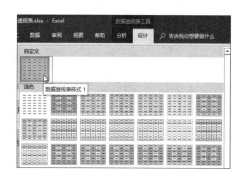

第8步 即可对数据透视表应用自定义的样式，效果如下图所示。

3. 设置默认样式

如果经常使用某个样式，就可以将其设置为默认样式，具体操作步骤如下。

第1步 选择数据透视区域中的任意单元格，如下图所示。

第2步 单击【设计】选项卡下【数据透视表样式】组中的【其他】按钮，弹出样式下拉列表，将鼠标指针放置在需要设置为默认样式的样式上并右击，在弹出的快捷菜单中选择【设为默认值】选项，如下图所示。

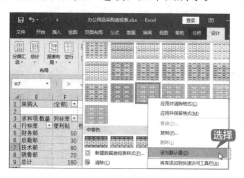

第3步 即可将该样式设置为默认数据透视表样式，以后再创建数据透视表，将会自动应用该样式。例如，创建 A1:D10 单元格区域的数据透视表，就会自动使用默认样式，如下图所示。

8.7 创建办公用品采购透视图

与数据透视表不同，数据透视图可以更直观地展示数据的数量和变化，更容易从数据透视图中找到数据的变化规律和趋势。

8.7.1 重点：通过数据区域创建数据透视图

数据透视图可以通过数据源工作表进行创建，具体操作步骤如下。

第1步 选中工作表中的 A1:D29 单元格区域，单击【插入】选项卡下【图表】组中的【数据透视图】按钮，如下图所示。

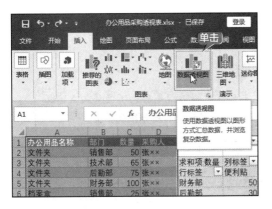

第2步 弹出【创建数据透视图】对话框，选中【选择放置数据透视图的位置】选项区域中的【现有工作表】单选按钮，单击【位置】文本框右侧的【折叠】按钮，如下图所示。

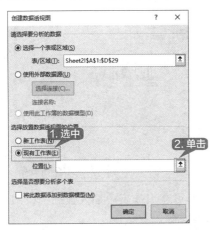

第3步 在工作表中选择需要放置透视图的位置，单击【展开】按钮，如下图所示。

第4步 返回【创建数据透视表】对话框，单击【确定】按钮，如下图所示。

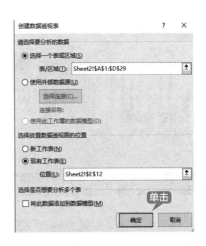

第5步 即可在工作表中插入数据透视图，效果如下图所示。

第6步 在【数据透视图字段】窗格中，将【办公用品名称】字段拖动至【图例（系列）】区域，将【部门】字段拖动至【轴（类别）】区域，将【数量】字段拖动至【值】区域，将【采购人】字段拖动至【筛选】区域，如下图所示。

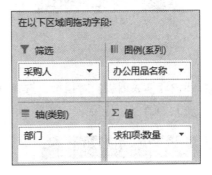

第7步 即可生成数据透视图，效果如下图所示。

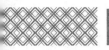
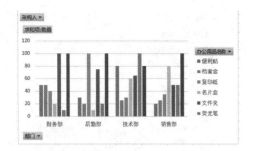

> **|提示|**
>
> 创建数据透视图时，不能使用 XY 散点图、气泡图和股价图等图表类型。

8.7.2 重点：通过数据透视表创建数据透视图

除了使用数据区域创建数据透视图之外，还可以使用数据透视表创建数据透视图，具体操作步骤如下。

第1步 将先前使用数据区域创建的数据透视图删除，选择第一个数据透视表数据区域的任意单元格，如下图所示。

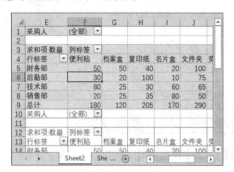

第2步 单击【分析】选项卡下【工具】组中的【数据透视图】按钮，如下图所示。

第3步 弹出【插入图表】对话框，选择【柱形图】→【簇状柱形图】选项，单击【确定】

按钮，如下图所示。

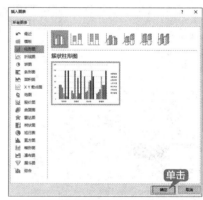

第4步 即可在工作表中插入数据透视图，效果如下图所示。

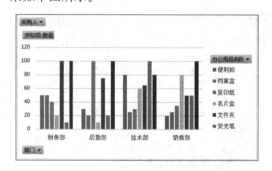

8.7.3 美化数据透视图

插入数据透视图之后，可以对数据透视图进行美化，具体操作步骤如下。

第1步 选中创建的数据透视图，单击【设计】选项卡下【图表样式】组中的【更改颜色】按钮，在弹出的下拉列表中选择一种颜色组合，如下图所示。

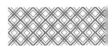

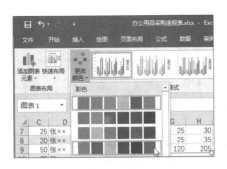

第2步 即可为数据透视图应用该颜色组合，效果如下图所示。

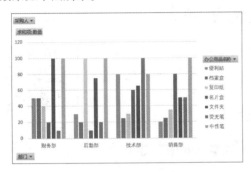

第3步 继续单击【图表样式】组中的【其他】按钮，在弹出的下拉列表中选择一种图表样式，如下图所示。

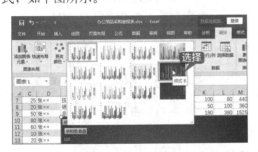

第4步 即可为数据透视图应用所选样式，效果如下图所示。

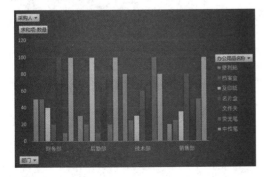

第5步 单击【设计】选项卡下【图表布局】

组中的【添加图表元素】按钮，在弹出的下拉列表中选择【图表标题】→【图表上方】选项，如下图所示。

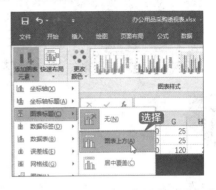

第6步 即可在数据透视图中添加图表标题，将图表标题更改为"办公用品采购透视图表"，效果如下图所示。

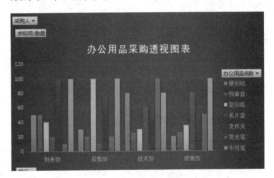

第7步 继续单击【添加图表元素】按钮，在弹出的下拉列表中选择【数据标签】→【数据标签外】选项，如下图所示。

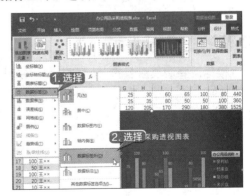

第8步 即可为数据透视图添加数据标签，效果如下图所示。

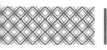

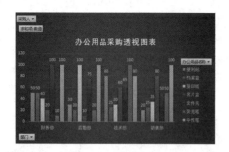

| 提示 |

透视表外观的设置应以易读为前提，然后在不影响观察的前提下对表格和图表进行美化。

项目预算分析图表

与产品销售统计分析图表类似的文件还有项目预算分析图表、年产量统计图表、货物库存分析图表、成绩统计分析图表等。制作这类文档时，都要做到数据格式的统一，并且要选择合适的图表类型，以便准确表达要传递的信息。下面以制作项目预算分析图表为例进行介绍，具体操作步骤如下。

第1步 创建图表

打开"素材\ch08\项目预算表.xlsx"文件，创建簇状柱形图图表，如下图所示。

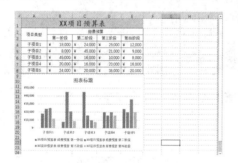

第2步 设置并调整图表

根据需要调整图表的大小和位置，并调整图表的布局、样式，最后根据需要美化图表，如下图所示。

第3步 添加图表元素

更改图表标题、添加数据标签、数据表及调整图例的位置，如下图所示。

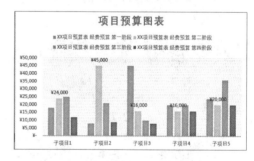

第4步 创建迷你图

为每个子项目的每个阶段经费预算创建迷你图，如下图所示。

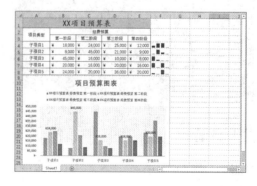

◇ 制作双纵坐标轴图表

在 Excel 中做出双坐标轴的图表，有利于更好地理解数据之间的关联关系，如分析价格和销量之间的关系。制作双坐标轴图表的具体步骤如下。

第1步 打开"素材 \ch08\ 某品牌手机销售额.xlsx"工作簿，选中 A2:C10 单元格区域，如下图所示。

第2步 单击【插入】选项卡下【图表】组中的【插入折线图或面积图】按钮，在弹出的下拉列表中选择【折线图】类型，如下图所示。

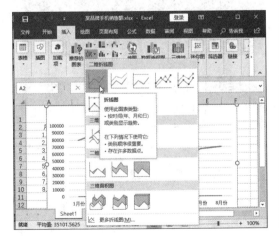

第3步 即可插入折线图，效果如下图所示。

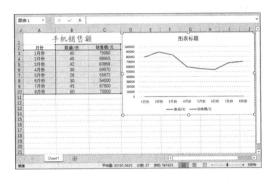

第4步 选中【数量】图例项并右击，在弹出的快捷菜单中选择【设置数据系列格式】选项，如下图所示。

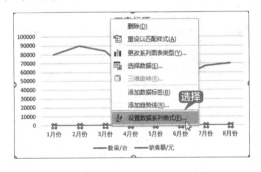

第5步 弹出【设置数据系列格式】对话框，选中【次坐标轴】单选按钮，单击【关闭】按钮，如下图所示。

第6步 即可得到一个有双坐标轴的折线图表，可清楚地看到数量和销售额之间的对应关系，如下图所示。

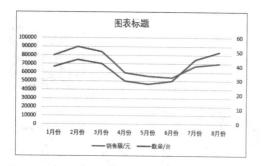

◇ 分离饼图制作技巧

使用饼图可以清楚地看到各个数据在总数据中的占比。饼图的类型很多，下面介绍在 Excel 2019 中制作分离饼图的技巧。具体操作步骤如下。

第1步 打开"素材\ch08\产品销售统计分析图表.xlsx"工作簿，选中 B3:M4 单元格区域，如下图所示。

第2步 单击【插入】选项卡下【图表】组中的【插入饼图或圆环图】按钮，在弹出的下拉列表中选择【三维饼图】选项，如下图所示。

第3步 即可插入饼图，如下图所示。

第4步 将鼠标指针放置在饼图上，按住鼠标左键向外拖曳饼块至合适位置，如下图所示。

第5步 即可将各饼块分离，并可根据需要进行美化，效果如下图所示。

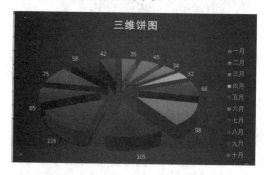

┃ 提示 ┃∶∶∶∶∶∶

也可选中单独饼块向外拖动，则只将该饼块从饼图中分离。

◇ Excel 表中添加趋势线

在对数据进行分析时，有时需要对数据的变化趋势进行分析，这时可以使用添加趋势线的技巧。具体操作步骤如下。

第1步 打开"素材\ch08\产品销售统计分析图表.xlsx"文件，创建仅包含空调和热水器的销售折线图，如下图所示。

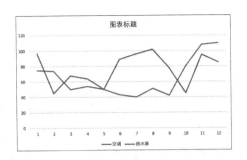

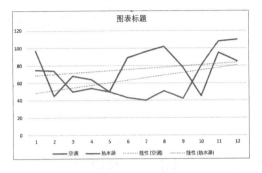

第2步 选中表示空调的折线并右击，在弹出的快捷菜单中选择【添加趋势线】选项，如下图所示。

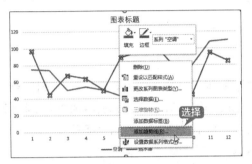

第5步 使用同样的方法可以添加热水器的销售趋势线，如下图所示。

◇ 组合数据透视表内的数据项

对于数据透视表中性质相同的数据项，可以将其进行组合，以便更好地对数据进行统计分析，具体操作步骤如下。

第1步 打开"素材 \ch08\ 采购数据透视表 . xlsx"工作簿，如下图所示。

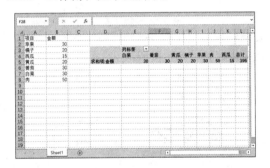

第3步 弹出【设置趋势线格式】窗格，选中【趋势线选项】选项区域中的【线性】单选按钮，同时选中【趋势线名称】选项区域中的【自动】单选按钮，单击【关闭】按钮，如下图所示。

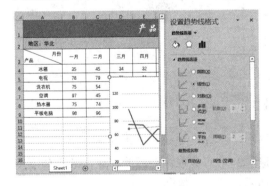

第2步 选择 K11 单元格并右击，在弹出的快捷菜单中选择【移动】→【将"肉"移至开头】选项，如下图所示。

第4步 即可添加空调的销售趋势线，效果如下图所示。

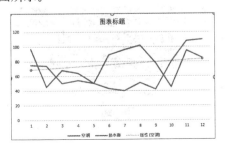

第3步 即可将"肉"移至透视表开头位置，选中 F5:H5 单元格区域并右击，在弹出的快捷菜单中选择【组合】选项，如下图所示。

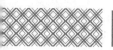

第4步 即可创建名称为"数据组1"的组合，输入数据组名称"蔬菜"，按【Enter】键确认，效果如下图所示。

第5步 使用同样的方法，创建"水果 汇总"数据组，效果如下图所示。

第6步 单击数据组名称左侧的按钮，即可将数据组合并起来，并给出统计结果，如下图所示。

◇ 新功能：创建漏斗图

Excel 2019中新增了"漏斗图"图表类型，漏斗图一般用于业务流程比较规范、周期长、环节多的流程分析，通过各个环节业务数据

的对比，发现并找出问题所在。具体操作步骤如下。

第1步 打开"素材 \ch08\ 创建漏斗图 .xlsx"文件，选择数据区域中的任意一单元格，单击【插入】选项卡下【图表】组中的【查看所有图表】按钮，如下图所示。

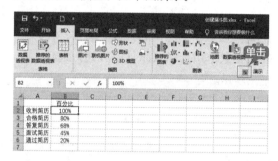

第2步 弹出【插入图表】对话框，选择【所有图表】选项卡，在左侧列表中选择【漏斗图】选项，单击【确定】按钮，如下图所示。

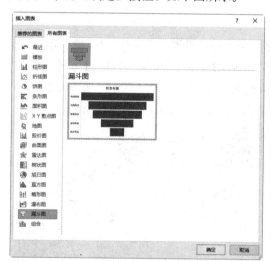

第3步 即可完成漏斗图的创建，效果如下图所示。

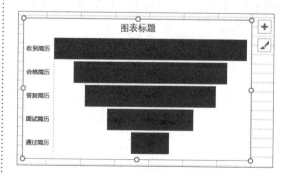

第9章

高级数据处理与分析——公式和函数的应用

本章导读

公式和函数是 Excel 的重要组成部分，有着强大的计算能力，为用户分析和处理工作表中的数据提供了很大的方便。使用公式和函数可以节省处理数据的时间，降低在处理大量数据时的出错率。本章通过制作企业员工工资明细表来学习公式的输入和使用。

思维导图

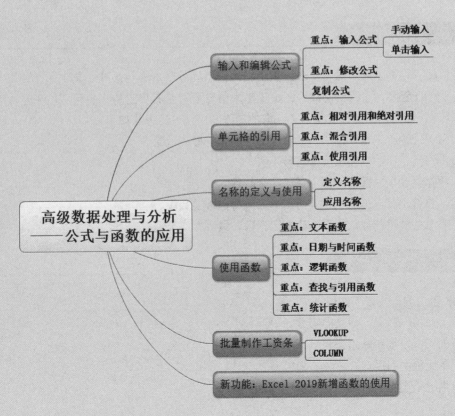

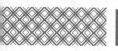

 9.1 企业员工工资明细表

　　企业员工工资明细表是最常见的工作表类型之一。工资明细表作为企业员工工资的发放凭证，是根据各类工资类型汇总而成的，涉及众多函数的使用。了解各种函数的用法和性质，对分析数据有很大帮助。

实例名称：制作企业员工工资明细表		
实例目的：学习公式和函数的应用		
	素材	素材 \ch09\ 企业员工工资明细表 .xlsx
	结果	结果 \ch09\ 企业员工工资明细表 .xlsx
	视频	视频教学 \09 第 9 章

9.1.1 案例概述

　　企业员工工资明细表由工资条、工资表、员工基本信息表、销售奖金表、业绩奖金标准和税率表组成，每个工作表中的数据都需要经过大量的运算，各个工资表之间也需要使用函数相互调用，最后由各个工作表共同组成一个企业员工工资明细的工作簿。通过制作企业员工工资明细表，可以学习各种函数的使用方法。

9.1.2 设计思路

　　企业员工工资明细表由工资表、员工基本信息表等基本表格组成。其中，工资表记录着员工每项工资的金额和总的工资数目，员工基本信息表记录着员工的工龄等。由于工作表之间存在调用关系，因此需要制作者厘清工作表的制作顺序，设计思路如下。

　　① 应先完善员工基本信息，计算出五险一金的缴纳金额。

　　② 计算员工工龄，得出员工工龄工资。

　　③ 根据奖金发放标准计算出员工奖金数目。

　　④ 汇总得出应发工资数目，得出个人所得税缴纳金额。

　　⑤ 汇总各项工资数额，得出实发工资数，最后生成工资条。

9.1.3 涉及知识点

　　本案例主要涉及以下知识点。

　　① VLOOKUP、COLUMN 函数。

　　② 输入、复制和修改公式。

　　③ 单元格的引用。

　　④ 名称的定义和使用。

⑤ 文本函数的使用。

⑥ 日期函数和时间函数的使用。

⑦ 逻辑函数的使用。

⑧ 统计函数。

⑨ 查找和引用函数。

9.2 输入和编辑公式

输入公式是使用函数的第一步，在制作企业员工工资明细表的过程中使用函数的种类多种多样，输入方法也可以根据需要进行调整。

打开"素材 \ch09\ 企业员工工资明细表 .xlsx"工作簿，可以看到工作簿中包含 5 个工作表,通过单击底部工作表标签进行切换，如下图所示。

"工资表"工作表：指企业员工工资的最终汇总表，主要记录员工基本信息和各个部分的工资构成，如下图所示。

"员工基本信息"工作表：主要记录员工的员工编号、员工姓名、入职日期、基本工资和五险一金的应缴金额等信息，如下图所示。

	A	B	C	D	E
1	员工编号	员工姓名	入职日期	基本工资	五险一金
2	101001	张XX	2007/1/20	¥6,500.0	
3	101002	王XX	2008/5/10	¥5,800.0	

工资表 员工基本信息 销售奖金表 业绩奖金标准 税率表

"销售奖金表"工作表：指员工业绩的统计表，记录着员工的信息和业绩情况，统计各个员工应发放奖金的比例和金额。此外还统计出最高销售额和该销售额对应的员工，如下图所示。

"业绩奖金标准"工作表：指记录各个层级的销售额应发放奖金比例的表格，是统计奖金额度的依据，如下图所示。

	A	B	C	D	E	F
1	销售额分层	10,000以下	10,000~25,000	25,000~40,000	40,000~50,000	50,000以上
2	销售额基数	0	10000	25000	40000	50000
3	百分比	0	0.03	0.07	0.1	0.15

工资表 员工基本信息 销售奖金表 业绩奖金标准 税率表

"税率表"工作表：记录着个人所得税的征收标准，是统计个人所得税的依据，如下图所示。

个税税率表

	A	B	C	D	E
2	(新个税2018年10月1日后) 起征点				5000
3	级数	应纳税所得额	级别	税率	速算扣除数
4	1	0~3000（包含）	0	0.03	0
5	2	3000~12000（包含）	3000	0.1	210
6	3	12000~25000（包含）	12000	0.2	1410
7	4	25000~35000（包含）	25000	0.25	2660
8	5	35000~55000（包含）	35000	0.3	4410
9	6	55000~80000（包含）	55000	0.35	7160
10	7	80000以上	80000	0.45	15160

... 工资表 员工基本信息 销售奖金表 业绩奖金标准 税率表

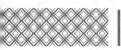

9.2.1 重点：输入公式

输入公式的方法很多，可以根据需要进行选择，做到准确快速输入。

1. 公式的输入方法

在 Excel 中输入公式的方法可以分为手动输入和单击输入。

（1）手动输入

选择"员工基本信息"工作表，在选定的单元格中输入"=11+4"，公式会同时出现在单元格和编辑栏中，如下图所示。

按【Enter】键可确认输入，并计算出运算结果，如下图所示。

| 提示 |

公式中的各种符号一般都要求在英文状态下输入。

（2）单击输入

单击输入在需要输入大量单元格时可以节省很多时间且不容易出错。下面以输入公式"=D3+D4"为例来具体说明。具体操作步骤如下。

第1步 选择"员工基本信息"工作表，选中 G4 单元格，输入"="，如下图所示。

第2步 单击 D3 单元格，单元格周围会显示活动的虚线框，同时编辑栏中会显示"D3"，这表示单元格已被引用，如下图所示。

第3步 输入加号"+"，单击单元格 D4，单元格 D4 也被引用，如下图所示。

第4步 按【Enter】键确认，即可完成公式的输入并得出结果，效果如下图所示。

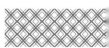

2. 在企业员工工资明细表中输入公式

第1步 选择"员工基本信息"工作表，选中 E2 单元格，在单元格中输入公式"=D2*10%"，如下图所示。

第2步 按【Enter】键确认，即可得出员工"张××"五险一金缴纳金额，如下图所示。

第3步 将鼠标指针放置在 E2 单元格右下角，当指针变为 ✚ 形状时，按住鼠标左键将鼠标向下拖动至 E11 单元格，即可快速填充所选单元格，效果如下图所示。

基本工资	五险一金
¥6,500.0	¥650.0
¥5,800.0	¥580.0
¥5,800.0	¥580.0
¥5,000.0	¥500.0
¥4,800.0	¥480.0
¥4,200.0	¥420.0
¥4,000.0	¥400.0
¥3,800.0	¥380.0
¥3,600.0	¥360.0
¥3,200.0	¥320.0

9.2.2 重点：修改公式

五险一金根据各地情况的不同缴纳比例也不一样，因此公式也应做出相应修改，具体操作步骤如下。

第1步 选择"员工基本信息"工作表，选中 E2 单元格。将缴纳比例更改为 11%，只需在上方编辑栏中将公式更改为"=D2*11%"即可，如下图所示。

第2步 按【Enter】键确认，E2 单元格即可显示比例更改后的缴纳金额，如下图所示。

第3步 使用快速填充功能填充其他单元格，即可得出其余员工的五险一金缴纳金额，如下图所示。

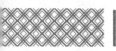
9.2.3 复制公式

在员工基本信息表中可以使用填充柄工具快速地在其余单元格填充 E3 单元格使用的公式，也可以使用复制公式的方法快速输入相同公式。具体操作步骤如下。

第1步 选中 E3:E11 单元格区域，将鼠标指针放置在选中的单元格区域内并右击，在弹出的快捷菜单中选择【清除内容】选项，如下图所示。

第3步 选中 E2 单元格，按【Ctrl+C】组合键复制公式。选中 E11 单元格，按【Ctrl+V】组合键粘贴公式，即可将公式粘贴至 E11 单元格，效果如下图所示。

第2步 即可清除所选单元格内的内容，效果如下图所示。

第4步 使用同样的方法可以将公式粘贴至其余单元格，如下图所示。

9.3 单元格的引用

单元格的引用分为绝对引用、相对引用和混合引用 3 种，掌握单元格的引用会为制作企业员工工资明细表提供很大帮助。

9.3.1 重点：相对引用和绝对引用

相对引用：引用格式如"A1"，是当引用单元格的公式被复制时，新公式引用单元格的位置将会发生改变。例如，在 A1:A5 单元格区域中输入数值"1，2，3，4，5"后，再在 B1 单元格中输入公式"=A1+3"，当把 B1 单元格中的公式复制到 B2:B5 单元格区域

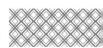
时，会发现 B2:B5 单元格区域中的计算结果为左侧单元格的值加上 3，如下图所示。

对采用绝对引用的单元格的引用位置是不会改变的。例如，在单元格 B1 中输入公式"=$A$1+3"，然后把 B1 单元格中的公式分别复制到 B2:B5 单元格区域，则会发现 B2:B5 单元格区域中的结果均等于 A1 单元格的数值加上 3，如下图所示。

绝对引用：引用格式形如"$A$1"，这种对单元格引用的方式是完全绝对的，即一旦成为绝对引用，无论公式如何被复制，

9.3.2 重点：混合引用

混合引用的引用形式如"$A1"，指具有绝对列和相对行，或者指具有绝对行和相对列的引用。绝对引用列采用 $A1、$B1 等形式，绝对引用行采用 A$1、B$1 等形式。如果公式所在单元格的位置改变，则相对引用改变，而绝对引用不变；如果多行或多列地复制公式，则相对引用自动调整，而绝对引用不做调整。

例如，在 A1:A5 单元格区域中输入数值"1，2，3，4，5"，然后在 B2:B5 单元格区域中输入数值"2，4，6，8，10"，在 D1:D5 单元格区域中输入数值"3，4，5，6，7"，在 C1 单元格中输入公式"=$A1+B$1"。

把 C1 单元格中的公式分别复制到 C2:C5 单元格区域，则会发现 C2:C5 单元格区域中的结果均等于 A 列单元格的数值加上 B1 单元格的数值，如下图所示。

将 C1 单元格公式复制在 E1:E5 单元格区域内，则会发现 E1:E5 单元格区域中的结果均等于 A1 单元格的数值加上 D 列单元格的数值，如下图所示。

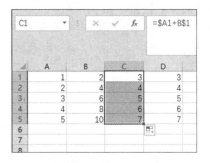

9.3.3 重点：使用引用

灵活地使用引用可以更快地完成函数的输入，提高数据处理的速度和准确度。使用引用的方法有很多种，选择适合的方法可以达到最佳的效果。

1. 输入引用地址

在使用引用单元格较少的公式时，可以使用直接输入引用地址的方法，例如，输入公式"=A14+2"，如下图所示。

2. 提取地址

在输入公式过程中，需要输入单元格或单元格区域时，可以单击单元格或选中单元格区域，如下图所示。

	A	B	C	D
1	员工编号	员工姓名	入职日期	基本工资
2	101001	张XX	2007/1/20	¥6,500.0
3	101002	王XX	2008/5/10	¥5,800.0
4	101003	李XX	2008/6/25	¥5,800.0
5	101004	赵XX	2010/2/3	¥5,000.0
6	101005	钱XX	2010/8/5	¥4,800.0
7	101006	孙XX	2012/4/20	¥4,200.0
8	101007	李XX	2013/10/20	¥4,000.0
9	101008	胡XX	2014/6/5	¥3,800.0
10	101009	马XX	2014/7/20	¥3,600.0
11	101010	刘XX	2015/6/20	¥3,200.0
12				=SUM(D2:D11)
13				

3. 使用【折叠】按钮输入

第1步 选择"员工基本信息"工作表，选中F1单元格。单击编辑栏中的【插入函数】按钮，在弹出的【插入函数】对话框中选择【选择函数】列表框中的【MAX】函数，单击【确定】按钮，如下图所示。

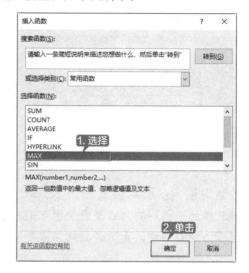

第2步 弹出【函数参数】对话框，单击【Number1】文本框右侧的【折叠】按钮，如下图所示。

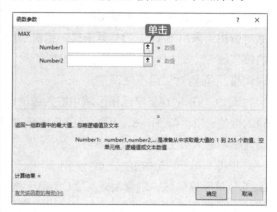

第3步 在表格中选中需要处理的单元格区域，单击【展开】按钮，如下图所示。

第4步 返回【函数参数】对话框，可以看到选定的单元格区域，单击【确定】按钮，如下图所示。

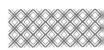

第 5 步 即可得出最高的基本工资数额，并显示在插入函数的单元格内，如下图所示。

	A	B	C	D	E	F
1	员工编号	员工姓名	入职日期	基本工资	五险一金	¥6,500.0
2	101001	张XX	2007/1/20	¥6,500.0	¥715.0	
3	101002	王XX	2008/5/10	¥5,800.0	¥638.0	
4	101003	李XX	2008/6/25	¥5,800.0	¥638.0	
5	101004	赵XX	2010/2/3	¥5,000.0	¥550.0	
6	101005	钱XX	2010/8/5	¥4,800.0	¥528.0	
7	101006	孙XX	2012/4/20	¥4,200.0	¥462.0	
8	101007	李XX	2013/10/20	¥4,000.0	¥440.0	
9	101008	胡XX	2014/6/5	¥3,800.0	¥418.0	
10	101009	马XX	2014/7/20	¥3,600.0	¥396.0	
11	101010	刘XX	2015/6/20	¥3,200.0	¥352.0	

9.4 名称的定义与使用

为单元格或单元格区域定义名称，可以方便对该单元格或单元格区域进行查找和引用，在数据繁多的工资明细表中可以发挥很大作用。

9.4.1 定义名称

名称是代表单元格、单元格区域、公式或常量值的单词或字符串，它在使用范围内必须保持唯一，也可以在不同的范围中使用同一个名称。如果要引用工作簿中相同的名称，则需要在名称之前加上工作簿名。

1. 为单元格命名

选中【销售奖金表】中的 G3 单元格，在编辑栏的名称文本框中输入"最高销售额"，按【Enter】键确认，即可完成为单元格命名的操作，如下图所示。

	F	G	H
1		最高销售业绩	
2		销售额	姓名
3			
4			

| 提示 |

为单元格命名时必须遵守以下几点规则。

① 名称中的第 1 个字符必须是字母、汉字、下画线或反斜杠，其余字符可以是字母、汉字、数字、点和下画线。

② 不能将"C"和"R"的大小写字母作为定义的名称。在名称框中输入这些字母时，会将它们作为当前单元格选择行或列的表示法。例如，选择单元格 A2，在名称框中输入"R"，按【Enter】键，光标将定位到工作表的第 2 行上。

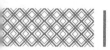

③ 不允许与单元格引用相同。名称不能与单元格引用相同（例如，不能将单元格命名为"Z12"或"R1C1"）。如果将 A2 单元格命名为"Z12"，按【Enter】键，指针将定位到"Z12"单元格中。

④ 不允许使用空格。如果要将名称中的单词分开，可以使用下画线或句点作为分隔符。例如，选择一个单元格，在名称框中输入"单元格"，按【Enter】键，则会弹出错误提示框。

⑤ 一个名称最多可以包含 255 个字符。Excel 名称不区分大小写字母。例如，在单元格 A2 中创建了名称 Smase，在单元格 B2 名称栏中输入"SMASE"，确认后则会回到单元格 A2 中，而不能创建单元格 B2 的名称。

2. 为单元格区域命名

为单元格区域命名有以下几种方法。

方法 1：在名称栏中直接输入。

选择"销售奖金表"工作表，选中 C2:C11 单元格区域。在"名称框"中输入"销售额"文本，按【Enter】键，即可完成对该单元格区域的命名，如下图所示。

方法 2：使用【新建名称】对话框。

第1步 选择"销售奖金表"工作表，选中 D2:D11 单元格区域。单击【公式】选项卡下【定义的名称】组中的【定义名称】按钮，如下图所示。

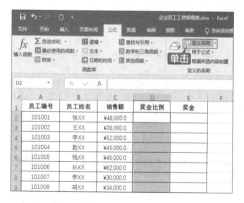

第2步 在弹出的【新建名称】对话框的【名称】文本框中输入"奖金比例"，单击【确定】按钮，即可定义该区域名称，如下图所示。

第3步 命名后的效果如下图所示。

方法 3：用数据标签命名。

工作表（或选定区域）的首行或每行的最左列通常含有标签以描述数据。若一个表格本身没有行标题和列标题，则可将这些选定的行和列标签转换为名称，具体操作步骤如下。

第1步 选择"员工基本信息"工作表，选中单元格区域 C1:C11。单击【公式】选项卡下【定义的名称】组中的【根据所选内容创建】按钮，如下图所示。

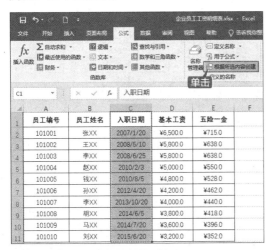

第2步 在弹出的【根据所选内容创建名称】对话框中选中【首行】复选框，然后单击【确定】按钮，如下图所示。

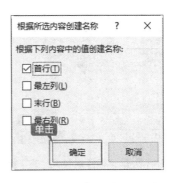

第3步 即可为单元格区域命名。在名称框中输入"入职日期"，按【Enter】键即可自动选中单元格区域 C2:C11，如下图所示。

	A	B	C
1	员工编号	员工姓名	入职日期
2	101001	张XX	2007/1/20
3	101002	王XX	2008/5/10
4	101003	李XX	2008/6/25
5	101004	赵XX	2010/2/3
6	101005	钱XX	2010/8/5
7	101006	孙XX	2012/4/20
8	101007	李XX	2013/10/20
9	101008	胡XX	2014/6/5
10	101009	马XX	2014/7/20
11	101010	刘XX	2015/6/20

9.4.2 应用名称

为单元格、单元格区域定义好名称后，就可以在工作表中使用了，具体操作步骤如下。

第1步 选择"员工基本信息"工作表，分别将 E2 和 E11 单元格命名为"最高缴纳额"和"最低缴纳额"，单击【公式】选项卡下【定义的名称】组中的【名称管理器】按钮，如下图所示。

第2步 弹出【名称管理器】对话框，可以看到定义的名称，单击【关闭】按钮，如下图所示。

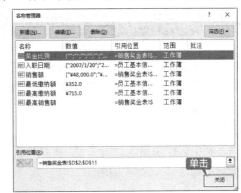

第3步 关闭【名称管理器】对话框，选择一个空白单元格 G3。单击【公式】选项卡下【定义的名称】组中的【用于公式】按钮，在弹出的下拉菜单中选择【粘贴名称】选项，如下图所示。

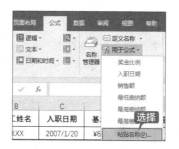

第4步 弹出【粘贴名称】对话框，在【粘贴名称】列表中选择【最高缴纳额】选项，单击【确定】按钮，如下图所示。

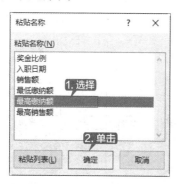

第5步 即可看到单元格出现公式"= 最高缴纳额"，如下图所示。

C	D	E	F	G
入职日期	基本工资	五险一金		
2007/1/20	¥6,500.0	¥715.0		
2008/5/10	¥5,800.0	¥638.0		=最高缴纳额
2008/6/25	¥5,800.0	¥638.0		
2010/2/3	¥5,000.0	¥550.0		

第6步 按【Enter】键，即可将名称为"最高缴纳额"的单元格数据显示在G3单元格中，如下图所示。

C	D	E	F	G
入职日期	基本工资	五险一金		
2007/1/20	¥6,500.0	¥715.0		
2008/5/10	¥5,800.0	¥638.0		715
2008/6/25	¥5,800.0	¥638.0		
2010/2/3	¥5,000.0	¥550.0		
2010/8/5	¥4,800.0	¥528.0		

9.5 使用函数计算工资

制作企业员工工资明细表需要运用很多种类型的函数，这些函数为数据处理提供了很大帮助。

9.5.1 重点：使用文本函数提取员工信息

员工的信息是工资表中必不可少的一项信息，逐个输入不仅浪费时间且容易出现错误，文本函数则很擅长处理这种字符串类型的数据。使用文本函数可以快速准确地将员工信息输入工资表中，具体操作步骤如下。

第1步 选择"工资表"工作表，选中B2单元格。在编辑栏中输入公式"=TEXT(员工基本信息!A2,0)"，如下图所示。

> **┃提示┃**
>
> 公式"=TEXT(员工基本信息!A2,0)"用于显示员工基本信息表中A2单元格的工号。

第2步 按【Enter】键确认，即可将"员工基本信息"工作表中相应单元格的工号引用在B2单元格，如下图所示。

B2	▼	× ✓ fx	=TEXT(员工基本信息!A2,0)

	A	B	C	D
1	编号	员工编号	员工姓名	工龄
2	1	101001		
3	2			

第3步 使用快速填充功能可以将公式填充在 B3:B11 单元格区域中，效果如下图所示。

B11	▼	× ✓ fx	=TEXT(员工基本信息!A11,0)

	A	B	C	D
1	编号	员工编号	员工姓名	工龄
2	1	101001		
3	2	101002		
4	3	101003		
5	4	101004		
6	5	101005		
7	6	101006		
8	7	101007		
9	8	101008		
10	9	101009		
11	10	101010		
12				
13				

第4步 选中 C2 单元格，在编辑栏中输入 "=TEXT(员工基本信息!B2,0)"，如下图所示。

MAX	▼	× ✓ fx	=TEXT(员工基本信息!B2,0)

	A	B	C	D
1	编号	员工编号	员工姓名	工龄
2	1	=TEXT(员工基本信息!B2,0)		
3	2	101002		
4	3	101003		
5	4	101004		
6	5	101005		

> **|提示|**::::::::::
>
> 公式 "=TEXT(员工基本信息!B2,0)" 用于显示员工基本信息表中 B2 单元格的员工姓名。

第5步 按【Enter】键确认，即可将员工姓名填充在单元格内，如下图所示。

C2	▼	× ✓ fx	=TEXT(员工基本信息!B2,0)

	A	B	C	D
1	编号	员工编号	员工姓名	工龄
2	1	101001	张XX	
3	2	101002		
4	3	101003		
5	4	101004		

第6步 使用快速填充功能可以将公式填充在 C3:C11 单元格区域中，效果如下图所示。

C2	▼	× ✓ fx	=TEXT(员工基本信息!B2,0)

	A	B	C	D
1	编号	员工编号	员工姓名	工龄
2	1	101001	张XX	
3	2	101002	王XX	
4	3	101003	李XX	
5	4	101004	赵XX	
6	5	101005	钱XX	
7	6	101006	孙XX	
8	7	101007	李XX	
9	8	101008	胡XX	
10	9	101009	马XX	
11	10	101010	刘XX	
12				

9.5.2 重点：使用日期与时间函数计算工龄

员工的工龄是计算员工工龄工资的依据。使用日期函数可以很准确地计算出员工工龄，根据工龄即可计算出工龄工资，具体操作步骤如下。

第1步 选择"工资表"工作表，选中 D2 单元格，在单元格中输入公式 "=DATEDIF(员工基本信息!C2,TODAY(),"y")"，如下图所示。

MAX	▼	× ✓ fx	=DATEDIF(员工基本信息!C2,TODAY(),"y")

	A	B	C	D	E
1	编号	员工编号	员工姓名	工龄	工龄工资
2	1	101001		=DATEDIF(员工基本信息!C2,TODAY(),"y")	
3	2	101002	王XX		
4	3	101003	李XX		
5	4	101004	赵XX		
6	5	101005	钱XX		
7	6	101006	孙XX		
8	7	101007	李XX		
9	8	101008	胡XX		

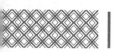

| 提示 |

公式 "=DATEDIF(员工基本信息 !C2, TODAY(),"y")" 用于计算员工的工龄。

第 2 步 按【Enter】键确认，即可得出员工工龄，如下图所示。

fx	=DATEDIF(员工基本信息!C2,TODAY(),"y")	
C	D	E
员工姓名	工龄	工龄工资
张XX	11	
王XX		
李XX		
赵XX		
钱XX		

第 3 步 使用快速填充功能可快速计算出其余员工工龄，效果如下图所示。

fx	=DATEDIF(员工基本信息!C2,TODAY(),"y")	
C	D	E
员工姓名	工龄	工龄工资
张XX	11	
王XX	10	
李XX	10	
赵XX	8	
钱XX	8	
孙XX	6	
李XX	4	
胡XX	4	
马XX	4	
刘XX	3	

第 4 步 选中E2单元格，输入公式 "=D2*100"，

如下图所示。

fx	=D2*100	
C	D	E
员工姓名	工龄	工龄工资
张XX	11	=D2*100
王XX	10	
李XX	10	
赵XX	8	
钱XX	8	

第 5 步 按【Enter】键，即可计算出对应员工的工龄工资，如下图所示。

=D2*100		
C	D	E
员工姓名	工龄	工龄工资
张XX	11	¥1,100.0
王XX	10	
李XX	10	
赵XX	8	
钱XX	8	

第 6 步 使用填充柄填充计算出其余员工的工龄工资，效果如下图所示。

=D2*100		
C	D	E
员工姓名	工龄	工龄工资
张XX	11	¥1,100.0
王XX	10	¥1,000.0
李XX	10	¥1,000.0
赵XX	8	¥800.0
钱XX	8	¥800.0
孙XX	6	¥600.0
李XX	4	¥400.0
胡XX	4	¥400.0
马XX	4	¥400.0
刘XX	3	¥300.0

9.5.3 重点：使用逻辑函数计算业绩提成奖金

业绩奖金是企业员工工资的重要构成部分，根据员工的业绩划分为几个等级，每个等级奖金的奖金比例也不同。逻辑函数可以用来进行复合检验，因此很适合计算这种类型的数据，具体操作步骤如下。

第 1 步 切换至"销售奖金表"工作表，选中 D2 单元格，在单元格中输入公式 "=HLOOKUP(C2,业绩奖金标准!$B$2:$F$3, 2)"，如下图所示。

MAX	▼	×	✓	fx	=HLOOKUP(C2,业绩奖金标准!$B$2:$F$3,2)	
	A	B	C	D	E
1	员工编号	员工姓名	销售额	奖金比例	奖金
2	101001	张XX	¥48,000.0	...$B$2:$F$3,2)	
3	101002	王XX	¥38,000.0		
4	101003	李XX	¥52,000.0		
5	101004	赵XX	¥45,000.0		
6	101005	钱XX	¥45,000.0		
7	101006	孙XX	¥62,000.0		
8	101007	李XX	¥30,000.0		

|提示|

　　HLOOKUP 函数是 Excel 中的横向查找函数，公式"=HLOOKUP(C2, 业绩奖金标准 !$B$2:$F$3,2)"中第 3 个参数设置为"2"表示取满足条件的记录在"业绩奖金标准!$B$2:$F$3"区域中第 2 行的值。

第2步 按【Enter】键确认，即可得出奖金比例，如下图所示。

fx	=HLOOKUP(C2, 业绩奖金标准!$B$2:$F$3,2)	
C	D	E
销售额	奖金比例	奖金
¥48,000.0	0.1	
¥38,000.0		
¥52,000.0		
¥45,000.0		
¥45,000.0		
¥62,000.0		

第3步 使用填充柄工具将公式填充到其余单元格，效果如下图所示。

fx	=HLOOKUP(C2, 业绩奖金标准!$B$2:$F$3,2)	
C	D	E
销售额	奖金比例	奖金
¥48,000.0	0.1	
¥38,000.0	0.07	
¥52,000.0	0.15	
¥45,000.0	0.1	
¥45,000.0	0.1	
¥62,000.0	0.15	
¥30,000.0	0.07	
¥34,000.0	0.07	
¥24,000.0	0.03	
¥8,000.0	0	

第4步 选中 E2 单元格，在单元格中输入公式"=IF(C2<50000,C2*D2,C2*D2+500)"，如下图所示。

MAX	▼	：	✕ ✓ fx	=IF(C2<50000,C2*D2,C2*D2+500)	
	B	C	D	E	F
1	员工姓名	销售额	奖金比例		
2	张XX	¥48,000.0	0.1	500)	
3	王XX	¥38,000.0	0.07		
4	李XX	¥52,000.0	0.15		
5	赵XX	¥45,000.0	0.1		
6	钱XX	¥45,000.0	0.1		
7	孙XX	¥62,000.0	0.15		
8	李XX	¥30,000.0	0.07		

|提示|

　　单月销售额大于 50 000 元，给予 500 元奖励。

第5步 按【Enter】键确认，即可计算出该员工奖金数目，如下图所示。

✕ ✓ fx	=IF(C2<50000,C2*D2,C2*D2+500)	
C	D	E	F
销售额	奖金比例	奖金	
¥48,000.0	0.1	¥4,800.0	
¥38,000.0	0.07		
¥52,000.0	0.15		
¥45,000.0	0.1		
¥45,000.0	0.1		
¥62,000.0	0.15		

第6步 使用快速填充功能得出其余员工奖金数目，效果如下图所示。

✕ ✓ fx	=IF(C2<50000,C2*D2,C2*D2+500)	
C	D	E	F
销售额	奖金比例	奖金	
¥48,000.0	0.1	¥4,800.0	
¥38,000.0	0.07	¥2,660.0	
¥52,000.0	0.15	¥8,300.0	
¥45,000.0	0.1	¥4,500.0	
¥45,000.0	0.1	¥4,500.0	
¥62,000.0	0.15	¥9,800.0	
¥30,000.0	0.07	¥2,100.0	
¥34,000.0	0.07	¥2,380.0	
¥24,000.0	0.03	¥720.0	
¥8,000.0	0	¥0.0	

9.5.4 使用查找与引用函数计算个人所得税

　　个人所得税根据个人收入的不同实行阶梯形式的征收方式，因此直接计算起来比较复杂。而在 Excel 中，这类问题可以使用查找和引用函数来解决，具体操作步骤如下。

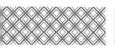

1. 计算应发工资

第1步 切换至"工资表"工作表，选中 F2 单元格。在单元格中输入公式"= 员工基本信息 !D2− 员工基本信息 !E2+ 工资表 !E2+ 销售奖金表 !E2"，如下图所示。

=员工基本信息!D2-员工基本信息!E2+工资表!E2+销售奖金表!E2			

C	D	E	F	G
员工姓名	工龄	工龄工资	应发工资	个人所得税
张XX	11	¥1,100.0	售奖金表!E2	
王XX	10	¥1,000.0		
李XX	10	¥1,000.0		
赵XX	8	¥800.0		
钱XX	8	¥800.0		
孙XX	6	¥600.0		
李XX	4	¥400.0		
胡XX	4	¥400.0		
马XX	4	¥400.0		
刘XX	3	¥300.0		

第2步 按【Enter】键确认，即可计算出应发工资数目，如下图所示。

=员工基本信息!D2-员工基本信息!E2+工资表!E2+销售奖金表!E2				

C	D	E	F	
员工姓名	工龄	工龄工资	应发工资	个人
张XX	11	¥1,100.0	¥11,685.0	
王XX	10	¥1,000.0		
李XX	10	¥1,000.0		
赵XX	8	¥800.0		
钱XX	8	¥800.0		

第3步 使用快速填充功能得出其余员工应发工资数目，效果如下图所示。

=员工基本信息!D2-员工基本信息!E2+工资表!E2+销售奖金表!E2				

C	D	E	F	G
员工姓名	工龄	工龄工资	应发工资	个人所得税
张XX	11	¥1,100.0	¥11,685.0	
王XX	10	¥1,000.0	¥8,822.0	
李XX	10	¥1,000.0	¥14,462.0	
赵XX	8	¥800.0	¥9,750.0	
钱XX	8	¥800.0	¥9,572.0	
孙XX	6	¥600.0	¥14,138.0	
李XX	4	¥400.0	¥6,060.0	
胡XX	4	¥400.0	¥6,162.0	
马XX	4	¥400.0	¥4,324.0	
刘XX	3	¥300.0	¥3,148.0	

2. 计算个人所得税数额

第1步 计算员工"张 ××"的个人所得税数目，选中 G2 单元格。在单元格中输入公式"=IF(F2< 税率表 !E$2,0,LOOKUP(工资

表 !F2− 税率表 !E$2, 税率表 !C$4:C$10,(工资表 !F2− 税率表 !E$2)* 税率表 !D$4:D$10− 税率表 !E$4:E$10))"，如下图所示。

=IF(F2<税率表!E$2,0,LOOKUP(工资表!F2-税率表!E$2,税率表!C$4:C$10,(工资表!F2-税率表!E$2)*税率表!D$4:D$10-税率表!E$4:E$10))						

C	D	E	F	G	H
员工姓名	工龄	工龄工资	应发工资	个人所得税	实发工资
张XX	11	¥1,100.0	¥11,685.0	E$10))	
王XX	10	¥1,000.0	¥8,822.0		
李XX	10	¥1,000.0	¥14,462.0		
赵XX	8	¥800.0	¥9,750.0		
钱XX	8	¥800.0	¥9,572.0		
孙XX	6	¥600.0	¥14,138.0		
李XX	4	¥400.0	¥6,060.0		
胡XX	4	¥400.0	¥6,162.0		
马XX	4	¥400.0	¥4,324.0		

第2步 按【Enter】键，即可得出员工"张××"应缴纳的个人所得税数目，如下图所示。

=IF(F2<税率表!E$2,0,LOOKUP(工资表!F2-税率表!E$2,税率表!C$4:C$10,(工资表!F2-税率表!E$2)*税率表!D$4:D$10-税率表!E$4:E$10))						

C	D	E	F	G	H	I
员工姓名	工龄	工龄工资	应发工资	个人所得税	实发工资	
张XX	11	¥1,100.0	¥11,685.0	¥458.5		
王XX	10	¥1,000.0	¥8,822.0			
李XX	10	¥1,000.0	¥14,462.0			
赵XX	8	¥800.0	¥9,750.0			
钱XX	8	¥800.0	¥9,572.0			
孙XX	6	¥600.0	¥14,138.0			

> **提示**
>
> LOOKUP 函数根据税率表查找对应的个人所得税，使用 IF 函数可以返回低于起征点员工所缴纳的个人所得税。

第3步 使用快速填充功能填充其余单元格，计算出其余员工应缴纳的个人所得税数额，效果如下图所示。

E	F	G
工龄工资	应发工资	个人所得税
¥1,100.0	¥11,685.0	¥458.5
¥1,000.0	¥8,822.0	¥172.2
¥1,000.0	¥14,462.0	¥736.2
¥800.0	¥9,750.0	¥265.0
¥800.0	¥9,572.0	¥247.2
¥600.0	¥14,138.0	¥703.8
¥500.0	¥6,160.0	¥34.8
¥400.0	¥6,162.0	¥34.9
¥400.0	¥4,324.0	¥0.0
¥300.0	¥3,148.0	¥0.0

9.5.5 重点：使用统计函数计算个人实发工资和最高销售额

统计函数作为专门进行统计分析的函数，可以很快地在工作表中找到相应数据。

1. 计算个人实发工资

企业职工工资明细表最重要的一项就是员工的实发工资数目。计算实发工资的方法很简单，具体操作步骤如下。

第1步 单击H2单元格，输入公式"=F2-G2"，如下图所示。

工龄工资	应发工资	个人所得税	实发工资
¥1,100.0	¥11,685.0	¥458.5	=F2-G2
¥1,000.0	¥8,822.0	¥172.2	
¥1,000.0	¥14,462.0	¥736.2	
¥800.0	¥9,750.0	¥265.0	
¥800.0	¥9,572.0	¥247.2	

第2步 按【Enter】键确认，即可得出员工"张××"的实发工资数目，如下图所示。

员工姓名	工龄	工龄工资	应发工资	个人所得税	实发工资
张XX	11	¥1,100.0	¥11,685.0	¥458.5	¥11,226.5
王XX	10	¥1,000.0	¥8,822.0	¥172.2	
李XX	10	¥1,000.0	¥14,462.0	¥736.2	
赵XX	8	¥800.0	¥9,750.0	¥265.0	
钱XX	8	¥800.0	¥9,572.0	¥247.2	
孙XX	6	¥600.0	¥14,138.0	¥703.8	
李XX	5	¥500.0	¥6,160.0	¥34.8	
胡XX	4	¥400.0	¥6,162.0	¥34.9	

第3步 使用填充柄工具将公式填充到其余单元格，得出其余员工实发工资数目，效果如下图所示。

员工姓名	工龄	工龄工资	应发工资	个人所得税	实发工资
张XX	11	¥1,100.0	¥11,685.0	¥458.5	¥11,226.5
王XX	10	¥1,000.0	¥8,822.0	¥172.2	¥8,649.8
李XX	10	¥1,000.0	¥14,462.0	¥736.2	¥13,725.8
赵XX	8	¥800.0	¥9,750.0	¥265.0	¥9,485.0
钱XX	8	¥800.0	¥9,572.0	¥247.2	¥9,324.8
孙XX	6	¥600.0	¥14,138.0	¥703.8	¥13,434.2
李XX	5	¥500.0	¥6,160.0	¥34.8	¥6,125.2
胡XX	4	¥400.0	¥6,162.0	¥34.9	¥6,127.1
马XX	4	¥400.0	¥4,324.0	¥0.0	¥4,324.0
刘XX	3	¥300.0	¥3,148.0	¥0.0	¥3,148.0

2. 计算最高销售额

公司会对业绩突出的员工进行表彰，因此需要在众多销售数据中找出最高的销售额并找到对应的员工，具体操作步骤如下。

第1步 选择"销售奖金表"工作表，选中G3单元格，单击编辑栏左侧的【插入函数】按钮 *fx*，如下图所示。

奖金比例	奖金		最高销售业绩
		销售额	姓名
0.1	¥4,800.0		
0.07	¥2,660.0		
0.15	¥8,300.0		
0.1	¥4,500.0		
0.1	¥4,500.0		
0.15	¥9,800.0		

第2步 弹出【插入函数】对话框，在【选择函数】列表框中选择【MAX】函数，单击【确定】按钮，如下图所示。

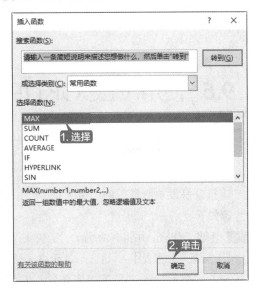

第3步 弹出【函数参数】对话框，在【Number1】文本框输入"销售额"，单击【确定】按钮，如下图所示。

第 4 步 即可找出最高销售额并显示在 G3 单元格内，如下图所示。

第 5 步 选中 H3 单元格，输入公式 "=INDEX(B2:B11,MATCH(G3,C2:C11,))"，如下图所示。

第 6 步 单击【Enter】按钮，即可显示最高销售额对应的职工姓名，如下图所示。

> **| 提示 |**
>
> 公式 "=INDEX(B2:B11,MATCH(G3,C2:C11,))" 的含义为 G3 的值与 C2:C11 单元格区域的值匹配时，返回 B2:B11 单元格区域中对应的值。

9.6 使用 VLOOKUP、COLUMN 函数批量制作工资条

工资条是发放给员工的工资凭证，可以使员工知道自己工资的详细发放情况。制作工资条的步骤如下。

第 1 步 新建工作表，并将其命名为 "工资条"，选中 "工资条" 工作表中 A1:H1 单元格区域，将其合并。然后输入 "员工工资条"，并设置其【字体】为【等线】、【字号】为【20】，效果如下图所示。

第2步 在 A2:H2 单元格区域中输入如下图所示的文字，并设置【加粗】效果。在 A3 单元格内输入序号"1"，适当调整列宽，并将所有单元格的【对齐方式】设置为【居中对齐】。然后在单元格 B3 内输入公式"=VLOOKUP($A3,工资表 !$A$2:$H$11,COLUMN(),0)"，如下图所示。

| 提示 |

公式 "=VLOOKUP($A3,工资表!$A$2:$H$11,COLUMN( ),0)" 是指在工资表单元格区域 A2:H11中查找 A3 单元格的值。其中 COLUMN( ) 用来计数，0 表示精确查找。

第3步 按【Enter】键确认，即可引用员工编号至单元格内，如下图所示。

	A	B
1		
2	序号	员工编号
3	1	101001
4		

第4步 使用快速填充功能将公式填充至 C3:H3 单元格区域内，即可引用其余项目至对应单元格内，效果如下图所示。

第5步 选中 A2:H3 单元格区域，单击【字体】组中【边框】右侧的下拉按钮，在弹出的下拉列表中选择【所有框线】选项，为所选单元格区域添加框线，效果如下图所示。

第6步 选中 A2:H4 单元格区域，将鼠标指针放置在 H4 单元格框线右下角，待鼠标指针变为➕形状时，按住鼠标左键，拖动鼠标至 H30 单元格，即可自动填充其余企业员工工资条，并根据需要调整列宽，效果如下图所示。

至此，企业员工工资明细表就制作完成了。

9.7 新功能：Excel 2019 新增函数的使用

Excel 2019 中新增了几款新函数，如"IFS"函数、"CONCAT"函数、"TEXTJOIN"函数等。下面来简单介绍这些新函数的应用。

1. IFS 函数

IFS 函数是一个多条件判断函数，可以取代多个 IF 语句的嵌套。

IFS 函数的语法：IFS([条件 1,值 1],[条件 2,值 2],…,[条件 127,值 127])，即如果 A1 等于 1，则显示 1，如果 A1 等于 2，则显示 2，如果 A1 等于 3，则显示 3。IFS 函数允许测试最多 127 个不同的条件。

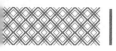

第1步 打开"素材 \ch09\ IFS 函数 .xlsx"工作簿，选择 C2 单元格，在编辑栏中输入公式"=IFS(B2>=90,"优秀",B2>=80,"良好",B2>=70,"中等",B2>=60,"及格",B2<=59,"不及格")"，如下图所示。

最多可以有 253 个文本参数。每个参数可以是一个字符串或字符串数组，如单元格区域。

具体操作步骤如下。

第1步 打开"素材 \ch09\ CONCAT 函数 .xlsx"工作簿，选择 A2 单元格，在编辑栏中输入公式"=CONCAT(A1,B1,C1,"，",D1,E1,F1,G1)"，如下图所示。

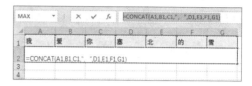

第2步 按【Enter】键，即可得出结果，如下图所示。

第2步 按【Enter】键，即可得出结果，如下图所示。

第3步 使用快速填充功能，计算其他学生的评价结果，如下图所示。

3. TEXTJOIN 函数

TEXTJOIN 函数可以将多个区域的文本组合起来，且包括用户指定的用于要组合的各文本项之间的分隔符。

TEXTJOIN 函数的语法：TEXTJOIN(分隔符 , ignore_empty, text1, [text2], …)。

分隔符：文本字符串，可以为空，也可以是通过双引号引起来的一个或多个字符，或者是对有效字符串的引用，如果是一个数字，则会被视为文本。

ignore_empty：如果为 TURE，则忽略空白单元格。

text1：要连接的文本项，如单元格区域。

[text2]：要连接的其他文本项。文本项最多可以有 253 个文本参数。每个参数可以是一个字符串或字符串数组，如单元格区域。

具体操作步骤如下。

第1步 打开" 素 材 \ch09\TEXTJOIN 函数 .xlsx"工作簿，选择 C2 单元格，在编辑栏中输入公式"=TEXTJOIN("；",FALSE,

2. CONCAT 函数

CONCAT 函数是一个文本函数，可以将多个区域的文本组合起来，在 Excel 中实现多列合并。

CONCAT 函数的语法：CONCAT(text1, [text2],…)。

text1：要连接的文本项，如单元格区域。

[text2]：要连接的其他文本项。文本项

A2：A7)"，如下图所示。

第2步 按【Enter】键，即可得出选择的数据区域中包含空白单元格的结果，如下图所示。

第3步 选择 C3 单元格，在编辑栏中输入公式"=TEXTJOIN("；"，TRUE,A2:A7)"，如下图所示。

第4步 按【Enter】键，即可得出选择的数据区域中不包含空白单元格的结果,如下图所示。

制作凭证明细查询表

公司年度开支凭证明细表是对公司一年内费用支出的归纳和汇总，工作簿内包含多个项目的开支情况。对年度开支情况进行详细的处理和分析有利于对公司本阶段工作的总结，对公司更好地做出下一阶段的规划有很重要的作用。年度开支凭证明细表数据繁多，需要使用多个函数进行处理，可以分为以下几个步骤进行。

第1步 计算工资支出

使用求和函数对"工资支出"工作表中每个月份的工资数目进行汇总，以便分析公司每月的工资发放情况，如下图所示。

第2步 调用工资支出工作表数据

使用 VLOOKUP 函数调用"工资支出"

工作表中的数据，完成对"开支凭证明细表"工作表中工资发放情况的统计，如下图所示。

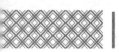

第3步 调用其他支出

使用 VLOOKUP 函数调用"其他支出"工作表中的数据，完成对"明细表"其他项目开支情况的统计，如下图所示。

第4步 统计每月支出

使用求和函数对每个月的支出情况进行汇总，得出每月的总支出，如下图所示。

至此，公司年度开支明细表统计制作完成。

◇ 使用邮件合并批量制作工资条

"企业员工工资明细表"制作完成后，如果需要将每位员工的工资条单独显示，你会怎么做呢？如果一个一个复制粘贴，不仅效率低，而且还容易出错。下面介绍使用邮件合并高效地批量制作工资条。

第1步 打开"素材 \ch09\ 员工工资条 .docx"文档，单击【邮件】选项卡下【开始邮件合并】组中的【选择收件人】按钮，在弹出的下拉列表中选择【使用现有列表】选项，如下图所示。

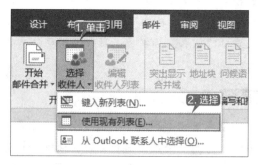

第2步 弹出【选取数据源】对话框，这里选择前面创建完成的"企业员工工资明细表"工作簿，单击【打开】按钮，如下图所示。

第3步 弹出【选择表格】对话框，选择"工资表 $"工作表，单击【确定】按钮，如下图所示。

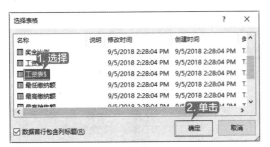

第4步 将鼠标指针定位至"序号"下方的单元格中，单击【邮件】选项卡下【编写和插入域】组中的【插入合并域】下拉按钮，在弹出的下拉列表中选择【编号】选项，如下图所示。

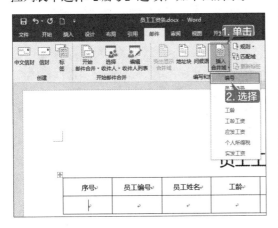

第5步 即可在对应的单元格中插入域，如下图所示。

第6步 使用同样的方法，在其他单元格中插入相应的域，效果如下图所示。

第7步 单击【邮件】选项卡下【完成】组中的【完成并合并】按钮，在弹出的下拉列表中选择【编辑单个文档】选项，如下图所示。

第8步 弹出【合并到新文档】对话框，选中【全部】单选按钮，单击【确定】按钮，如下图所示。

第9步 即可创建一个新文档，并显示每一位员工的工资条，效果如下图所示。

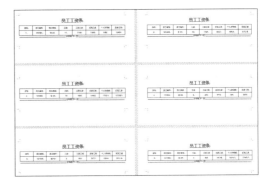

◇ 提取指定条件的不重复值

以提取销售助理人员名单为例，介绍如何提取指定条件的不重复值的操作技巧。

第1步 打开"素材 \ch09\ 职务表 .xlsx"工

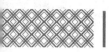

作簿，在 F1 单元格内输入"姓名"，在 G1 和 G2 单元格内分别输入"职务"和"销售助理"，如下图所示。

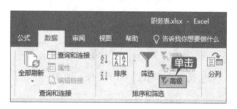

第2步 选中数据区域中的任意单元格，单击【数据】选项卡下【排序和筛选】组中的【高级】按钮，如下图所示。

域】设置为【Sheet1!$G$1:$G$2】，【复制到】设置为【Sheet1!$F$1】，然后选中【选择不重复的记录】复选框，单击【确定】按钮，如下图所示。

第4步 即可将职务为"销售助理"的人员姓名全部提取出来，效果如下图所示。

E	F	G
	姓名	职务
	贺双双	销售助理
	刘晓坡	
	张可洪	
	范娟娟	

第3步 弹出【高级筛选】对话框，选中【将筛选结果复制到其他位置】单选按钮，将【列表区域】设置为【$A$1:$D$13】，【条件区

PPT 办公应用篇

　　本篇主要介绍 PPT 中的各种操作。通过本篇的学习，读者可以掌握 PPT 的基本操作、图形和图表的应用、动画和多媒体的应用及放映幻灯片等操作。

第 10 章
PPT 的基本操作

本章导读

在职业生涯中，会遇到包含图片和表格的演示文稿，如公司管理培训 PPT、个人公司管理培训 PPT、企业发展战略 PPT、产品营销推广方案等。使用 PowerPoint 2019 提供的为演示文稿应用主题、设置格式化文本、图文混排、添加数据表格、插入艺术字等功能，可以方便地对这些包含图片和表格的演示文稿进行设计制作。

思维导图

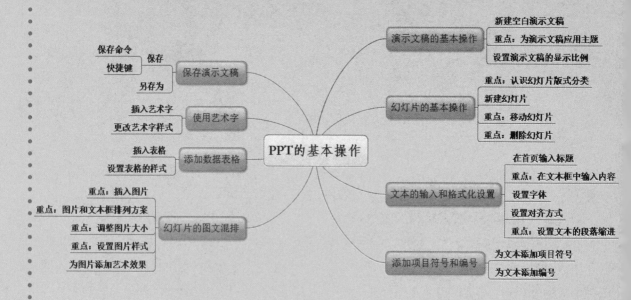

公司管理培训 PPT
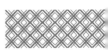

　　公司管理培训要根据公司内部的现有弊病及公司未来的发展方向，进行有针对性的培训，制作公司管理培训 PPT 时要简明扼要、重点突出，旨在提高管理者的管理技能。

实例名称：	制作公司管理培训 PPT	
实例目的：	提高管理者的管理技能	
	素材	素材 \ch10\ 管理培训 .txt、领导力 .jpg、时间管理 .png、团队 .png、执行力 .jpg
	结果	结果 \ch10\ 公司管理培训 PPT.pptx
	视频	视频教学 \10 第 10 章

10.1.1 案例概述

　　公司管理培训是一种教育活动，旨在提高管理者的管理技能，使公司能够向更好的方向持续发展。

　　本书以制作公司管理培训 PPT 为例介绍 PPT 的基本操作，制作公司管理培训 PPT 时，需要注意以下几点。

1. 清楚培训的目的

　　一切培训活动要以提高管理者的管理技能为目的进行。

2. 简明扼要、重点突出

　　公司管理培训一般分为领导力培训、执行力培训、时间管理、沟通培训、职业生涯管理、团队打造等方面，制作公司管理培训 PPT 时，要注意根据公司管理者的实际情况，进行有重点的培训。

10.1.2 设计思路

　　制作公司管理培训 PPT 时可以按以下思路进行。
　　① 新建空白演示文稿，为演示文稿应用主题。
　　② 依次制作领导力培训、执行力培训、时间管理、沟通培训、职业生涯管理、团队打造页面。
　　③ 制作结束页面。
　　④ 更改文字样式，美化幻灯片并保存结果。

10.1.3 涉及知识点

　　本案例主要涉及以下知识点。
　　① 引用主题。
　　② 幻灯片页面的添加、删除和移动。

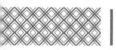

③ 输入文本并设置文本样式。

④ 添加项目符号和编号。

⑤ 插入图片和表格。

⑥ 插入艺术字。

10.2 演示文稿的基本操作

在制作公司管理培训 PPT 时，首先要新建空白演示文稿，并为演示文稿应用主题，以及设置演示文稿的显示比例。

10.2.1 新建空白演示文稿

启动 PowerPoint 2019 软件之后，会提示创建什么样的 PPT 演示文稿，并提供模板供用户选择。具体操作步骤如下。

第1步 启动 PowerPoint 2019，弹出如下图所示的 PowerPoint 界面，选择【空白演示文稿】选项，如下图所示。

第2步 即可新建空白演示文稿，如下图所示。

10.2.2 重点：为演示文稿应用主题

新建空白演示文稿后，用户可以为演示文稿应用主题，来满足公司管理培训 PPT 模板的格式要求。

1. 使用内置主题

PowerPoint 2019 中内置了 32 种主题，用户可以根据需要使用这些主题，具体操作步骤如下。

第1步 单击【设计】选项卡下【主题】组右侧的【其他】按钮，在弹出的下拉列表中任选一种样式，这里选择【裁剪】主题，如下图所示。

第2步 此时，主题即可应用到幻灯片中，设置后的效果如下图所示。

2. 自定义主题

如果对系统自带的主题不满意，用户可以自定义主题，具体操作步骤如下。

第1步 单击【设计】选项卡下【主题】组右侧的【其他】按钮，在弹出的下拉列表中选择【浏览主题】选项，如下图所示。

第2步 在弹出的【选择主题或主题文档】对话框中，选择要应用的主题模板，然后单击【应用】按钮，即可应用自定义的主题，如下图所示。

| **提示** |

在本案例中应用的是"裁剪"主题，按【Ctrl+Z】组合键，即可撤销自定义主题的应用。

10.2.3 设置演示文稿的显示比例

PPT 演示文稿常用的显示比例有 4:3 与 16:9 两种，新建 PowerPoint 2019 演示文稿时默认的比例为 16:9，用户可以方便地在这两种比例之间切换。此外，用户可以自定义幻灯片页面的大小来满足演示文稿的设计需求。设置演示文稿显示比例的具体操作步骤如下。

第1步 单击【设计】选项卡下【自定义】组中的【幻灯片大小】按钮，在弹出的下拉列表中选择【自定义幻灯片大小】选项，如下图所示。

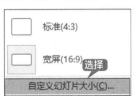

第2步 在弹出的【幻灯片大小】对话框中，

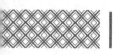
单击【幻灯片大小】文本框右侧的下拉按钮，在弹出的下拉列表中选择【全屏显示(16:10)】选项，然后单击【确定】按钮，如下图所示。

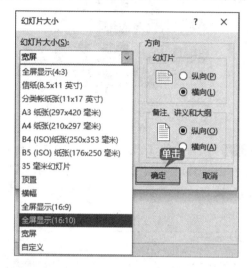

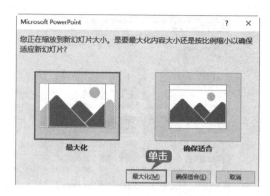

第4步 在演示文稿中即可看到设置显示比例后的效果，如下图所示。

第3步 在弹出的【Microsoft PowerPoint】对话框中单击【最大化】按钮，如下图所示。

> **提示**
>
> 在本案例中使用的幻灯片大小是默认的"宽屏（16:9）"大小，按【Ctrl+Z】组合键，即可撤销设置的幻灯片大小，恢复默认值。

10.3 幻灯片的基本操作

使用 PowerPoint 2019 制作公司管理培训 PPT 时要先掌握幻灯片的基本操作。

10.3.1 重点：认识幻灯片版式分类

在使用 PowerPoint 2019 制作幻灯片时，经常需要更改幻灯片的版式，来满足幻灯片不同样式的需要。每个幻灯片版式不仅包含文本、表格、视频、图片、图表、形状等内容的占位符，而且包含这些对象的格式。

第1步 新建演示文稿后，会新建一张幻灯片页面，此时的幻灯片版式为"标题幻灯片"版式页面，如下图所示。

第2步 单击【开始】选项卡下【幻灯片】组中【版式】右侧的下拉按钮，在弹出的【裁剪】面板中即可看到包含有"标题幻灯片""标题和内容""节标题""两栏内容"等 11 种版式，如下图所示。

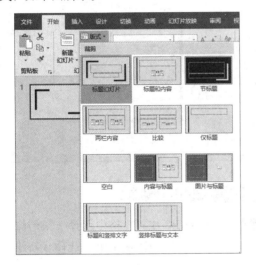

| 提示 |::::::::

每种版式的样式及占位符各不相同，用户可以根据需要选择要创建或更改的幻灯片版式，从而制作出符合要求的 PPT。

第3步 在【裁剪】面板中选择【节标题】选项，如下图所示。

第4步 即可在演示文稿中将"标题幻灯片"版式更改为"节标题"版式，效果如下图所示。

第5步 重复上面的操作，再次选择【标题幻灯片】选项，即可将页面版式更改为"标题幻灯片"版式，如下图所示。

10.3.2 新建幻灯片

新建幻灯片的常见方法有 3 种，用户可以根据需要选择合适的方式快速新建幻灯片。

1. 使用【开始】选项卡

第1步 单击【开始】选项卡下【幻灯片】组中的【新建幻灯片】下拉按钮，在弹出的下拉列表中选择【标题幻灯片】选项，如下图所示。

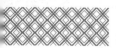

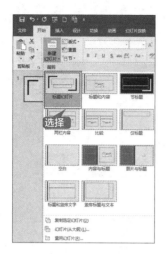

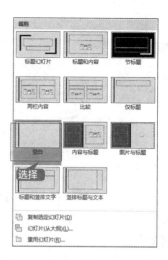

第2步 即可新建【标题幻灯片】幻灯片页面，并可在左侧的【幻灯片】窗格中显示新建的幻灯片，如下图所示。

第5步 新建幻灯片的效果如下图所示。

第3步 重复上述操作步骤，新建6张【仅标题】幻灯片页面，如下图所示。

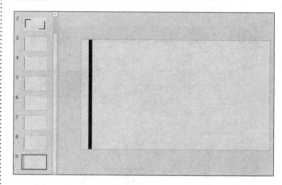

2. 使用快捷菜单

第1步 在【幻灯片】窗格中选择一张幻灯片并右击，在弹出的快捷菜单中选择【新建幻灯片】选项，如下图所示。

第4步 重复上述操作步骤，新建一张【空白】幻灯片页面，如下图所示。

第2步 即可在该幻灯片的后面，快速新建幻灯片，如下图所示。

3. 使用【插入】选项卡

单击【插入】选项卡下【幻灯片】组中的【新建幻灯片】下拉按钮，在弹出的下拉列表中选择一种幻灯片版式，也可以完成新建幻灯片页面的操作，如下图所示。

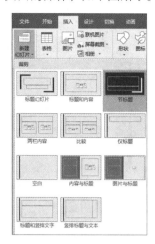

10.3.3 重点：移动幻灯片

用户可以通过移动幻灯片的方法改变幻灯片的位置，单击需要移动的幻灯片并按住鼠标左键，拖曳幻灯片至目标位置，松开鼠标左键即可。此外，通过剪切并粘贴的方式也可以移动幻灯片，如下图所示。

10.3.4 重点：删除幻灯片

不需要的幻灯片页面可以删除，删除幻灯片页面的常见方法有以下两种。

1. 使用【Delete】快捷键

第1步 在【幻灯片】窗格中选择要删除的幻灯片页面，按【Delete】键，如下图所示。

第2步 即可快速删除选择的幻灯片页面，如下图所示。

2. 使用快捷菜单

第1步 选择要删除的幻灯片页面并右击，在弹出的快捷菜单中选择【删除幻灯片】选项，如下图所示。

第2步 即可删除选择的幻灯片页面，如下图所示。

第3步 使用同样的方法删除其他多余的幻灯片，最终保留8张幻灯片，并且第1张幻灯片的版式为"标题幻灯片"，第2~7张为"仅标题"幻灯片，第8张为"空白"幻灯片，如下图所示。

10.4 文本的输入和格式化设置

在幻灯片中输入文本，并对文本进行字体、颜色、对齐方式、段落缩进等格式化设置。

10.4.1 在幻灯片首页输入标题

幻灯片中文本占位符的位置是固定的，用户可以在其中输入文本，具体操作步骤如下。

第1步 单击标题文本占位符内的任意位置，使鼠标光标置于标题文本占位符内，如下图所示。

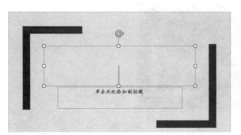

第2步 输入标题文本"公司管理培训PPT"，如下图所示。

第3步 选择副标题文本占位符，在副标题文本框中输入文本"人力资源部"，如下图所示。

10.4.2 重点：在文本框中输入内容

在演示文稿的文本框中输入内容来完善公司管理培训 PPT，具体操作步骤如下。

第1步 打开"素材 \ch10\ 管理培训 .txt"文件。在记事本中选中要复制的文本内容，按【Ctrl+C】组合键，复制所选内容，如下图所示。

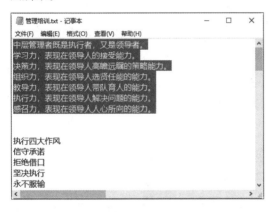

第2步 返回 PPT 演示文稿中，选择第 2 张幻灯片，单击幻灯片空白处，按【Ctrl+V】组合键，将复制的内容粘贴至第 2 张幻灯片中，如下图所示。

第3步 在标题文本占位符内输入文本"领导力培训"，如下图所示。

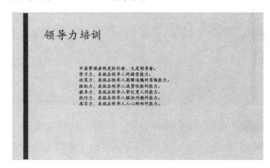

第4步 按照上述操作方法，打开"素材 \ch10\ 管理培训 .txt"文件，把所选内容复制粘贴到第 3 张幻灯片中，并输入标题文本"执行力培训"，如下图所示。

第5步 按照上述操作方法，打开"素材 \ch10\ 管理培训 .txt"文件，并把所选内容复制粘贴到第 4 张幻灯片中，并输入标题文本"时间管理"，如下图所示。

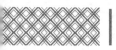

第6步 按照上述操作方法，打开"素材 \ch10\ 管理培训 .txt"文件，把所选内容复制粘贴到第5张幻灯片中，并输入标题文本"沟通培训"，如下图所示。

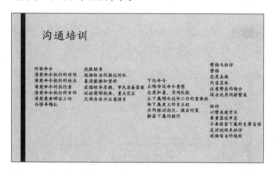

第7步 按照上述操作方法，打开"素材 \ch10\ 管理培训 .txt"文件，把所选内容复制粘贴

到第6张幻灯片中，并输入标题文本"职业生涯管理"，如下图所示。

第8步 按照上述操作方法，打开"素材 \ch10\ 管理培训 .txt"文件，把所选内容复制粘贴到第7张幻灯片中，并输入标题文本"团队打造"，如下图所示。

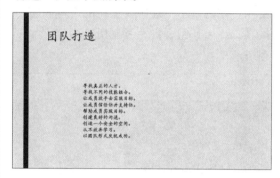

10.4.3 设置字体

PowerPoint 默认的【字体】为【华文楷体】、【字体颜色】为"黑色"，在【开始】选项卡下的【字体】组或【字体】对话框的【字体】选项卡中可以设置字体、字号及字体颜色等，具体操作步骤如下。

第1步 选中第1张幻灯片页面中的"公司管理培训PPT"文本，单击【开始】选项卡【字体】组中的【字体】下拉按钮，在弹出的下拉列表中选择【微软雅黑】选项，如下图所示。

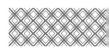
第2步 单击【开始】选项卡下【字体】组中的【字号】下拉按钮，在弹出的下拉列表中选择【72】选项，如下图所示。

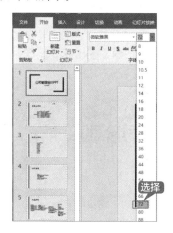

第3步 把鼠标指针放在标题文本占位符四周的控制点上，按住鼠标左键调整文本占位符的大小，并根据需要调整位置，然后根据需要设置幻灯片首页中其他文本的字体，如下图所示。

第4步 选择"领导力培训"幻灯片页面，重复上述操作步骤，设置标题文本的【字体】为【华文楷体】、【字号】为【44】，并将正文内容的【字体】设置为【微软雅黑】，【字号】设置为【18】，并根据需要调整文本框的大小与位置，如下图所示。

第5步 选择"领导力培训"幻灯片页面正文内容中的第一段文本，单击【开始】选项卡【字体】组中的【字体颜色】下拉按钮，在弹出的下拉列表中选择【绿色】选项，如下图所示。

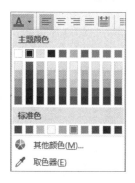

第6步 并将其【字号】调整为【24】，效果如下图所示。

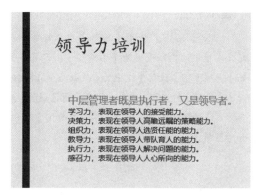

第7步 按照上述操作方法，设置其他字体，效果如下图所示。

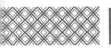
10.4.4　设置对齐方式

段落对齐方式包括左对齐、右对齐、居中对齐、两端对齐和分散对齐等，不同的对齐方式可以达到不同的效果。

第1步 选择第1张幻灯片页面，选中需要设置对齐方式的段落，单击【开始】选项卡下【段落】组中的【右对齐】按钮，如下图所示。

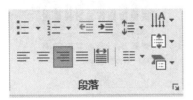

第2步 即可看到将副标题文本设置为【右对齐】后的效果，如下图所示。

> **┃提示┃:::::::::**
>
> 此外，还可以使用【段落】对话框将副标题文本框中的内容设置为【右对齐】。单击【开始】选项卡下【段落】组中的【段落设置】按钮，弹出【段落】对话框，在【常规】选项区域将【对齐方式】设置为【右对齐】，单击【确定】按钮，如右图所示。

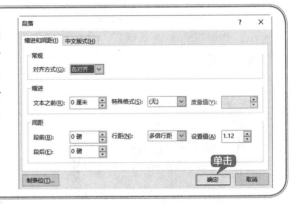

10.4.5　重点：设置文本的段落缩进

段落缩进是指段落中的行相对于页面左边界或右边界的位置，段落文本缩进的方式有首行缩进、文本之前缩进和悬挂缩进3种。设置段落文本缩进的具体操作步骤如下。

第1步 选择第6张幻灯片页面，将鼠标光标定位在要设置段落缩进的段落中，单击【开始】选项卡下【段落】组右下角的【段落设置】按钮，如下图所示。

第2步 弹出【段落】对话框，在【缩进和间距】选项卡下【缩进】选项区域中单击【特殊格

式】右侧的下拉按钮，在弹出的下拉列表中选择【首行缩进】选项，单击【确定】按钮，如下图所示。

第3步 在【间距】选项区域中单击【行距】右侧的下拉按钮，在弹出的下拉列表中选择【1.5 倍行距】选项，单击【确定】按钮，如下图所示。

第4步 设置后的效果如下图所示。

第5步 按照上述操作方法，把演示文稿中的其他正文【行距】设置为【1.5 倍行距】，如下图所示。

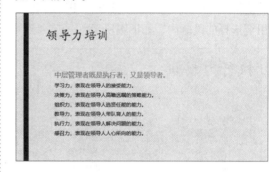

10.5 添加项目符号和编号

在 PPT 中可以添加项目符号和编号，精美的项目符号、统一的编号样式可以使公司管理培训 PPT 变得更加生动、专业。

10.5.1 为文本添加项目符号

项目符号是指在一些段落的前面加上完全相同的符号，具体操作步骤如下。

1. 使用【开始】选项卡

第1步 选择第3张幻灯片，选择要添加项目符号的文本内容，单击【开始】选项卡下【段落】组中【项目符号】右侧的下拉按钮，在弹出的下拉列表中将鼠标指针放置在某个项目符号上即可预览效果，如下图所示。

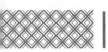
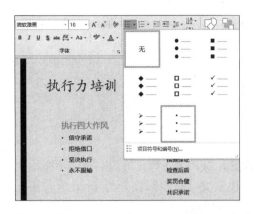

第2步 选择一种项目符号类型，即可将其应用至选择的段落内，如下图所示。

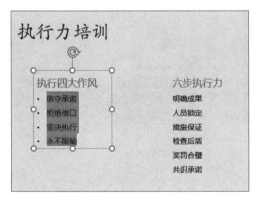

2. 使用鼠标右键

第1步 用户还可以选中要添加项目符号的文本内容并右击，然后在弹出的快捷菜单中选择【项目符号】选项，在级联菜单中选择项目符号类型，如下图所示。

第2步 选择一种项目符号类型，即可将其应用至选择的段落内，如下图所示。

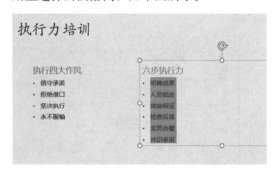

第3步 选择第4张幻灯片，选中要添加项目符号的文本内容并右击，然后在弹出的快捷菜单中选择【项目符号】→【项目符号和编号】选项，如下图所示。

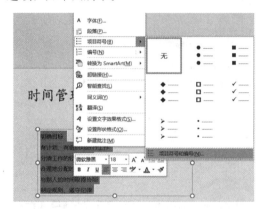

第4步 即可打开【项目符号和编号】对话框，单击【自定义】按钮，如下图所示。

第5步 弹出【符号】对话框，选择一种符号作为项目符号，单击【确定】按钮，如下图所示。

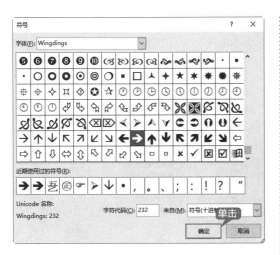

第6步 返回【项目符号和编号】对话框，即可看到添加的项目符号，单击【确定】按钮，如下图所示。

第7步 即可完成项目符号的设置，效果如下图所示。

10.5.2　为文本添加编号

编号是按照大小顺序为文档中的行或段落添加编号，具体操作步骤如下。

1. 使用【开始】选项卡

第1步 在第 2 张幻灯片页面中选择要添加编号的文本，单击【开始】选项卡下【段落】组中【编号】右侧的下拉按钮，在弹出的下拉列表中选择一种编号样式，如下图所示。

第2步 即可为选择的段落添加编号，效果如下图所示。

2. 使用快捷菜单

第1步 选择第 7 张幻灯片的正文内容并右击，在弹出的快捷菜单中选择【编号】选项，在级

提示

选择【定义新编号格式】选项，可定义新的编号样式；选择【设置编号值】选项，可以设置编号起始值。

联菜单中选择一种编号样式，如下图所示。

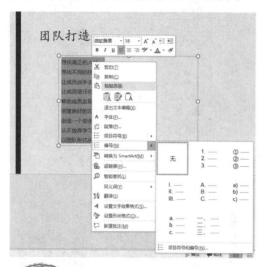

第2步 选择一种编号样式，即可为选择的段落添加编号，如下图所示。

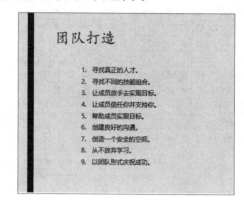

10.6 幻灯片的图文混排

在制作公司管理培训 PPT 时插入适当的图片，可以根据需要调整图片的大小，为图片设置样式与添加艺术效果。

10.6.1 重点：插入图片

在制作公司管理培训 PPT 时，插入适当的图片，可以对文本进行说明或强调。具体操作步骤如下。

第1步 选择第 2 张幻灯片页面，单击【插入】选项卡下【图像】组中的【图片】按钮，如下图所示。

第2步 弹出【插入图片】对话框，选中需要的图片，单击【插入】按钮，如下图所示。

第3步 即可将图片插入幻灯片中，如下图所示。

第4步 使用同样的方法在其他幻灯片中插入相应的图片，如下图所示。

10.6.2 重点：图片和文本框排列方案

在公司管理培训 PPT 中插入图片后，选择好图片和文本框的排列方案，可以使报告看起来更加美观、整洁。具体操作步骤如下。

第1步 选择第 1 张幻灯片，适当调整图片的位置，然后同时选中图片和文本框，如下图所示。

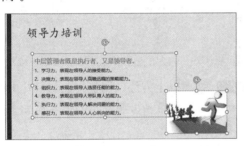

第2步 同时选中插入的 4 张图片，单击【开始】选项卡下【绘图】组中的【排列】下拉按钮，在弹出的下拉列表中选择【对齐】→【顶端对齐】选项，如下图所示。

第3步 选择的图片和文本框即可在顶端对齐排列，如下图所示。

第4步 单击【开始】选项卡下【绘图】组中的【排列】下拉按钮，在弹出的下拉列表中选择【对齐】→【垂直居中】选项，如下图所示。

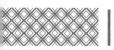
第5步 图片即可按照垂直居中的方式整齐排列,如下图所示。

第6步 使用同样的方法,设置其他幻灯片中图片和文本框的排列方案,效果如下图所示。

10.6.3 重点:调整图片大小

在公司管理培训 PPT 中,确定图片和文本框的排列方案之后,需要调整图片的大小来适应幻灯片的页面,具体操作步骤如下。

第1步 选中第1张幻灯片中的图片,把鼠标指针放在图片4个角的控制点上,按住鼠标左键并拖曳鼠标,即可更改图片的大小,如下图所示。

第2步 同时选中文本框和图片,单击【开始】选项卡下【绘图】组中的【排列】下拉按钮,在弹出的下拉列表中选择【对齐】→【垂直居中】选项,如下图所示。

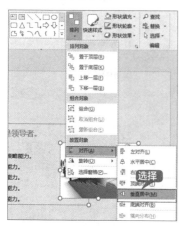

第3步 即可重新调整图片的位置,如下图所示。

第4步 按照以上方法,调整其他幻灯片中图片的大小,并重新调整图片的位置,如下图所示。

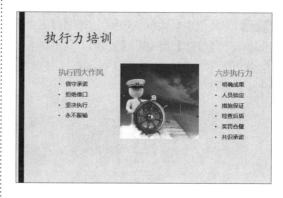

10.6.4　重点：为图片设置样式

用户可以为插入的图片设置边框、图片版式等样式，使公司管理培训 PPT 更加美观，具体操作步骤如下。

第1步　选中第 1 张幻灯片中插入的图片，单击【图片工具-格式】选项卡下【图片样式】组中的【其他】按钮，在弹出的下拉列表中选择【复杂框架，黑色】选项，如下图所示。

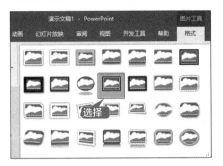

第2步　即可改变图片的样式，如下图所示。

第3步　选中图片，单击【图片工具-格式】选项卡下【图片样式】组中的【图片边框】下拉按钮，在弹出的下拉列表中选择【无轮廓】选项，如下图所示。

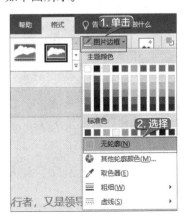

第4步　即可去除图片的边框，如下图所示。

第5步　单击【图片工具-格式】选项卡下【图片样式】组中的【图片效果】下拉按钮，在弹出的下拉列表中选择【映像】→【映像变体】→【紧密映像，接触】选项，如下图所示。

第6步　即可为图片添加映像效果，如下图所示。

第7步　选择第 3 张幻灯片中的图片，单击【图片工具-格式】选项卡下【图片样式】组中的

【其他】按钮，在弹出的下拉列表中选择【柔化边缘椭圆】样式，并调整图片大小，效果如下图所示。

第8步 选择第4张幻灯片中的图片，单击【图片工具-格式】选项卡下【图片样式】组中的【其他】按钮，在弹出的下拉列表中选择【中等复杂框架，黑色】样式，并调整图片和文本框的位置，效果如下图所示。

第9步 选择第7张幻灯片中的图片，单击【图片工具-格式】选项卡下【图片样式】组中的【其他】按钮，在弹出的下拉列表中选择【柔化边缘椭圆】样式，并设置图片大小，效果如下图所示。

10.6.5 为图片添加艺术效果

对插入的图片进行更正、调整等艺术效果的编辑，可以使图片更好地融入公司管理培训PPT的氛围中，具体操作步骤如下。

第1步 选择第3张幻灯片中的图片，单击【图片工具-格式】选项卡下【调整】组中【校正】右侧的下拉按钮，在弹出的下拉列表中选择【亮度：0%（正常）对比度：−20%】选项，如下图所示。

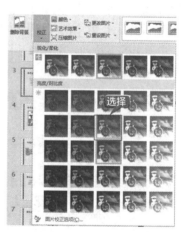

第2步 即可改变图片的锐化／柔化及亮度／对比度，如下图所示。

第3步 单击【图片工具–格式】选项卡下【调整】组中【颜色】右侧的下拉按钮，在弹出的下拉列表中选择【金色，个性色 2，深色】选项，如下图所示。

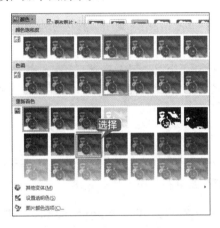

第4步 即可改变图片的色调色温，如下图所示。

第5步 单击【图片工具–格式】选项卡下【调整】组中【艺术效果】右侧的下拉按钮，在弹出

的下拉列表中选择【画图刷】选项，如下图所示。

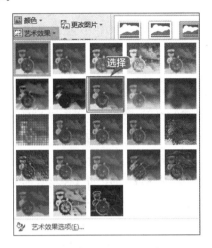

第6步 即可为图片添加艺术效果，如下图所示。

第7步 按照上述操作方法，为剩余的图片添加艺术效果，如下图所示。

10.7 添加数据表格

在 PowerPoint 2019 中可以插入表格，使公司管理培训 PPT 中要传达的信息更加简洁，并可以为插入的表格设置表格样式。

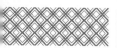
10.7.1 插入表格

在 PowerPoint 2019 中插入表格的方法有 3 种：利用菜单命令插入表格、利用对话框插入表格和绘制表格。

1. 利用菜单命令

利用菜单命令插入表格是最常用的插入表格的方式，具体操作步骤如下。

第1步 选择第 5 张幻灯片页面，单击【插入】选项卡下【表格】组中的【表格】按钮，在下拉列表中选择要插入表格的行数和列数，如下图所示。

第2步 释放鼠标左键，即可在幻灯片中创建 4 行 4 列的表格，如下图所示。

第3步 将幻灯片中的内容复制在表格内，输入"沟通技巧""与上层领导沟通""与下属沟通"文本内容，并调整表格的行高和列宽，如下图所示。

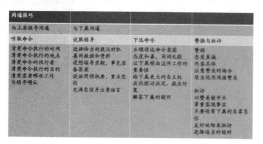

第4步 选中第 1 行的单元格，如下图所示。

第5步 单击【表格工具-布局】选项卡下【合并】组中的【合并单元格】按钮，如下图所示。

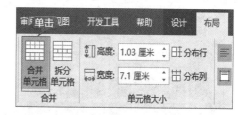

第6步 即可合并选中的单元格，如下图所示。

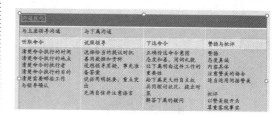

第7步 单击【表格工具-布局】选项卡下【对齐方式】组中的【居中】按钮，然后单击【垂直居中】按钮，即可使文字居中显示，如下图所示。

第8步 按照上述操作方法，根据表格内容合并需要合并的单元格，如下图所示。

第 9 步 最后根据需要，设置文本的项目符号，效果如下图所示。

2. 利用【插入表格】对话框

用户还可以利用【插入表格】对话框来插入表格，具体操作步骤如下。

第 1 步 将鼠标指针定位至需要插入表格的位置，单击【插入】选项卡下【表格】组中的【表格】按钮，在弹出的下拉列表中选择【插入表格】选项，如下图所示。

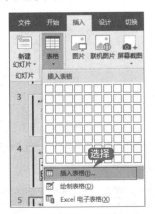

第 2 步 弹出【插入表格】对话框，分别在【行数】和【列数】数值框中输入行数和列数，单击【确定】按钮，即可插入一个表格，如下图所示。

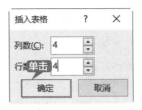

3. 绘制表格

当用户需要创建不规则的表格时，可以使用表格绘制工具绘制表格，具体操作步骤如下。

第 1 步 单击【插入】选项卡下【表格】组中的【表格】按钮，在弹出的下拉列表中选择【绘制表格】选项，如下图所示。

第 2 步 此时鼠标指针变为 形状，在需要绘制表格的地方单击并拖曳鼠标，绘制出表格的外边界，其形状为矩形，如下图所示。

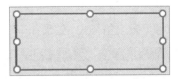

第 3 步 在该矩形中绘制行线、列线或斜线，绘制完成后按【Esc】键退出表格绘制模式，如下图所示。

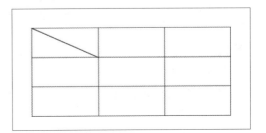

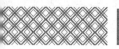

| 提示 |

在矩形框中绘制行线、列线或斜线时，鼠标定位线条的起始位置不要放在矩形的边框上，应在矩形内部进行绘制。

10.7.2 设置表格的样式

在 PowerPoint 2019 中可以设置表格的样式，使公司管理培训 PPT 看起来更加美观，具体操作步骤如下。

第1步 选择表格，单击【表格工具-设计】选项卡下【表格样式】组中的【其他】按钮，在弹出的下拉列表中选择【浅色样式 2- 强调 4】选项，如下图所示。

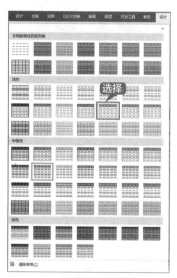

第2步 即可更改表格样式，效果如下图所示。

第3步 选中表格中第一行的文本，单击【开始】选项卡下【字体】组中的【字号】按钮，在弹出的下拉列表中选择【28】选项，如下图所示。

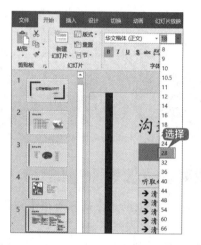

第4步 使用同样的方法，调整其他文本的字号，效果如下图所示。

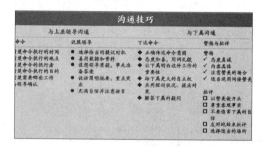

第5步 选择第 6 张幻灯片，单击【插入】选项卡下【插图】组中的【SmartArt】按钮，如下图所示。

第6步 弹出【选择 SmartArt 图形】对话框，选择【流程】→【基本日程表】选项，单击【确

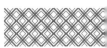

定】按钮，如下图所示。

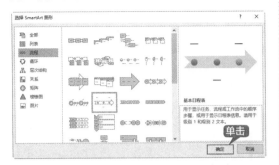

第7步 即可插入 SmartArt 图形，选择【Smart Art 工具-设计】选项卡下【创建图形】组中【添加形状】右侧的下拉按钮，在弹出的下拉列表中选择【在后面添加形状】选项，即可在 SmartArt 图形后添加 3 个形状，如下图所示。

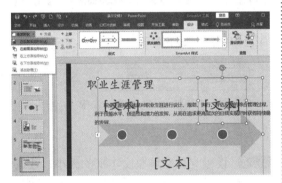

第8步 单击 SmartArt 图形左侧的按钮，在弹出的面板中输入如下图所示的文本。

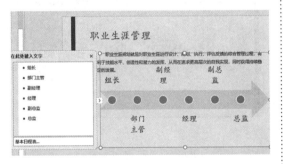

第9步 调整 SmartArt 图形的大小，效果如下图所示。

第10步 单击【插入】选项卡下【文本】组中的【文本框】下拉按钮，在弹出的下拉列表中选择【绘制横排文本框】选项，如下图所示。

第11步 在幻灯片中绘制一个横排文本框，输入"公司内部晋升发展过程"文本，并将其字体颜色设置为【绿色】，最终效果如下图所示。

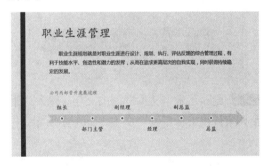

| 提示 |

关于 SmartArt 图形的使用将在 11.4 节中详细介绍。

10.8 使用艺术字作为结束页

艺术字与普通文字相比，有更多的颜色和形状可以选择，表现形式也更加多样化，在公司管理培训 PPT 中插入艺术字可以达到锦上添花的效果。

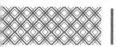

10.8.1　插入艺术字

在 PowerPoint 2019 中插入艺术字作为结束页的结束语，具体操作步骤如下。

第1步　选择最后一张幻灯片，单击【插入】选项卡下【文本】组中的【艺术字】按钮，在弹出的下拉列表中选择一种艺术字样式，如下图所示。

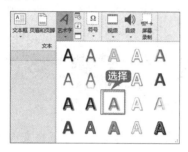

第2步　文档中即可弹出【请在此放置您的文字】艺术字文本框，如下图所示。

第3步　删除艺术字文本框内的文字，输入"谢谢大家！祝工作顺利"文本，如下图所示。

第4步　选中艺术字，调整艺术字的边框，当鼠标指针变为 ⤢ 形状时拖曳鼠标，即可改变文本框的大小，使艺术字处于文档的正中位置，如下图所示。

第5步　选中艺术字，在【开始】选项卡下【字体】组中设置【字体】为【微软雅黑】、【字号】为【72】、【字体颜色】为【水绿色，个性色5，深色 50%】，如下图所示。

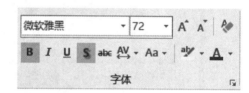

第6步　设置完成后调整文本框的大小，效果如下图所示。

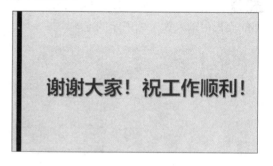

10.8.2　更改艺术字样式

插入艺术字之后，可以更改艺术字的样式，使公司管理培训 PPT 更加美观，具体操作步骤如下。

第1步　选中艺术字文本框，单击【绘图工具-格式】选项卡下【艺术字样式】组中的【本文效果】按钮，在弹出的下拉列表中选择【阴影】→【无阴影】选项，如下图所示。

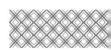

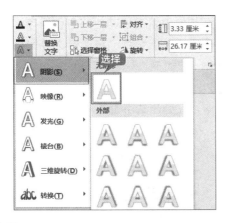

第2步 即可取消艺术字的阴影效果,如下图所示。

第4步 即可为艺术字添加棱台的效果,如下图所示。

谢谢大家! 祝工作顺利!

第3步 选中艺术字,单击【绘图工具-格式】选项卡下【艺术字样式】组中的【本文效果】按钮,在弹出的下拉列表中选择【棱台】→【角度】选项,如下图所示。

第5步 调整艺术字文本框的位置,使其位于幻灯片的正中,最终效果如下图所示。

10.9 保存设计好的演示文稿

公司管理培训PPT演示文稿设计并完成之后,需要进行保存。保存演示文稿有以下两种方法。

1. 保存演示文稿

第1步 单击【快速访问工具栏】中的【保存】按钮,则会弹出【保存此文档】对话框,单击【更多保存选项】按钮。

｜提示｜

也可以单击【位置】下拉按钮,在弹出的下拉列表中选择保存的位置,然后单击【保存】按钮即可。

第2步 则会弹出【另存为】界面,选择【这台电脑】选项,并单击【浏览】按钮,如下图所示。

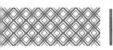
第3步 在弹出的【另存为】对话框中选择文件要保存的位置，在【文件名】文本框中输入"公司管理培训PPT"，并单击【保存】按钮，即可保存演示文稿，如下图所示。

| 提示 |

首次保存演示文稿时，单击快速访问工具栏中的【保存】按钮或按【Ctrl+S】组合键，都会弹出【保存此文件】对话框，然后按照上述的操作保存新文档。另外对于新文档，选择【文件】选项卡，单击【保存】按钮，则会直接跳转至【另存为】界面。

保存已经保存过的文档时，可以直接单击【快速访问工具栏】中的【保存】按钮，或者选择【文件】→【保存】命令，或按【Ctrl+S】组合键快速保存文档。

2. 另存演示文稿

如果需要将公司管理培训PPT演示文稿另存至其他位置或以其他的名称保存，可以使用【另存为】命令。将演示文稿另存的具体操作步骤如下。

第1步 在已保存的演示文稿中，选择【文件】选项卡，在弹出的界面左侧选择【另存为】选项，在【另存为】界面中选择【这台电脑】选项，并单击【浏览】按钮，如下图所示。

第2步 在弹出的【另存为】对话框中选择文档所要保存的位置，在【文件名】文本框中输入要另存的名称，这里输入"公司管理培训PPT"，单击【保存】按钮，即可完成文档的另存操作，如下图所示。

举一反三

设计述职报告 PPT

与公司管理培训PPT类似的演示文稿还有述职报告PPT、企业发展战略PPT等。设计制作这类演示文稿时，都要做到内容客观、重点突出、个性鲜明，使公司能了解演示文稿的重点内容，并突出个人魅力。下面以设计述职报告PPT为例进行介绍，具体操作步骤如下。

第1步 新建演示文稿

新建空白演示文稿，为演示文稿应用主题，并设置演示文稿的显示比例，如下图所示。

第2步 新建幻灯片

新建幻灯片，在幻灯片内输入文本，并设置字体格式、段落对齐方式、段落缩进等，如下图所示。

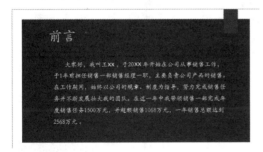

◇ **使用网格和参考线辅助调整版式**

在 PowerPoint 2019 中使用网格和参考线，可以调整版式，提高特定类型 PPT 的制作效率，优化排版细节，丰富作图技巧。具体操作步骤如下。

第1步 打开 PowerPoint 2019 软件，并新建一张空白幻灯片，如下图所示。

第3步 添加项目符号，进行图文混排

为文本添加项目符号与编号，并插入图片，为图片设置样式，添加艺术效果，如下图所示。

第4步 添加数据表格，并插入艺术字做结束页

插入表格，并设置表格的样式。插入艺术字，对艺术字的样式进行更改，并保存设计好的演示文稿，如下图所示。

第2步 在【视图】选项卡下【显示】组中选中【网格线】和【参考线】复选框，在幻灯片中即

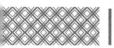

可出现网格线和参考线，如下图所示。

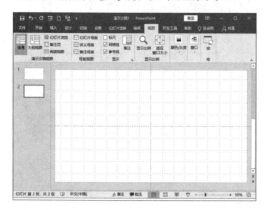

第3步 单击【插入】选项卡下【图像】组中的【图片】按钮，在弹出的【插入图片】对话框中选择图片，单击【插入】按钮，如下图所示。

第4步 使用网格线与参考线，可以把图片整齐排列，如下图所示。

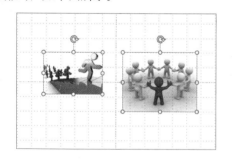

◇ 将常用的主题设置为默认主题

将常用的主题设置为默认主题，可以提高操作效率，具体操作步骤如下。

第1步 打开"素材\ch10\自定义模板.pot"文件。单击【设计】选项卡下【主题】组中的【其他】按钮，在弹出的下拉列表中选择【保

存当前主题】选项，如下图所示。

第2步 弹出【保存当前主题】对话框，在【文件名】文本框中输入"公司模板.thmx"，单击【保存】按钮，如下图所示。

第3步 单击【设计】选项卡下【主题】组中的【其他】按钮，在弹出的下拉列表中右击【自定义】选项组下的【公司模板】图标，在弹出的快捷菜单中选择【设置为默认主题】选项，即可更改默认主题，如下图所示。

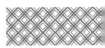

◇ 新功能：使用汉仪字库增强字体的书法感

PowerPoint 2019新增了几款内置字体，这些字体都属于汉仪字库，书法感很强。下面就来体验一下这些字体。

第1步 启动 PowerPoint 2019，新建空白演示文稿，并在幻灯片的文本框中输入"使用新增的汉仪字库"文本，如下图所示。

第2步 选中输入的文本，单击【开始】选项卡下【字体】组中【字体】文本框右侧的下拉按钮，在弹出的下拉列表中可以看到新增的汉仪字体，这里选择【汉仪黛玉体简】字体，如下图所示。

第3步 即可看到设置的字体，效果如下图所示。

◇ 使用取色器为 PPT 配色

PowerPoint 2019 可以对图片的任何颜色进行取色，以更好地搭配演示文稿，具体操作步骤如下。

第1步 打开 PowerPoint 2019，并应用任意一种主题，如下图所示。

第2步 选择文本框，单击【绘图工具-格式】选项卡下【形状样式】组中【形状填充】右侧的下拉按钮，在弹出的【主题颜色】面板中选择【取色器】选项，如下图所示。

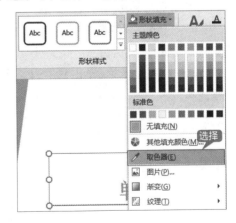

第3步 在幻灯片上单击任意一点，拾取该颜色，如下图所示。

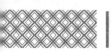
第4步 即可将拾取的颜色填充到文本框中，效果如下图所示。

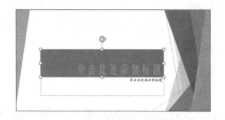

◇ 新功能：使用缩放定位观看幻灯片

PowerPoint 2019 中新增的"缩放定位"功能，使 PPT 的演示更具有动态效果。下面就来体验一下这个神奇的"缩放定位"功能吧。

第1步 打开"素材 \ch10\ 缩放定位 .pptx"文件，新建一张空白幻灯片。再选择第 1 张幻灯片，单击【插入】选项卡下【链接】选项组中的【缩放定位】按钮，在弹出的下拉菜单中选择【幻灯片缩放定位】选项，如下图所示。

第2步 弹出【插入幻灯片缩放定位】对话框，选中【2. 幻灯片 2】复选框，单击【插入】按钮，如下图所示。

第3步 即可在第 1 张幻灯片中插入一个白色方框形状，移动这个形状到要创建链接的位置处，选择【缩放工具】下的【格式】选项卡，单击【缩放定位样式】选项组中的【缩放定位背景】按钮，如下图所示。

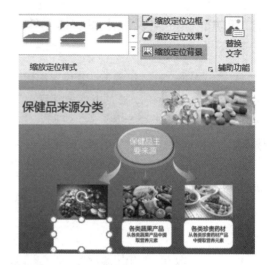

第4步 即可看到插入的白色方框形状变成了透明，如下图所示。

第5步 选中【格式】选项卡下【缩放定位选项】组中的【返回到缩放】复选框，如下图所示。

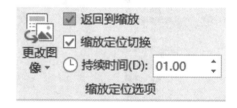

最后按【F5】键放映幻灯片，在添加缩放页面的位置处单击，即可查看缩放效果，再次单击即可返回整个幻灯片页面。

第11章
图形和图表的应用

本章导读

在职业生涯中，会遇到包含自选图形、SmartArt 图形和图表的演示文稿，如产品营销推广方案、设计企业发展战略 PPT、个人述职报告、设计公司管理培训 PPT 等。使用 PowerPoint 2019 提供的自定义幻灯片母版、插入自选图形、插入 SmartArt 图形、插入图表等操作，可以方便地对这些包含图形、图表的幻灯片进行设计制作。

思维导图

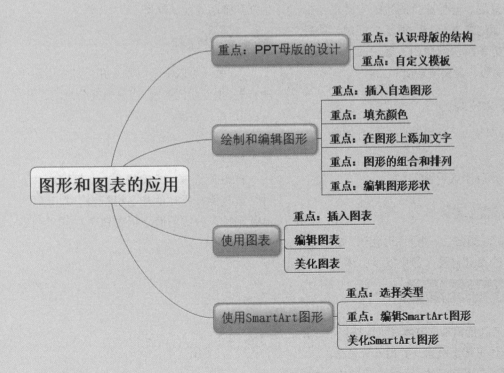

11.1 产品营销推广方案

设计产品营销推广方案PPT要做到内容客观、重点突出、气氛相融，便于领导更好地阅览方案的内容。

实例名称：设计产品营销推广方案	
实例目的：学习图形和图表的应用	
素材	素材\ch11\背景1.jpg、背景2.png、背景3.jpg、市场背景.txt、1.jpg、2.jpg、3.jpg等
结果	结果\ch11\产品营销推广方案.pptx
视频	视频教学\11第11章

11.1.1 案例概述

产品营销推广方案是一个以销售为目的的计划，是在市场销售和服务之前，为了达到预期的销售目标而进行各种销售促进活动的整体性策划。一份完整的营销方案应至少包括三方面的主题分析，即基本问题、项目市场优劣势和解决问题的方案。设计产品营销推广方案时，需要注意以下几点。

1. 内容客观

① 要围绕推广的产品进行设计制作，紧扣内容。

② 必须基于客观现实。

2. 重点突出

① 现在已经进入"读图时代"，图形是人类通用的视觉符号，它可以吸引读者的注意，在推广方案中要注重图文结合。

② 图形、图片的使用要符合宣传页的主题，可以进行加工提炼来体现形式美，并产生强烈鲜明的视觉效果。

3. 气氛相融

① 色彩可以渲染气氛，并且加强版面的冲击力，用以烘托主题，容易引起公众的注意。

② 推广方案的色彩要从整体出发，并且各个组成部分之间的色彩要相关，以形成主题内容的基本色调。

产品营销推广方案属于企业管理中的一种，气氛要与推广的产品相符合。本节以产品营销推广方案为例介绍在PPT中应用图形和图表的操作。

11.1.2 设计思路

设计产品营销推广方案时可以按以下思路进行。

① 制作宣传页页面，并插入背景图片。

② 插入艺术字标题，并插入正文文本框。

③ 插入图片，并放在合适的位置，调整图片布局，对图片进行编辑、组合。

④ 添加表格，并对表格进行美化。

⑤ 使用自选图形为标题添加背景。

⑥ 根据插入的表格添加折线图，来表示活动力度。

11.1.3 涉及知识点

本案例主要涉及以下知识点。

① 设置页边距、页面大小。

② 插入艺术字。

③ 插入图片。

④ 插入表格。

⑤ 插入自选图形。

⑥ 插入图表。

11.2 PPT 母版的设计

幻灯片母版与幻灯片模板相似，主要用于设置幻灯片的样式，可制作演示文稿中的背景、颜色主题和动画等。

11.2.1 重点：认识母版的结构

演示文稿的母版视图包括幻灯片母版、讲义母版、备注母版 3 种类型，且包含标题样式和文本样式，具体操作步骤如下。

第 1 步 启动 PowerPoint 2019，弹出如下图所示的界面，选择【空白演示文稿】选项，如下图所示。

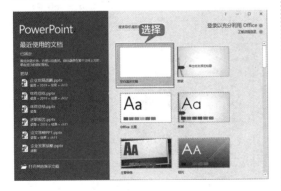

第 2 步 即可新建空白演示文稿，如下图所示。

第 3 步 单击【快速访问工具栏】中的【保存】按钮，在弹出的界面中单击【浏览】按钮，如下图所示。

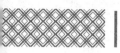
第4步 在弹出的【另存为】对话框中选择文件要保存的位置，在【文件名】文本框中输入文件名称"产品营销推广方案 .pptx"，并单击【保存】按钮，即可保存演示文稿，如下图所示。

第5步 单击【视图】选项卡下【母版视图】组中的【幻灯片母版】按钮，即可进入幻灯片母版视图，如下图所示。

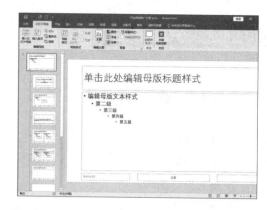

第6步 在幻灯片母版视图中，主要包括左侧的幻灯片窗格和右侧的幻灯片母版编辑区域，在幻灯片母版编辑区域中包含页眉、页脚、标题与文本框，如下图所示。

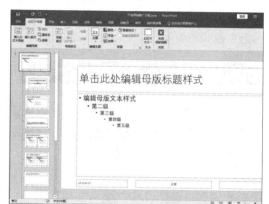

11.2.2 重点：自定义模板

自定义母版模板可以为整个演示文稿设置相同的颜色、字体、背景和效果等，具体操作步骤如下。

第1步 在左侧的幻灯片窗格中选择第1张幻灯片，单击【插入】选项卡下【图像】组中的【图片】按钮，如下图所示。

第2步 弹出【插入图片】对话框，选择"背景 1.jpg"图片，单击【插入】按钮，如下图所示。

第3步 即可将图片插入幻灯片母版中，如下图所示。

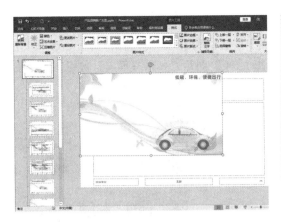

第4步 将鼠标指针移动到图片 4 个角的控制点上，当鼠标指针变为 形状时，拖曳图片右下角的控制点，把图片放大到合适的大小，如下图所示。

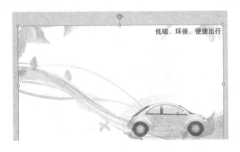

第5步 在幻灯片上右击，在弹出的快捷菜单中选择【置于底层】→【置于底层】选项，如下图所示。

第6步 即可把图片置于底层，使文本占位符显示出来，如下图所示。

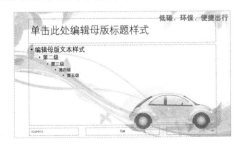

设置字体和背景的具体操作步骤如下。

第1步 选中幻灯片标题中的文字，单击【开始】选项卡下【字体】组中的【字体】下拉按钮，在弹出的下拉列表中选择【华文行楷】选项，如下图所示。

第2步 在【字号】文本框中输入"46"，按【Enter】键，完成设置字号的操作，如下图所示。

第3步 再次单击【插入】选项卡下【图像】组中的【图片】按钮，弹出【插入图片】对话框，选择"背景2.png"图片，单击【插入】按钮，将图片插入演示文稿中，如下图所示。

第4步 选择插入的图片，当鼠标指针变为 形状时，按住鼠标左键将其拖曳到合适的位

置，然后释放鼠标左键，如下图所示。

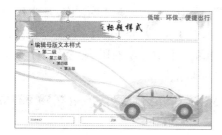

第5步 在图片上右击，在弹出的快捷菜单中选择【置于底层】→【下移一层】选项，将图片下移一层，如下图所示。

第6步 根据需要调整标题文本框的位置，如下图所示。

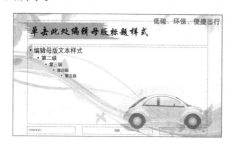

设置背景、浏览幻灯片效果的操作步骤如下。

第1步 在幻灯片窗格中，选择第2张幻灯片，在【幻灯片母版】选项卡下的【背景】组中选中【隐藏背景图形】复选框，即可隐藏背景图形，如下图所示。

第2步 单击【插入】选项卡下【图像】组中的【图片】按钮，弹出【插入图片】对话框，选择"背景3.jpg"图片，单击【插入】按钮，即可使图片插入幻灯片中，如下图所示。

第3步 根据需要调整图片的大小，并将插入的图片置于底层，完成自定义幻灯片母版的操作，如下图所示。

第4步 单击【幻灯片母版】选项卡下【关闭】组中的【关闭母版视图】按钮，关闭母版视图，返回至普通视图，如下图所示。

在插入自选图形之前，首先需要制作产品营销推广方案的首页、目录页和市场背景

页面，具体操作步骤如下。

第1步 在首页幻灯片中，删除所有的文本占位符，如下图所示。

第2步 单击【插入】选项卡下【文本】组中的【艺术字】按钮，在弹出的下拉列表中选择一种艺术字样式，如下图所示。

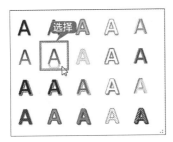

第3步 即可在幻灯片页面插入【请在此放置您的文字】艺术字文本框，如下图所示。

第4步 删除艺术字文本框内的文字，输入"××电动车营销推广方案"文本，如下图所示。

第5步 选中艺术字，单击【绘图工具-格式】选项卡下【艺术字样式】组中的【文本填充】下拉按钮，在弹出的下拉列表中选择【绿色】选项，如下图所示。

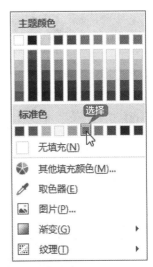

第6步 单击【绘图工具-格式】选项卡下【艺术字样式】组中的【文本效果】下拉按钮，在弹出的下拉列表中选择【映像】选项组中的【紧密映像：接触】选项，如下图所示。

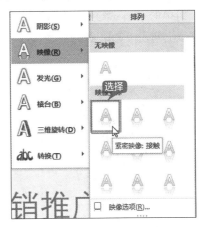

第7步 选择插入的艺术字，设置【字体】为【楷体】、【字号】为【66】，然后将鼠标指针放在艺术字的文本框上，按住鼠标左键并拖曳至合适位置，然后释放鼠标左键，即可完成对艺术字位置的调整，如下图所示。

第8步 重复上述操作步骤，插入制作部门与日期文本。并单击【开始】选项卡下【段落】组中的【右对齐】按钮，使艺术字右对齐显示，如下图所示。

制作目录页、"市场背景"幻灯片的操作步骤如下。

第1步 制作目录页，单击【开始】选项卡下【幻灯片】组中的【新建幻灯片】下拉按钮，在弹出的下拉列表中选择【标题和内容】选项，如下图所示。

第2步 新建【标题和内容】幻灯片，在标题文本框中输入"目录"并修改标题文本框的大小，如下图所示。

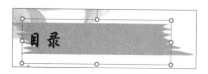

第3步 选择"目录"文本，单击【开始】选项卡下【段落】组中的【居中】按钮，使标题居中显示，如下图所示。

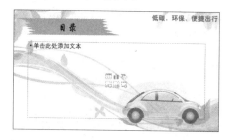

第4步 按照上述操作方法，在文档文本框中输入相关内容。并设置【字体】为【楷体】、【字号】为【28】、【字体颜色】为【绿色】。目录页制作的最终效果如下图所示。

第5步 制作"市场背景"幻灯片页面，新建【仅标题】幻灯片，在【标题】文本框中输入"市场背景"文本，如下图所示。

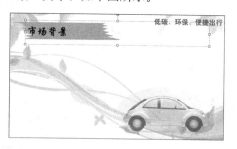

第6步 打开"素材 \ch11\ 市场背景 .txt"文件，把文本内容复制到"市场背景"幻灯片内，如下图所示。

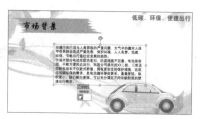

第7步 设置文本的【字体】为【华文楷体】、【字号】为【20】、【字体颜色】为【绿色】，并设置【特殊格式】为【首行缩进】、【度量值】为【1.5 厘米】、【行距】为【1.5 倍行距】，单击【确定】按钮，如下图所示。

第8步 完成"市场背景"幻灯片页面的制作，最终效果如下图所示。

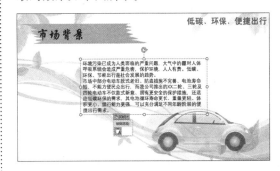

11.3 绘制和编辑图形

在产品营销推广方案演示文稿中，绘制和编辑图形可以丰富演示文稿的内容，美化演示文稿。

11.3.1 重点：插入自选图形

在制作产品营销推广方案时，需要在幻灯片中插入自选图形，具体操作步骤如下。

第1步 单击【开始】选项卡下【幻灯片】组中的【新建幻灯片】下拉按钮，在弹出的下拉列表中选择【仅标题】选项，新建一张幻灯片，如下图所示。

第2步 在【标题】文本框中输入"推广目的"文本，如下图所示。

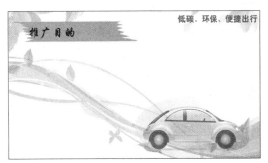

第3步 单击【插入】选项卡下【插图】组中的【形状】按钮，在弹出的下拉列表中选择【基本形状】→【椭圆】选项，如下图所示。

第4步 此时鼠标指针在幻灯片中显示为十形状，在幻灯片绘图区的空白位置处单击，确定图形的起点，按住【Shift】键的同时拖曳鼠标至合适位置，释放鼠标左键与【Shift】键，即可完成圆形的绘制，如下图所示。

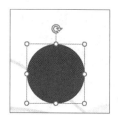

第5步 重复第3步和第4步的操作，在幻灯片中依次绘制【椭圆】【右箭头】【六边形】及【矩形】等其他自选图形，如下图所示。

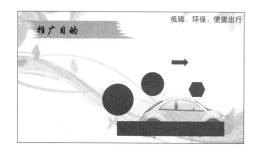

11.3.2 重点：填充颜色

插入自选图形后，需要对插入的图形填充颜色，使图形与幻灯片氛围相融。为自选图形填充颜色的具体操作步骤如下。

第1步 选择要填充颜色的基本图形，这里选择较大的"圆形"，单击【绘图工具-格式】选项卡下【形状样式】组中的【形状填充】下拉按钮，在弹出的下拉列表中选择【浅绿】选项，如下图所示。

第2步 单击【绘图工具-格式】选项卡下【形状样式】组中的【形状轮廓】下拉按钮，在弹出的下拉列表中选择【无轮廓】选项，如下图所示。

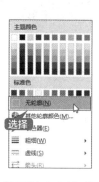

第3步 再次选择要填充颜色的基本图形，单击【绘图工具-格式】选项卡下【形状样式】组中的【形状填充】下拉按钮，在弹出的下拉列表中选择【绿色，个性色6，深色25%】选项，如下图所示。

第 4 步 单击【绘图工具-格式】选项卡下【形状样式】组中的【形状轮廓】下拉按钮，在弹出的下拉列表中选择【无轮廓】选项，如下图所示。

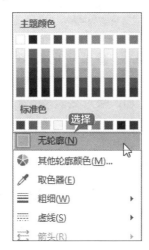

第 5 步 单击【绘图工具-格式】选项卡下【形状样式】组中的【形状填充】下拉按钮，在弹出的下拉列表中选择【渐变】→【深色变体】→【线性向左】选项，如下图所示。

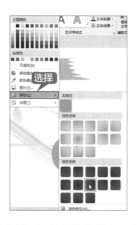

第 6 步 填充颜色完成后的效果如下图所示。

第 7 步 按照上述操作方法，为其他的自选图形填充颜色，如下图所示。

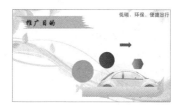

11.3.3　重点：在图形上添加文字

设置好自选图形的颜色后，可以在自选图形上添加文字，具体操作步骤如下。

第 1 步 选择要添加文字的自选图形并右击，在弹出的快捷菜单中选择【编辑文字】选项，如下图所示。

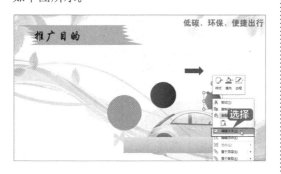

第 2 步 即可在自选图形中显示文本框，在其中输入相关的文字"1"，如下图所示。

第 3 步 选择输入的文字，单击【开始】选项卡下【字体】组中【字体】右侧的下拉按钮，在弹出的下拉列表中选择【华文楷体】选项，如下图所示。

第4步 单击【开始】选项卡下【字体】组中【字号】右侧的下拉按钮，在弹出的下拉列表中选择【20】选项，如下图所示。

第5步 单击【开始】选项卡下【字体】组中【字体颜色】右侧的下拉按钮，在弹出的下拉列表中选择【绿色，个性色6，深色50%】选项，如下图所示。

11.3.4 重点：图形的组合和排列

用户绘制自选图形与编辑文字之后要对图形进行组合与排列，使幻灯片更加美观，具体操作步骤如下。

第1步 选择要进行排列的图形，按住【Ctrl】键再选择另一个图形，即可同时选中这两个图形，如下图所示。

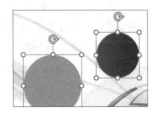

第2步 单击【绘图工具−格式】选项卡下【排列】

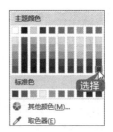

第6步 按照上述操作方法，选择【矩形】自选图形并右击，在弹出的下拉列表中选择【编辑文字】选项，输入文字"消费群快速认知新产品的功能、效果"，并设置字体格式，如下图所示。

第7步 在图形上添加文字并设置字体格式，效果如下图所示。

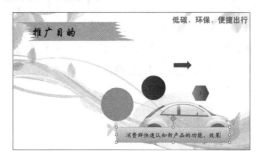

组中的【对齐】下拉按钮，在弹出的下拉列表中选择【右对齐】选项，如下图所示。

第3步 即可使选中的图形靠右对齐，如下图所示。

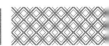

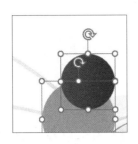

第4步 再次选择【绘图工具-格式】选项卡下【排列】组中的【对齐】下拉按钮，在弹出的下拉列表中选择【垂直居中】选项，如下图所示。

第5步 即可使选中的图形靠右并垂直居中对齐，如下图所示。

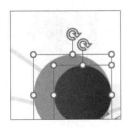

第6步 单击【绘图工具-格式】选项卡下【排列】组中的【组合】下拉按钮，在弹出的下拉列表中选择【组合】选项，如下图所示。

第7步 即可使选中的两个图形进行组合。按住鼠标左键，将图形拖曳至合适的位置，如下图所示。

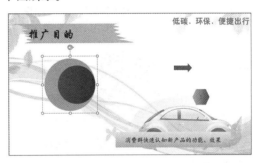

> **提示**
>
> 如果要取消组合，再次选择【绘图工具-格式】选项卡下【排列】组中的【组合】下拉按钮，在弹出的下拉列表中选择【取消组合】选项，即可取消组合已组合的图形。这里将组合后的图形取消组合，如下图所示。
>
>

11.3.5 重点：绘制不规则的图形——编辑图形形状

在绘制图形时，通过编辑图形的顶点来编辑图形，具体操作步骤如下。

第1步 选择要编辑的小圆形自选图形，单击【绘图工具-格式】选项卡下【插入形状】组中的【编辑形状】下拉按钮，在弹出的下拉列表中选择【编辑顶点】选项，如下图所示。

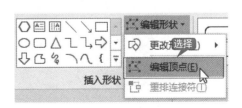

第2步 即可看到选择图形的顶点处于可编辑的状态，如下图所示。

第3步 将鼠标指针放置在图形的一个顶点上，向上或向下拖曳鼠标至合适位置，释放鼠标左键，即可对图形进行编辑操作，如下图所示。

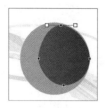

第4步 使用同样的方法编辑其余的顶点，如下图所示。

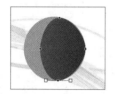

第5步 编辑完成后，在幻灯片空白位置处单击，即可完成对图形顶点的编辑，如下图所示。

第6步 按照上述操作方法，为其他自选图形编辑顶点，如下图所示。

为自选图形填充颜色的操作步骤如下。

第1步 在【格式】选项卡下的【形状样式】组中为自选图形填充渐变色，如下图所示。

第2步 使用同样的方法插入新的【椭圆】形状，并根据需要设置填充颜色与渐变颜色，如下图所示。

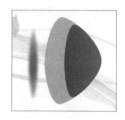

将图形进行组合的操作步骤如下。

第1步 选择一个自选图形，按【Ctrl】键后再选择其余的图形，并释放鼠标左键与【Ctrl】键，如下图所示。

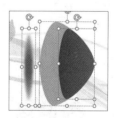

第2步 单击【绘图工具-格式】选项卡下【排列】组中的【组合】下拉按钮，在弹出的下拉列表中选择【组合】选项，如下图所示。

第3步 即可将选中的所有图形组合为一个图形，如下图所示。

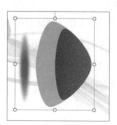

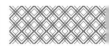

第4步 选择插入的【右箭头】形状,将其拖曳至合适的位置,如下图所示。

第5步 将鼠标指针放置在图形上方的【旋转】按钮上,按住鼠标左键向左拖曳,为图形设置合适的角度,旋转完成后释放鼠标左键即可,如下图所示。

第6步 选择插入的【六边形】形状,将其拖曳到【矩形】形状的上方,如下图所示。

第7步 同时选中【六边形】与【矩形】形状,选择【绘图工具-格式】选项卡下【排列】组中的【组合】下拉按钮,在弹出的下拉列表中选择【组合】选项,如下图所示。

第8步 即可组合选中的形状,如下图所示。

完成幻灯片页面效果的具体操作步骤如下。

第1步 调整组合后的图形至合适的位置,如下图所示。

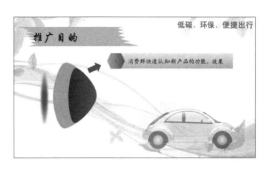

第2步 选择【右箭头】形状及组合后的形状,并对其进行复制粘贴,如下图所示。

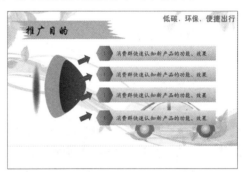

第3步 调整【右箭头】形状的角度,并移动至合适的位置,如下图所示。

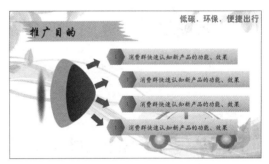

第4步 更改图形中的内容,完成推广目的幻灯片页面的制作,如下图所示。

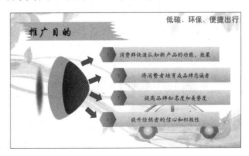

第5步 新建【仅标题】幻灯片页面,并在【标题】文本框中输入"前期调查"文本,如下图所示。

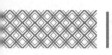
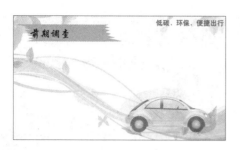

第6步 按照上述操作方法，在【前期调查】幻灯片页面中添加文字并设置文字格式，如下图所示。

第7步 插入【椭圆】与【矩形】形状，为插入的图形填充颜色并设置图形效果，如下图所示。

第8步 在【矩形】图形上添加文字，并复制及调整图形，如下图所示。

第9步 修改复制后图形中的文字，即可制作完成前期调查幻灯片页面，效果如下图所示。

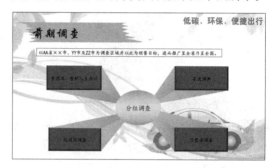

11.4 使用 SmartArt 图形展示推广流程

SmartArt 图形是信息和观点的视觉表示形式，可以在多种不同的布局中创建。SmartArt 图形主要应用在创建组织结构图、显示层次关系、演示过程或工作流程的各个步骤或阶段，以及显示各部分之间的关系等方面。使用 SmartArt 图形可以制作出更精美的演示文稿。

11.4.1 重点：选择 SmartArt 图形类型

SmartArt 图形主要分为列表、流程、循环、层次结构、关系、矩阵、棱锥图和图片等几大类。选择合适的 SmartArt 图形，可以使文本内容的表达更加清晰，具体操作步骤如下。

第1步 单击【开始】选项卡下【幻灯片】组中的【新建幻灯片】按钮，在弹出的下拉列表中选择【仅标题】选项，如下图所示。

第2步 在【标题】文本框中输入"产品定位"文本，如下图所示。

第3步 单击【插入】选项卡下【插图】组中的【SmartArt】按钮，如下图所示。

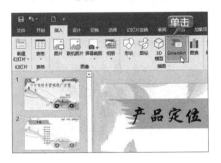

第4步 弹出【选择 SmartArt 图形】对话框，选择【图片】→【六边形群集】选项，并单击【确定】按钮，如下图所示。

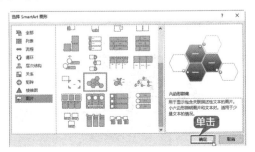

第5步 即可将选择的 SmartArt 图形插入"产品定位"幻灯片页面中，如下图所示。

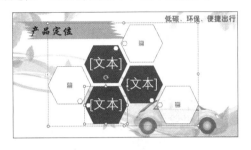

第6步 将鼠标指针放置在 SmartArt 图形上方，按住鼠标左键并拖曳鼠标，可以调整 SmartArt 图形的位置，如下图所示。

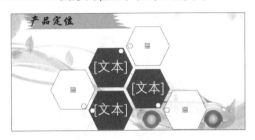

完善 SmartArt 图形创建的具体操作步骤如下。

第1步 单击 SmartArt 图形左侧的【图片】按钮，在弹出的【插入图片】对话框中，选择【来自文件】选项，如下图所示。

第2步 弹出【插入图片】对话框，选择要插入的图片，单击【插入】按钮，如下图所示。

第 3 步 即可将图片插入 SmartArt 图形中，如下图所示。

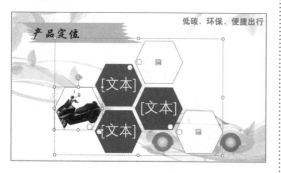

第 4 步 按照上述操作方法，将其余的图片插入 SmartArt 图形中，如下图所示。

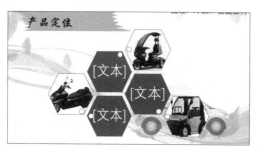

第 5 步 将鼠标指针定位至第一个文本框中，在其中输入相关内容，如下图所示。

第 6 步 根据需要在其余的文档中输入相关文字，即可完成 SmartArt 图形的创建，如下图所示。

11.4.2 重点：编辑 SmartArt 图形

创建 SmartArt 图形之后，用户可以根据需要来编辑 SmartArt 图形，具体操作步骤如下。

第 1 步 选择创建的 SmartArt 图形，单击【SmartArt 工具-设计】选项卡下【创建图形】组中的【添加形状】下拉按钮，在弹出的下拉列表中选择【在后面添加形状】选项，如下图所示。

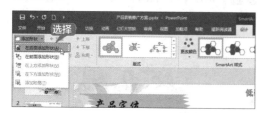

第 2 步 即可在图形中添加新的 SmartArt 形状，用户可以根据需要在新添加的 SmartArt 图形中添加图片与文本，如下图所示。

第 3 步 如果要删除多余的 SmartArt 图形，则选择要删除的图形，按【Delete】键即可，如下图所示。

第4步 用户可以自主调整 SmartArt 图形的位置，选择要调整的 SmartArt 图形，单击【SmartArt 工具-设计】选项卡下【创建图形】组中的【上移】按钮，即可把图形上移一个位置，如下图所示。

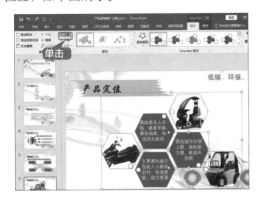

第5步 单击【下移】按钮，即可把图形下移一个位置，如下图所示。

第6步 单击【SmartArt 工具-设计】选项卡下【版式】组中的【其他】按钮，在弹出的下拉列表中选择【垂直图片列表】选项，如下图所示。

11.4.3 美化 SmartArt 图形

编辑完 SmartArt 图形，还可以对 SmartArt 图形进行美化，具体操作步骤如下。

第1步 选择 SmartArt 图形，单击【SmartArt 工具-设计】选项卡下【SmartArt 样式】组中的【更改颜色】按钮，如下图所示。

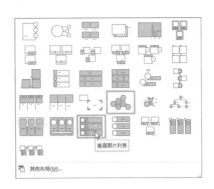

第7步 即可更改 SmartArt 图形的版式，如下图所示。

第8步 按照上述操作方法，把 SmartArt 图形的版式更改为【六边形群集】版式，即可完成编辑 SmartArt 图形的操作，如下图所示。

第2步 在弹出的下拉列表中，包含彩色、个性色 1、个性色 2、个性色 3 等多种颜色，这

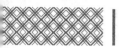

里选择【彩色】→【彩色范围－个性色5至6】选项，如下图所示。

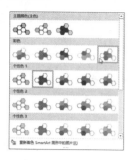

第3步 即可更改 SmartArt 图形的颜色，如下图所示。

第4步 单击【SmartArt 工具-设计】选项卡下【SmartArt 样式】组中的【其他】按钮，在弹出的下拉列表中选择【三维】→【嵌入】选项，如下图所示。

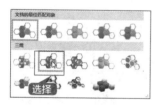

第5步 即可更改 SmartArt 图形的样式，如下图所示。

第6步 此外，还可以根据需要设计单个 SmartArt 图形的样式，选择要设置样式的图

形，单击【SmartArt 工具-格式】选项卡下【形状样式】组中的【形状填充】下拉按钮，在弹出的下拉列表中选择一种颜色，如下图所示。

第7步 单击【形状轮廓】下拉按钮，在弹出的下拉列表中选择一种颜色，即可更改形状轮廓的颜色，如下图所示。

设置 SmartArt 图形字体样式的操作步骤如下。

第1步 选择形状中的文本，单击【SmartArt 工具-格式】选项卡下【艺术字样式】组中的【其他】按钮，在弹出的下拉列表中选择一种艺术字样式，如下图所示。

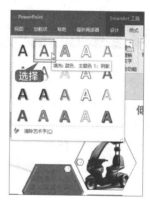

第2步 单击【开始】选项卡下【字体】组中的【字

体】右侧的下拉按钮，在弹出的下拉列表中选择一种字体样式，即可更改艺术字的字体，如下图所示。

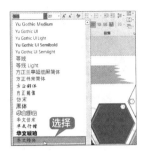

第3步 单击【字号】右侧的下拉按钮，在弹出的下拉列表中可以设置字号，如下图所示。

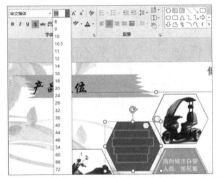

第4步 单击【字体颜色】下拉按钮，在弹出的下拉列表中选择【白色，背景1】选项，如下图所示。

第5步 即可改变艺术字的颜色，效果如下图所示。

设置 SmartArt 图形色彩饱和度及艺术效果的操作步骤如下。

第1步 选择SmartArt 图形中的图片，单击【图片工具-格式】选项卡下【调整】组中【更正】下拉按钮，在弹出的下拉列表中选择【亮度／对比度】→【亮度：-20%　对比度：-20%】选项，如下图所示。

第2步 单击【调整】组中的【颜色】下拉按钮，在弹出的下拉列表中可以更改图片的颜色饱和度、色调、重新着色等。这里选择【蓝色，个性色1深色】选项，如下图所示。

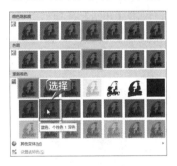

第3步 单击【调整】组中的【艺术效果】下拉按钮，在弹出的下拉列表中选择【铅笔素描】选项，如下图所示。

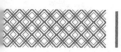
第4步 即可完成对 SmartArt 图形的艺术效果设置，如下图所示。

第5步 如果要撤销设置的图片样式，可以在选择图片后，单击【图片工具-格式】选项卡下【调整】组中的【重设图片】按钮，在弹出的下拉列表中选择【重设图片】选项，即可取消图片样式的设置，如下图所示。

第6步 将鼠标指针定位至设置艺术字样式后的文本中，双击【开始】选项卡下【剪贴板】组中的【格式刷】按钮，将其格式应用在其他文本中，如下图所示。

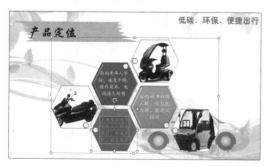

第7步 按【Esc】键取消格式刷，即可完成对

SmartArt 图形的美化操作，如下图所示。

第8步 新建"仅标题"幻灯片页面，输入标题"推广理念"，并添加图形，制作完成的【推广理念】幻灯片页面效果如下图所示。

第9步 新建"仅标题"幻灯片页面，输入标题"推广渠道"，并添加图形，制作完成的【推广渠道】幻灯片页面效果如下图所示。

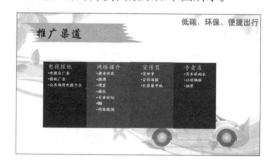

 11.5 使用图表展示产品销售数据情况

在 PowerPoint 2019 中插入图表，可以使产品营销推广方案中要传达的信息更加简洁。

11.5.1 重点：插入图表

在产品营销推广方案中插入图表，可以丰富演示文稿的内容，具体操作步骤如下。

第1步 单击【开始】选项卡下【幻灯片】组中的【新建幻灯片】按钮，在弹出的下拉列表中选择【仅标题】选项，如下图所示。

第2步 新建【仅标题】幻灯片页面，如下图所示。

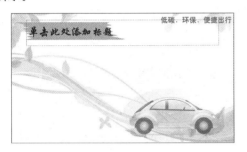

第3步 在【标题】文本框中输入"推广时间及安排"文本，如下图所示。

第4步 单击【插入】选项卡下【表格】组中的【表格】按钮，在弹出的下拉列表中选择【插入表格】选项，如下图所示。

第5步 弹出【插入表格】对话框，设置【列数】为【5】、【行数】为【5】，单击【确定】按钮，如下图所示。

第6步 即可在幻灯片中插入表格，如下图所示。

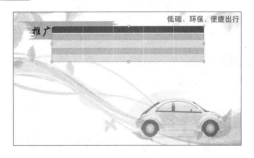

第7步 将鼠标指针放置在表格上，按住鼠标左键并拖曳鼠标，即可调整表格的位置，拖曳至合适位置后释放鼠标左键，即可调整图表的位置，如下图所示。

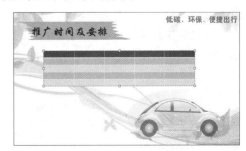

第8步 打开"素材 \ch11\ 推广时间及安排 .txt"文件，根据其内容在表格中输入相应的文本，即可完成表格的创建，如下图所示。

设置表格样式及表格中字体样式的具体操作步骤如下。

第1步 单击【表格工具-设计】选项卡下【表格样式】组中的【其他】按钮，在弹出的下拉列表中选择一种表格样式，如下图所示。

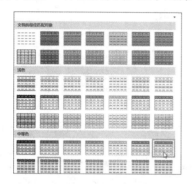

第2步 即可改变表格的样式，效果如下图所示。

第3步 选择表格第一行的文字，单击【开始】选项卡下【字体】组中的【字体】下拉按钮，在弹出的下拉列表中，选择【华文楷体】选项，如下图所示。

第4步 选择【字号】右侧的下拉按钮，在弹出的下拉列表中选择【18】选项。

第5步 设置表格首行文本居中显示，效果如下图所示。

第6步 按照上述操作方法，设置表格中其余文本的【字体】为【楷体】、【字号】为【14】，效果如下图所示。

第7步 选择表格，在【表格工具-布局】选项卡下【表格尺寸】组中设置【高度】为【9.27厘米】、【宽度】为【28.2厘米】，如下图所示。

第8步 即可调整表格的行高与列宽，效果如下图所示。

运用以上方法在标题为"效果预期"的幻灯片中插入表格，具体操作步骤如下。

第1步 再次新建【仅标题】幻灯片页面，并设置标题为"效果预期"，如下图所示。

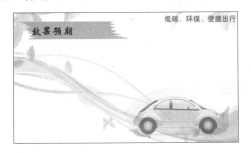

第2步 插入 5 列 4 行的表格，并调整表格的位置，如下图所示。

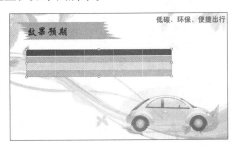

第3步 打开"素材 \ch11\ 效果预期 .txt"文件，并把文本内容输入表格中，如下图所示。

第4步 选择【表格工具-设计】选项卡下【表格样式】组中的【其他】按钮，在弹出的下拉列表中选择一种表格样式，如下图所示。

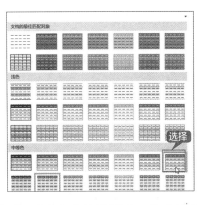

第5步 即可改变表格的样式，将表格文字居中显示，效果如下图所示。

第6步 设置表格中的文本格式，并调整表格的大小和位置，完成表格的插入与编辑，如下图所示。

插入图表的具体操作步骤如下。

第1步 单击【插入】选项卡下【插图】组中的【图表】按钮，如下图所示。

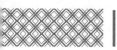
第2步 弹出【插入图表】对话框，在【所有图表】选项卡下选择【柱形图】选项，在右侧选择【簇状柱形图】选项，单击【确定】按钮，如下图所示。

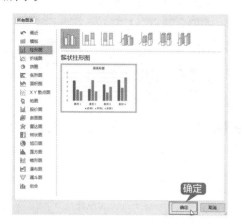

第3步 即可在幻灯片中插入图表，并打开【Microsoft PowerPoint 中的图表】工作表，如下图所示。

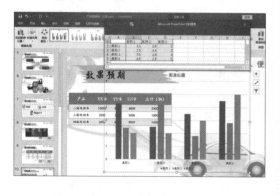

第4步 在工作表中，根据插入的表格输入相关的数据，如下图所示。

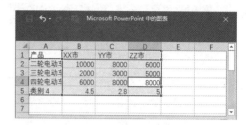

第5步 在完成数据的输入后，拖曳鼠标选择数据源，并删除多余的内容，如下图所示。

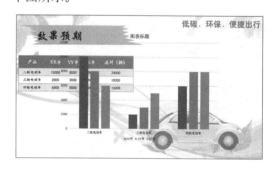

第6步 关闭【Microsoft PowerPoint 中的图表】工作表，即可完成插入图表的操作，如下图所示。

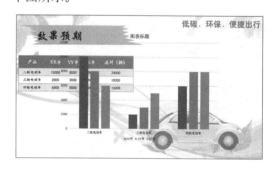

11.5.2 编辑图表

插入图表之后，可以根据需要编辑图表，具体操作步骤如下。

第1步 选择创建的图表，单击【图表工具-设计】选项卡下【图表布局】组中的【添加图表元素】按钮，如下图所示。

第2步 在弹出的下拉列表中选择【数据标签】→【数据标签外】选项，如下图所示。

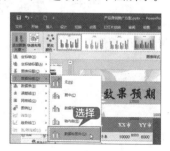

第3步 即可在图表中添加数据标签，如下图所示。

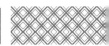

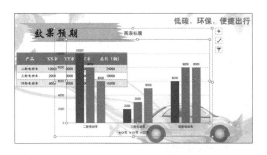

第4步 单击【图表工具-设计】选项卡下【图表布局】组中的【添加图表元素】按钮，在弹出的下拉列表中选择【数据表】→【显示图例项标示】选项，如下图所示。

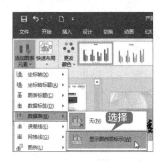

第5步 即可在图表中添加数据表，效果如下图所示。

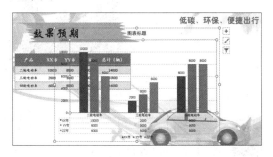

更改图表类型及调整图表大小和位置的具体操作步骤如下。

第1步 选择图表中的【图表标题】文本框，删除文本框的内容，并输入"效果预期"文本，如下图所示。

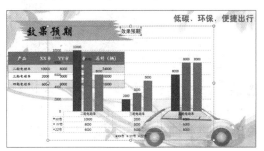

第2步 如果要改变图表的类型，可以单击【图表工具-设计】选项卡下【类型】组中的【更改图表类型】按钮，如下图所示。

第3步 在弹出的【更改图表类型】对话框中选择要更改的图表类型。例如，选择【折线图】→【折线图】选项，单击【确定】按钮，如下图所示。

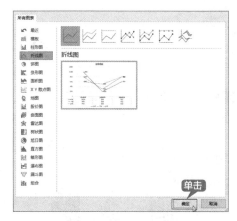

第4步 即可将簇状柱形图表更改为折线图图表，效果如下图所示。

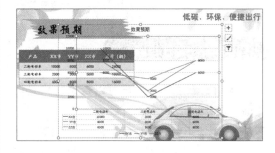

第5步 在图表上右击，在弹出的快捷菜单中选择【更改图表类型】选项，如下图所示。

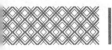
第6步 弹出【更改图表类型】对话框，选择【柱形图】→【簇状柱形图】选项，单击【确定】按钮，如下图所示。

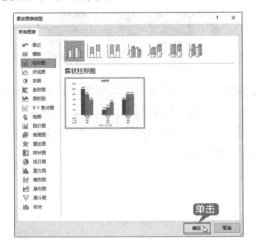

第7步 即可再次将图表的类型更改为【簇状柱形图】类型，如下图所示。

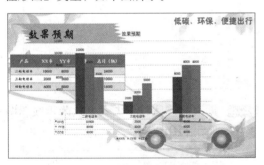

第8步 选择插入的图表，将鼠标指针放置在四周的控制点上，按住鼠标左键并拖曳鼠标，拖曳至合适大小后释放鼠标左键，即可更改图表的大小，如下图所示。

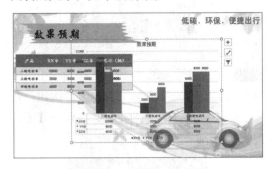

第9步 选择插入的图表，将鼠标指针放置在图表上，按住鼠标左键并拖曳鼠标至合适的位置，释放鼠标左键即可完成移动图表的操作。编辑图表后的效果如下图所示。

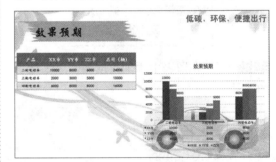

11.5.3　美化图表

编辑图表之后，用户可以根据需要美化图表，具体操作步骤如下。

第1步 选择创建的图表，单击【图表工具-设计】选项卡下【图表样式】组中的【更改颜色】按钮，在弹出的下拉列表中根据需要选择颜色，这里选择【彩色调色板3】选项，如下图所示。

第2步 即可更改图表的颜色，效果如下图所示。

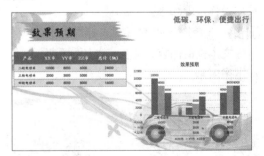

第3步 单击【图表工具-设计】选项卡下【图表样式】组中的【其他】按钮，在弹出的下拉列表中选择【样式8】选项，如下图所示。

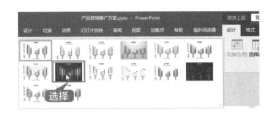

第4步 即可完成图表样式的更改，效果如下图所示。

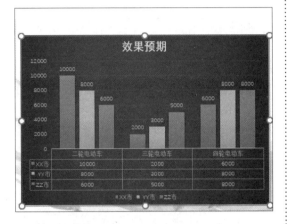

第5步 选择图表，单击【图表工具–格式】选项卡下【形状样式】组中的【形状填充】下拉按钮，在弹出的下拉列表中选择【绿色，个性色6，深色25%】选项，如下图所示。

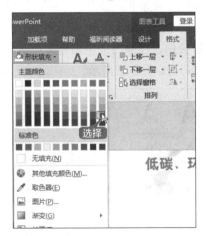

第6步 即可完成更改图表形状填充的操作，效果如下图所示。

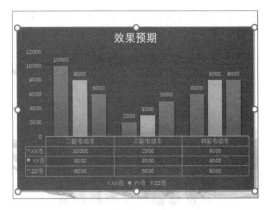

设置图表标题字体样式、颜色等的操作步骤如下。

第1步 选择【图表标题】文本，单击【图表工具–格式】选项卡下【艺术字样式】组中的【快速样式】按钮，在弹出的下拉列表中选择一种艺术字样式，如下图所示。

第2步 即可完成更改图表标题艺术字样式的操作，效果如下图所示。

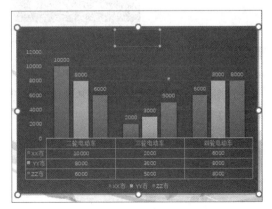

第3步 选择【图表标题】文本,单击【图表工具-格式】选项卡下【艺术字样式】组中的【文本填充】下拉按钮,在弹出的下拉列表中选择【白色】选项,如下图所示。

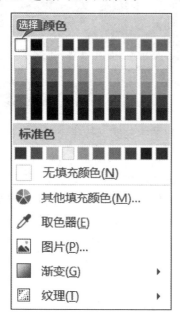

第4步 即可完成美化图表的操作,最终效果如下图所示。

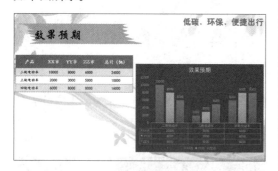

第5步 制作结束幻灯片页面,单击【开始】选项卡下【幻灯片】组中的【新建幻灯片】下拉按钮,在弹出的下拉列表中选择【标题幻灯片】选项,如下图所示。

第6步 插入【标题幻灯片】页面后,删除幻灯片中的文本占位符,如下图所示。

设置图表中文本的字体、字号、颜色等,具体操作步骤如下。

第1步 单击【插入】选项卡下【文本】组中的【艺术字】按钮,在弹出的下拉列表中选择一种艺术字样式,如下图所示。

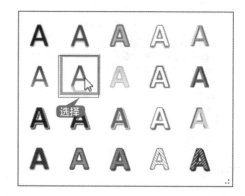

第2步 即可在幻灯片页面中添加【请在此放置您的文字】艺术字文本框,并在文本框中输入"谢谢欣赏!",如下图所示。

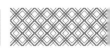

第3步 选择输入的艺术字，单击【开始】选项卡下【字体】组中的【字体】下拉按钮，在弹出的下拉列表中选择【华文楷体】选项，如下图所示。

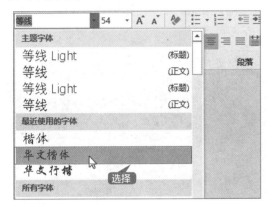

第4步 单击【字号】下拉按钮，在弹出的下拉列表中选择【66】选项，如下图所示。

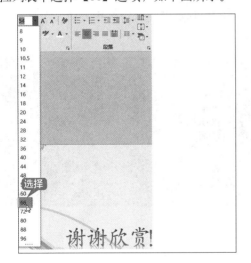

第5步 单击【字体颜色】下拉按钮，在弹出的下拉列表中选择【绿色】选项，如下图所示。

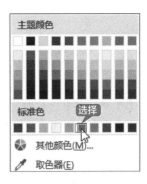

第6步 即可将艺术字的颜色设置为绿色，如下图所示。

第7步 选择【艺术字】文本框，按住鼠标左键将其拖曳至合适的位置，释放鼠标左键即可完成对产品营销推广方案结束幻灯片页面的制作，如下图所示。

第8步 至此，就完成了产品推广方案 PPT 的制作，最终效果如下图所示。

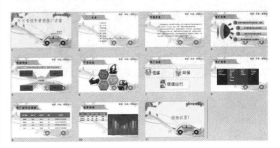

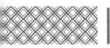

设计企业发展战略 PPT

与产品营销推广方案类似的演示文稿还有设计企业发展战略 PPT、市场调查 PPT、年终销售分析 PPT 等。设计这类演示文稿时，可以使用自选图形、SmartArt 图形及图表等来表达幻灯片内容，不仅使幻灯片内容更丰富，还可以更直观地展示数据。下面以设计企业发展战略 PPT 为例进行介绍，具体操作步骤如下。

第 1 步 设计幻灯片母版

新建空白演示文稿并进行保存，自定义母版模板，如下图所示。

第 2 步 绘制和编辑图形

在幻灯片中插入自选图形并为图形填充颜色，在图形上添加文字，对图形进行排列，如下图所示。

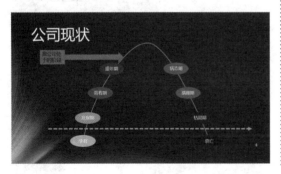

第 3 步 插入和编辑 SmartArt 图形

插入 SmartArt 图形，并进行编辑与美化，如下图所示。

第 4 步 插入图表

在企业发展战略幻灯片中插入图表，并进行编辑与美化，如下图所示。

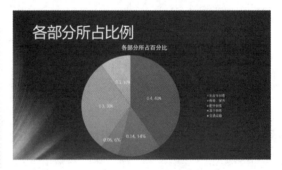

◇ 巧用【Ctrl】和【Shift】键绘制图形

在 PowerPoint 中按【Ctrl】键与【Shift】键可以方便地绘制图形，具体操作方法如下。

① 在绘制长方形、椭圆等具有重心的图形时，同时按住【Ctrl】键，图形会以重心为基点进行变化。如果不按住【Ctrl】键，会以某一边为基点变化，如下图所示。

② 在绘制正方形、圆形、正三角形、正十字形等中心对称的图形时，按住【Shift】键，可以使图形等比例绘制，如下图所示。

◇ 为幻灯片添加动作按钮

在幻灯片中适当地添加动作按钮，可以方便地对幻灯片的播放进行操作，具体操作步骤如下。

第1步 单击【插入】选项卡下【插图】组中的【形状】按钮，在弹出的下拉列表中选择【动作

按钮：转到主页】选项，如下图所示。

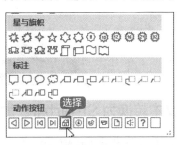

第2步 在最后一张幻灯片页面中绘制选择的动作按钮自选图形，如下图所示。

第3步 绘制完成后弹出【操作设置】对话框，选中【超链接到】复选框，在其下拉列表中选项【第一张幻灯片】选项，单击【确定】按钮，完成动作按钮的添加，如下图所示。

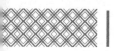

第4步 放映幻灯片至最后一页时，单击添加的动作按钮即可快速返回第一张幻灯片页面，如下图所示。

◇ 将文本转换为 SmartArt 图形

将文本转换为 SmartArt 图形是一种将现有幻灯片转换为设计插图的快速方案，可以有效地传达演讲者的想法，具体操作步骤如下。

第1步 新建空白演示文稿，删除所有的文本占位符，输入 "SmartArt 图形"，如下图所示。

SmartArt图形

第2步 选中文本，单击【开始】选项卡下【段落】组中的【转换为 SmartArt】按钮，在弹出的下拉列表中选择一种 SmartArt 图形，如下图所示。

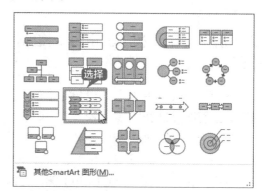

第3步 即可将文本转换为 SmartArt 图形，如下图所示。

第12章
动画和多媒体的应用

本章导读

　　动画和多媒体是演示文稿的重要元素，在制作演示文稿的过程中，适当地加入动画和多媒体可以使演示文稿变得更加精彩。演示文稿提供了多种动画样式，支持对动画效果和视频的自定义播放。本章以制作商务企业宣传PPT为例，演示动画和多媒体在演示文稿中的应用。

思维导图

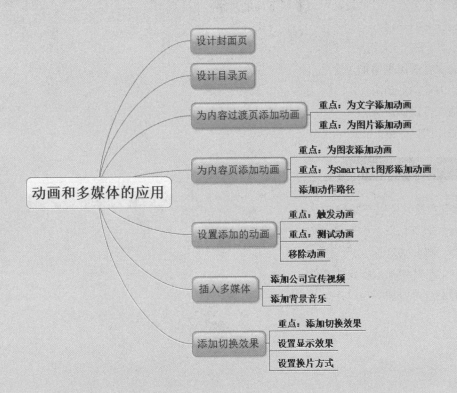

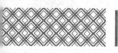
 12.1 商务企业宣传 PPT

商务企业宣传 PPT 是为了对公司进行更好地宣传而制作的宣传材料，PPT 内容的好坏关系到公司的形象和宣传效果，因此应注重每张幻灯片中的细节处理。在特定的页面加入合适的过渡动画，会使幻灯片更加生动；也可为幻灯片加入视频等多媒体素材，以达到更好的宣传效果。

实例名称：制作商务企业宣传 PPT	
实例目的：为了对公司进行更好的宣传	
素材	素材 \ch12\ 商务企业宣传 PPT.pptx
结果	结果 \ch12\ 商务企业宣传 PPT.pptx
视频	视频教学 \12 第 12 章

12.1.1　案例概述

商务宣传 PPT 包含公司简介、公司员工组成、设计理念、公司精神、公司文化等几个主题，分别对公司的各个方面进行介绍。商务宣传 PPT 是公司的宣传文件，代表了公司的形象，因此，制作的公司宣传 PPT 应该美观大方、观点明确。

12.1.2　设计思路

商务企业宣传 PPT 的设计可以参照下面的思路。
① 设计 PPT 封面。
② 设计 PPT 目录页。
③ 为内容过渡页添加过渡动画。
④ 为内容添加动画。
⑤ 插入多媒体。
⑥ 添加切换效果。

12.1.3　涉及知识点

本案例主要涉及以下知识点。
① 插入幻灯片页面并设置文字样式。
② 为内容添加动画效果。
③ 在幻灯片中插入多媒体文件。
④ 为幻灯片添加切换效果。

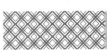

12.2 设计企业宣传 PPT 封面页

企业宣传 PPT 的一个重要部分就是封面，封面的内容包括 PPT 的名称和制作单位等，具体操作步骤如下。

第1步 打开"素材 \ch12\ 商务企业宣传 PPT.pptx"演示文稿，如下图所示。

第2步 单击【开始】选项卡下【幻灯片】组内的【新建幻灯片】下拉按钮，在弹出的下拉列表中选择【标题幻灯片】选项，如下图所示。

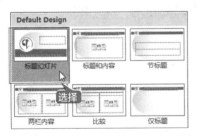

第3步 即可新建一张幻灯片页面，在导航栏中选中新建的幻灯片，按住鼠标左键拖曳幻灯片至最开始位置处释放鼠标左键即可，如下图所示。

第4步 在新建幻灯片的标题文本框内输入"××公司宣传 PPT"文本，如下图所示。

第5步 选中输入的文字，在【开始】选项卡下【字体】组中将【字体】设置为【楷体】，将【字号】设置为【60】，并单击【文字阴影】按钮为文字添加阴影效果，如下图所示。

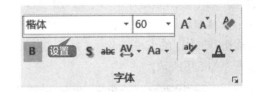

第6步 单击【开始】选项卡下【字体】组中的【字体颜色】下拉按钮，在弹出的下拉列表中选择【浅蓝，个性色 5，深色 25%】选项，如下图所示。

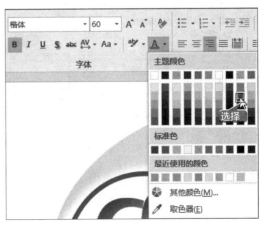

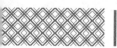
第7步 即可完成对标题文本的样式设置，效果如下图所示。

> **|提示|**
>
> 标题文本也可以选用艺术字，艺术字与普通文字相比，有更多的颜色和形状可以选择，表现形式多样化。

第8步 在副标题文本框内输入"公司宣传部"，使用上述操作设置【字体】为【楷体】、【字号】为【28】、【字体颜色】为【黑色】，并添加"文字阴影"效果，适当调整文本位置，最终效果如下图所示。

12.3 设计企业宣传 PPT 目录页

在为演示文稿添加完封面之后，需要为其添加目录页，具体操作步骤如下。

第1步 选中封面幻灯片页，单击【开始】选项卡下【幻灯片】组中的【新建幻灯片】下拉按钮，在弹出的下拉列表中选择【仅标题】选项，如下图所示。

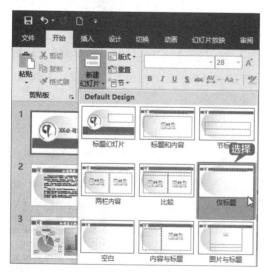

第2步 即可在封面幻灯片页面下添加一张新的"仅标题"幻灯片，如下图所示。

第3步 在幻灯片中的标题文本框内输入"目录"文本，并设置【字体】为【宋体】、【字号】为【36】，效果如下图所示。

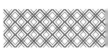
第4步 单击【插入】选项卡下【图像】组中的【图片】按钮，如下图所示。

第5步 在弹出的【插入图片】对话框中选择"素材 \ch12\ 图片 1.png"图片，单击【插入】按钮，如下图所示。

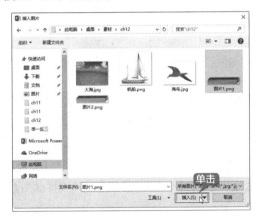

第6步 即可将图片插入幻灯片，适当调整图片大小，效果如下图所示。

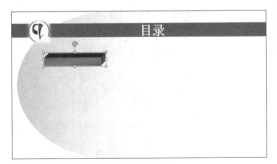

第7步 单击【插入】选项卡下【文本】组中的【文本框】按钮，如下图所示。

第8步 按住鼠标左键，在插入的图片上拖动鼠标插入文本框，并在文本框内输入"1"，设置输入文本的【字体颜色】为【白色】、【字号】为【16】，并调整至图片中间位置，效果如下图所示。

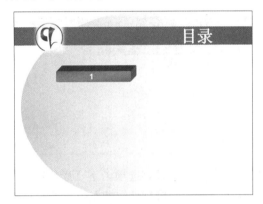

插入图形及组合的操作步骤如下。

第1步 同时选中图片和数字，单击【图片工具-格式】选项卡下【排列】组中的【组合】按钮，在弹出的下拉列表中选择【组合】选项，如下图所示。

| 提示 |

组合功能可将图片和数字组合在一起，再次拖曳图片的位置，数字会随图片一起移动。

第2步 单击【插入】选项卡下【插图】组中的【形状】按钮，在弹出的下拉列表中选择【矩形】组中的【矩形】选项，如下图所示。

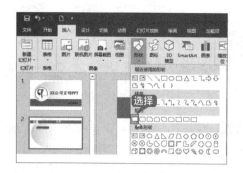

第3步 按住鼠标左键，拖动鼠标在幻灯片中插入矩形，效果如下图所示。

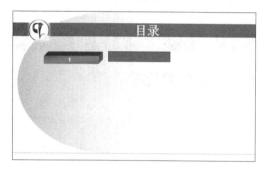

第4步 单击【格式】选项卡下【形状样式】组中的【形状轮廓】按钮，在弹出的下拉列表中选择【无轮廓】选项，如下图所示。

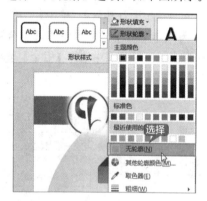

第5步 即可去除形状的轮廓，效果如下图所示。

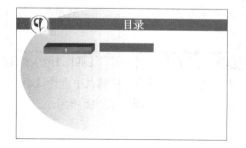

对图片进行美化设置的具体操作步骤如下。

第1步 选中形状，在【格式】选项卡下【大小】组中设置形状的【高度】为【0.8厘米】、【宽度】为【11厘米】，如下图所示。

第2步 选中形状并右击，在弹出的快捷菜单中选择【设置形状格式】选项，如下图所示。

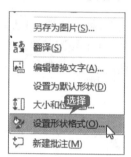

第3步 弹出【设置形状格式】窗格，选择【填充】选项卡，选中【填充】选项区域中的【渐变填充】单选按钮，在【预设渐变】下拉列表框中选择【中等渐变，个性色5】样式，将【类型】设置为【线性】，【方向】设置为【线性向右】，如下图所示。

第4步 继续单击【颜色】按钮，在弹出的【主题颜色】面板中选择【取色器】选项，如下图所示。

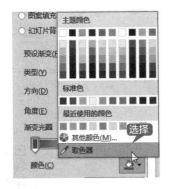

第5步 当鼠标指针变为吸管形状时，单击插入图片，吸取图片正面颜色，如下图所示。

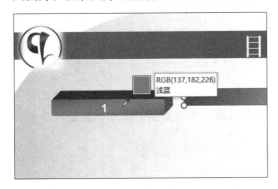

第6步 设置完成后关闭【设置形状格式】对话框，效果如下图所示。

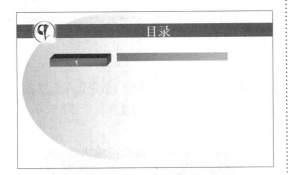

编辑图片中的文字及设置文字样式的具体操作步骤如下。

第1步 选中形状并右击，在弹出的快捷菜单中选择【编辑文字】选项，如下图所示。

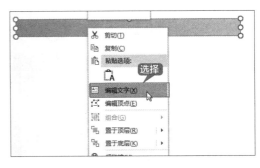

第2步 在形状中输入"公司简介"文本，并设置【字体】为【宋体】、【字号】为【16】、【字体颜色】为【深蓝，文字 2】，将【对齐方式】设置为【居中对齐】，效果如下图所示。

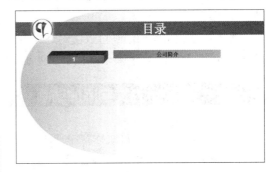

第3步 选中插入的图片并右击，在弹出的快捷菜单中选择【置于顶层】→【置于顶层】选项，如下图所示。

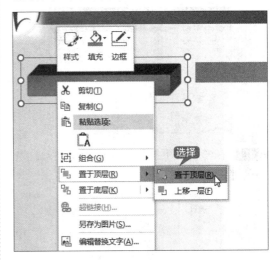

第4步 图片即可置于形状上方，将图片调整至合适位置，并将图片和形状组合在一起，效果如下图所示。

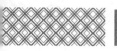

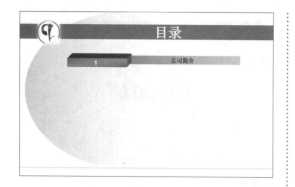

第 5 步　使用上述方法制作其余目录，最终效果如下图所示。

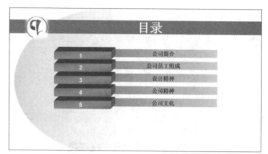

12.4 为内容过渡页添加动画

为内容过渡页添加动画可以使幻灯片内容的切换显得更加醒目。在公司宣传 PPT 中，为内容过渡页添加动画可以使演示文稿更加生动，起到更好的宣传效果。

12.4.1　重点：为文字添加动画

为公司宣传 PPT 的封面标题添加动画效果，可以使封面更加生动，具体操作步骤如下。

第 1 步　单击第 1 张幻灯片中的"××公司宣传 PPT"文本框，单击【动画】选项卡下【动画】组中的【其他】按钮，如下图所示。

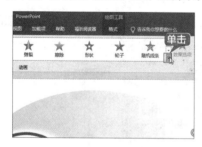

第 2 步　在弹出的下拉列表中选择【进入】组中的【飞入】选项，如下图所示。

第 3 步　即可为文字添加"飞入"动画效果，文本框左上角会显示一个动画标记，效果如下图所示。

第 4 步　单击【动画】组中的【效果选项】按钮，在弹出的下拉列表中选择【自左下部】选项，如下图所示。

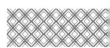

第5步 在【计时】组中选择【开始】下拉列表中的【上一动画之后】选项，将【持续时间】设置为【02.75】，【延迟】设置为【00.50】，如下图所示。

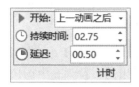

第6步 使用同样的方法对副标题设置"飞入"

动画效果，将【效果选项】设置为【自右下部】，【开始】设置为【上一动画之后】，【持续时间】设置为【01.00】，【延迟】设置为【00.00】，效果如下图所示。

12.4.2 重点：为图片添加动画

为图片添加动画效果，不仅能使图片更加醒目，还能增强幻灯片的展示效果，具体操作步骤如下。

第1步 选择第2张幻灯片，选中目录1，如下图所示。

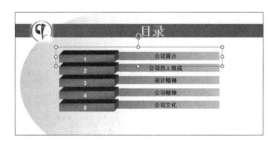

第2步 单击【图片工具-格式】选项卡下【排列】组中的【组合】下拉按钮，在弹出的下拉列表中选择【取消组合】选项，如下图所示。

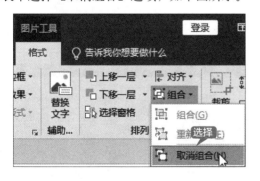

第3步 分别为图片和形状添加"随机线条"动画效果，如下图所示。

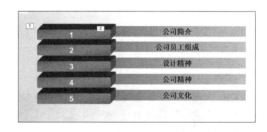

第4步 使用上述操作方法，为其余目录添加"随机线条"动画效果，结果如下图所示。

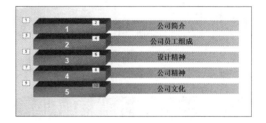

| 提示 |

　　对于需要设置同样动画效果的部分，可以使用动画刷工具快速复制动画效果。

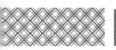
12.5 为内容页添加动画

过多的文本会影响幻灯片的阅读效果，可以为文字设置逐段显示的动画效果，避免同时出现大量文字。为商务企业宣传 PPT 文本添加动画效果的具体操作步骤如下。

第1步 选择第 3 张幻灯片，选中公司简介内容文本框，如下图所示。

第2步 单击【动画】选项卡下【动画】组中的【飞入】按钮，为公司简介添加"飞入"动画效果，如下图所示。

第3步 然后单击【动画】组中的【效果选项】按钮，在弹出的下拉列表中选择【按段落】选项，如下图所示。

第4步 即可对每个段落添加动画效果，如下图所示。

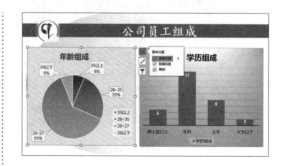

12.5.1 重点：为图表添加动画

为图表添加合适的动画效果，可以更形象地展示图表内容，具体操作步骤如下。

第1步 选择第 4 张幻灯片，选中"年龄组成"图表，如下图所示。

第2步 为图表添加"轮子"动画效果，然后单击【动画】组中的【效果选项】按钮，在弹出的下拉列表中选择【按类别】选项，如下图所示。

第3步 即可对图表中每个类别添加动画效果，如下图所示。

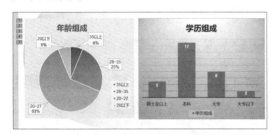

第4步 选中"学历组成"图表，为图表添加"飞入"动画效果，然后单击【效果选项】按钮，在弹出的下拉列表中选择【按类别】选项，如下图所示。

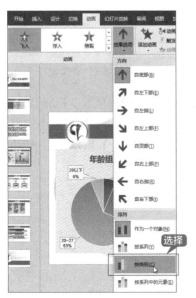

第5步 即可对图表中每个类别添加动画效果，如下图所示。

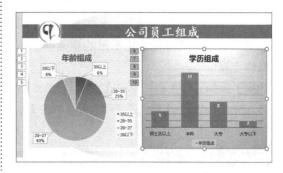

第6步 在【计时】组中设置【开始】为【单击时】、【持续时间】为【01.00】、【延迟】为【00.50】，如下图所示。

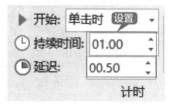

第7步 选择第5张幻灯片，使用上述操作方法将图中文字和所在图片进行组合，并为幻灯片中的图形添加"飞入"效果，如下图所示。

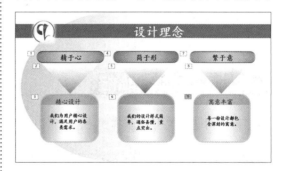

| 提示 |

　　添加动画时需要注意添加顺序，图形左上角的数字代表了动画顺序。如果想更改顺序，可以单击【动画】选项卡下【高级动画】组中的【动画窗格】按钮，在弹出的【动画窗格】中对动画进行排序。

12.5.2 重点：为 SmartArt 图形添加动画

为 SmartArt 图形添加动画效果可以使图形更加突出，更好地表达图形的意义。具体操作步骤如下。

第1步 选择第 6 张幻灯片，选择 SmartArt 图形，单击【动画】选项卡下【动画】组中的【飞入】按钮，如下图所示。

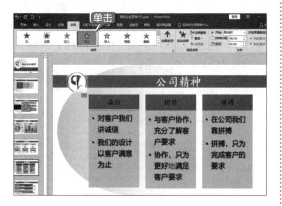

第2步 单击【动画】组中的【效果选项】按钮，在弹出的下拉列表中选择【逐个】选项，如下图所示。

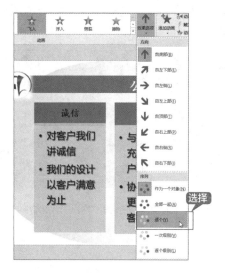

第3步 设置完成后的最终效果如下图所示。

12.5.3 添加动作路径

除了对 PPT 应用动画样式外，还可以为 PPT 添加动作路径，具体操作步骤如下。

第1步 选择第 7 张幻灯片，选择"公司使命"中包含的文本和图形，如下图所示。

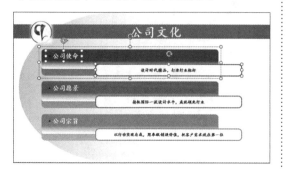

第2步 单击【动画】选项卡下【动画】组中的【其他】按钮，在弹出的下拉列表中选择【动作路径】组中的【转弯】选项，如下图所示。

第3步 即可为所选图形和文字添加所选动作路径，效果如下图所示。

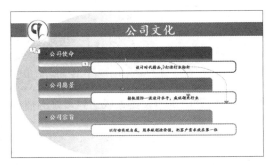

第6步 即可为所选图形和文字添加动作路径，如下图所示。

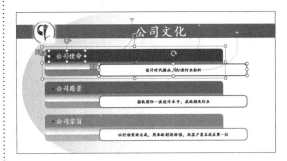

第4步 单击【动画】组中的【效果选项】按钮，在弹出的下拉列表中选择【上】选项，如下图所示。

第7步 将公司愿景和公司宗旨的图形和关联文字分别进行组合操作，效果如下图所示。

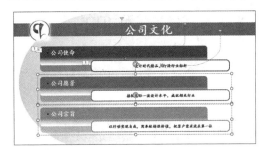

为 PPT 添加动画效果的具体操作步骤如下。

第1步 选中设置动画的图形，单击【动画】选项卡下【高级动画】组中的【动画刷】按钮，如下图所示。

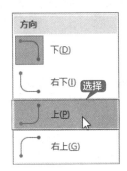

第5步 再次单击【效果选项】按钮，在弹出的下拉列表中选择【反转路径方向】选项，如下图所示。

第2步 单击"公司愿景"图形组合，即可将

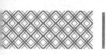

所选图形应用的动画复制到"公司愿景"图形组合，如下图所示。

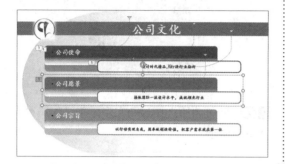

第3步 使用同样的方法将动画应用至"公司宗旨"图形组合，如下图所示。

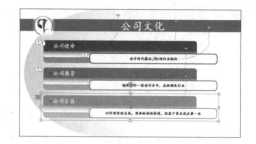

第4步 选择第8张幻灯片，对"Thank You！"文本添加"飞入"动画效果，如下图所示。

12.6 设置添加的动画

对商务企业宣传PPT中的幻灯片添加动画之后，可以对动画进行设置，以达到最好的播放效果。

12.6.1 重点：触发动画

如果在播放幻灯片时想自己控制动画的播放，可以为动画添加一个触发条件，具体操作步骤如下。

第1步 选择第1张幻灯片，选中主标题文本框，如下图所示。

第2步 单击【格式】选项卡下【插入形状】

组中的【其他】按钮，在弹出的下拉列表中选择【动作按钮】选项组中的【开始】选项，如下图所示。

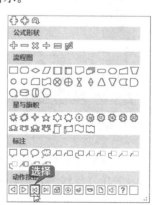

第3步 按住鼠标左键并拖动鼠标，在适当位置绘制【开始】按钮，如下图所示。

第4步 绘制完成，弹出【操作设置】对话框，选择【单击鼠标】选项卡，选中【无动作】单选按钮，单击【确定】按钮，如下图所示。

第5步 选中主标题文本框，单击【动画】选项卡下【高级动画】组中的【触发】按钮，在弹出的下拉列表中选择【通过单击】→【动作按钮：转到开头 3】选项，如下图所示。

第6步 即可使用动作按钮控制标题的动画播放，效果如下图所示。

12.6.2 重点：测试动画

对设置完成的动画，可以进行预览测试，以检查动画的播放效果，具体操作步骤如下。

第1步 选择第 2 张幻灯片，单击【动画】选项卡下【预览】组中的【预览】按钮，如下图所示。

第2步 即可预览动画的播放效果，如下图所示。

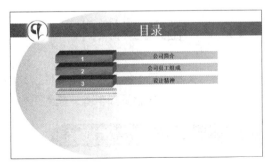

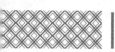
12.6.3 移除动画

如果需要更改和删除已设置的动画，可以使用下面的方法，具体操作步骤如下。

第1步 选择第2张幻灯片，单击【动画】选项卡下【高级动画】组中的【动画窗格】按钮，如下图所示。

第2步 弹出【动画窗格】窗格，可以在窗格中看到幻灯片中的动画列表，如下图所示。

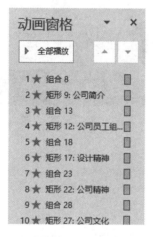

第3步 选择【组合18】选项并右击，在弹出的快捷菜单中选择【删除】选项，如下图所示。

第4步 即可将【组合18】动画效果删除，如下图所示。

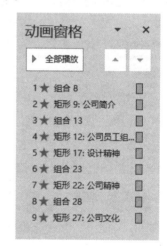

|提示|:::::::

选择动画前的动画序号，按【Delete】键也可以删除添加的动画。

12.7 插入多媒体

在演示文稿中可以插入多媒体文件，如声音或视频。在商务企业宣传PPT中添加多媒体文件可以使PPT文件内容更加丰富，起到更好的宣传效果。

12.7.1 添加公司宣传视频

可以在PPT中添加公司的宣传视频，具体操作步骤如下。

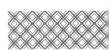

第1步 选择第 3 张幻灯片，选中公司简介内容文本框，适当调整文本框的位置和大小，效果如下图所示。

第2步 单击【插入】选项卡下【媒体】组中的【视频】按钮，在弹出的下拉列表中选择【PC 上的视频】选项，如下图所示。

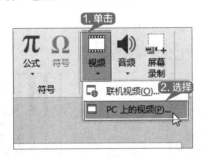

第3步 弹出【插入视频文件】对话框，选择"素

材 \ch12\ 宣传视频 .wmv"文件，单击【插入】按钮，如下图所示。

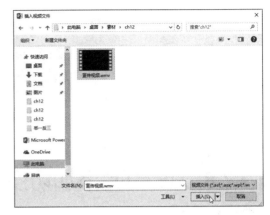

第4步 即可将视频插入幻灯片中，适当调整视频窗口的大小和位置，效果如下图所示。

12.7.2 添加背景音乐

可以为 PPT 添加背景音乐，具体操作步骤如下。

第1步 选择第 2 张幻灯片，单击【插入】选项卡下【媒体】组中的【音频】按钮，在弹出的下拉列表中选择【PC 上的音频】选项，如下图所示。

第2步 弹出【插入音频】对话框，选择"素材 \ch12\ 声音 .mp3"文件，单击【插入】按钮，如下图所示。

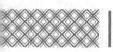

第3步 即可将音频文件添加至幻灯片中，产生一个音频标记，适当调整标记位置，效果如下图所示。

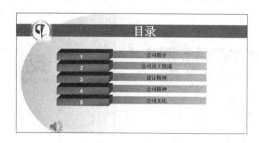

12.8 为幻灯片添加切换效果

在幻灯片中添加幻灯片切换效果，可以使幻灯片各个主题的切换更加流畅自然。

12.8.1 重点：添加切换效果

在商务企业宣传 PPT 各张幻灯片之间添加切换效果的具体操作步骤如下。

第1步 选择第1张幻灯片，单击【切换】选项卡下【切换到此幻灯片】组中的【其他】按钮，在弹出的下拉列表中选择【百叶窗】选项，如下图所示。

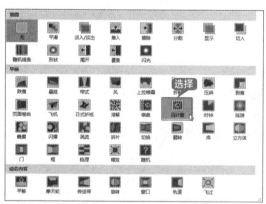

第2步 即可为第1张幻灯片添加"百叶窗"切换效果，如下图所示。

第3步 使用同样的方法可以为其他幻灯片页面添加切换效果，如下图所示。

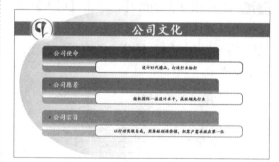

12.8.2 设置显示效果

对幻灯片添加切换效果之后，可以更改其显示效果，具体操作步骤如下。

第1步 选择第 1 张幻灯片，单击【切换】选项卡下【切换到此幻灯片】组中的【效果选项】按钮，在弹出的下拉列表中选择【水平】选项，如下图所示。

第2步 单击【计时】组中的【声音】下拉按钮，在弹出的下拉列表中选择【风铃】选项，将【持续时间】设置为【01.00】，如下图所示。

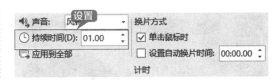

12.8.3 设置换片方式

对于设置了切换效果的幻灯片，可以设置幻灯片的切片方式，具体操作步骤如下。

第1步 选中【切换】选项卡下【计时】组中的【单击鼠标时】和【设置自动换片时间】复选框，将【设置自动换片时间】设置为【01:10.00】，如下图所示。

第2步 单击【切换】选项卡下【计时】组中的【应用到全部】按钮，即可将设置的显示效果和切换效果应用到所有幻灯片中，如下图所示。

举一
反三

设计产品宣传展示 PPT

产品宣传展示 PPT 的制作和商务宣传 PPT 的制作有很多相似之处，主要是对动画和切换效果的应用，制作产品宣传展示 PPT 可以按照以下思路进行。

第1步 为幻灯片添加封面

为产品宣传展示 PPT 添加封面，在封面上输入产品宣传展示的主题和其他信息，如下图所示。

XX园林绿化有限公司

产品宣传展示

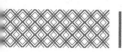

第2步 为幻灯片中的图片添加动画效果

可以为幻灯片中的图片添加动画效果，使产品的展示更加引人注目，如下图所示。

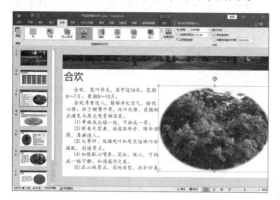

第3步 为幻灯片中的文字添加动画效果

可以为幻灯片中的文字添加动画效果，文字作为幻灯片中的重要元素，使用合适的动画效果可以使文字很好地与其他元素融合在一起，如下图所示。

第4步 为幻灯片添加切换效果

可以为各幻灯片添加切换效果，使幻灯片之间的切换更加自然，如下图所示。

至此，就完成了产品宣传展示 PPT 的制作。

◇ **使用格式刷快速复制动画效果**

在幻灯片的制作中，如果需要对不同的部分使用相同的动画效果，可以先对一个部分设置动画效果，再使用格式刷工具将动画效果复制在其余部分，具体操作步骤如下。

第1步 打开"素材 \ch12\ 使用格式刷快速复制动画 .pptx"文件，如下图所示。

第2步 选中红色圆形，单击【动画】选项卡下【动画】组中的【其他】按钮，在弹出的下拉列表中选择【进入】选项组中的【轮子】选项，如下图所示。

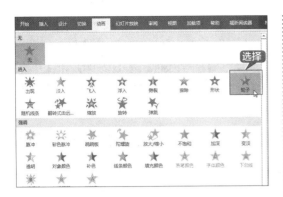

第 3 步 即可对选中的形状添加"轮子"动画效果，选中添加完成动画的小球，单击【动画】选项卡下【高级动画】组中的【动画刷】按钮，如下图所示。

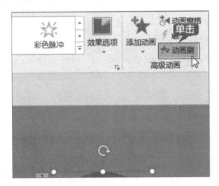

第 4 步 当鼠标指针变为刷子形状时，单击其余圆形即可复制动画，如下图所示。

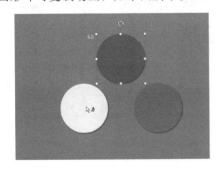

◇ 使用动画制作动态背景 PPT

在幻灯片的制作过程中，可以合理使用动画效果制作出动态的背景，具体操作步骤如下。

第 1 步 打开"素材 \ch12\ 动态背景 .pptx"文件，如下图所示。

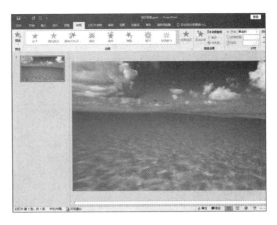

第 2 步 选中背景图片，单击【切换】选项卡下【切换到此幻灯片】组中的【其他】按钮，在弹出的下拉列表中选择【风】选项，如下图所示。

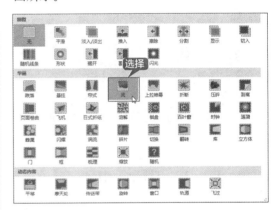

第 3 步 单击【切换到此幻灯片】组中的【效果选项】按钮，在弹出的下拉列表中选择【向左】选项，如下图所示。

第4步 选择帆船图片，单击【动画】选项卡下【动画】组中的【其他】按钮，在弹出的【下拉列表】中选择【动作路径】组中的【自定义路径】选项，如下图所示。

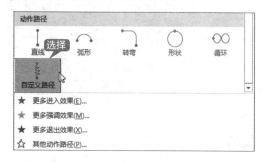

第5步 在幻灯片中绘制出如下图所示的路径，按【Enter】键结束路径的绘制。

第6步 在【计时】组中设置【开始】为【与上一动画同时】、【持续时间】为【04.00】，如下图所示。

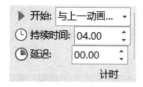

第7步 使用同样的方法分别为海鸟设置动作路径，并分别设置【开始】为【与上一动画同时】、【持续时间】为【02.00】和【开始】为【与上一动画同时】、【持续时间】为【02.50】，如下图所示。

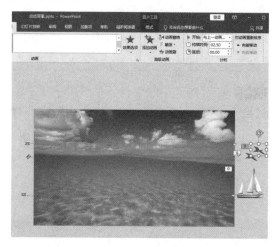

第8步 即可完成动态背景的制作，播放效果如下图所示。

第13章

放映幻灯片

📕 本章导读

完成商务会议类 PPT 的设计制作后，需要放映这些幻灯片。放映时要做好放映前的准备工作，选择 PPT 的放映方式，并要控制放映幻灯片的过程。使用 PowerPoint 2019 提供的排练计时、自定义幻灯片放映、放大幻灯片局部信息、使用画笔来做标记等功能，可以方便地对这些幻灯片进行放映。

🚀 思维导图

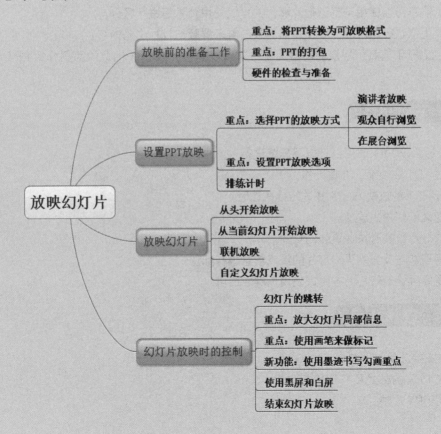

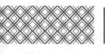

 13.1 商务会议 PPT 的放映

　　放映商务会议 PPT 时要做到简洁清楚、重点明了，便于公众快速地接收 PPT 中的信息。

实例名称：放映商务会议 PPT	
实例目的：便于公众快速地接收 PPT 中的信息	
素材	素材 \ch13\ 商务会议 PPT.pptx
结果	结果 \ch13\ 商务会议 PPT.pptx
视频	视频教学 \13 第 13 章

13.1.1　案例概述

　　放映商务会议 PPT 时，需要注意以下几点。

（1）简洁

① 放映 PPT 时要简洁流畅，并使 PPT 中的文件打包保存，避免资料丢失。

② 选择合适的放映方式，可以预先进行排练计时。

（2）重点明了

① 在放映幻灯片时，对重点信息需要放大幻灯片局部进行播放。

② 重点信息可以使用画笔进行注释，并可以使用荧光笔进行区分。

③ 需要观众进行思考时，要使用黑屏或白屏来屏蔽幻灯片中的内容。

　　商务会议 PPT 气氛可以淡雅冷静为主。本节以商务会议 PPT 的放映为例介绍 PPT 放映的方法。

13.1.2　设计思路

　　放映商务会议 PPT 时可以按以下思路进行。

① 做好 PPT 放映前的准备工作。

② 选择 PPT 的放映方式，并进行排练计时。

③ 自定义幻灯片的放映。

④ 在幻灯片放映时快速跳转幻灯片。

⑤ 使用画笔与荧光笔为幻灯片的重点信息进行标注。

⑥ 在需要屏蔽幻灯片内容时，使用黑屏或白屏。

13.1.3　涉及知识点

　　本案例主要涉及以下知识点。

① 转换 PPT 的格式及将 PPT 打包。

② 设置 PPT 放映。

③ 放映幻灯片。

④ 幻灯片放映时要控制播放过程。

13.2 放映前的准备工作

在商务会议 PPT 放映之前做好准备工作，避免放映过程中出现错误。

13.2.1 重点: 将 PPT 转换为可放映格式

将商务会议 PPT 转换为可放映格式，打开 PPT 即可进行播放，具体操作步骤如下。

第1步 打开"素材 \ch13\ 商务会议 PPT. pptx"文件，选择【文件】选项卡，在弹出的界面中选择【另存为】→【浏览】选项，如下图所示。

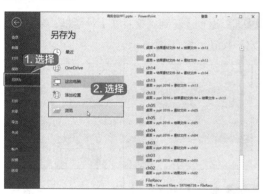

第2步 弹出【另存为】对话框，在【文件名】文本框中输入"商务会议 PPT"文本，单击【保存类型】文本框后的下拉按钮，在弹出的下拉列表中选择【PowerPoint 放映（*.ppsx）】选项，如下图所示。

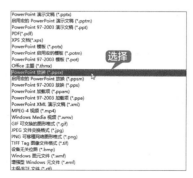

第3步 返回【另存为】对话框，单击【保存】按钮，如下图所示。

第4步 即可将 PPT 转换为可放映的格式，如下图所示。

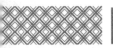

13.2.2 重点：PPT 的打包

PPT 的打包是将 PPT 中独立的文件集成到一起，生成一种独立运行的文件，避免文件损坏或无法调用等问题。具体操作步骤如下。

第 1 步 选择【文件】选项卡，在弹出的界面中选择【导出】选项，单击【将演示文稿打包成 CD】→【打包成 CD】按钮，如下图所示。

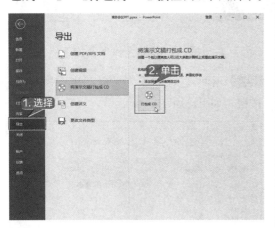

第 2 步 在弹出的【打包成 CD】对话框中，在【将 CD 命名为】文本框中为打包的 PPT 进行命名，并单击【复制到文件夹】按钮，如下图所示。

第 3 步 弹出【复制到文件夹】对话框，单击【浏览】按钮，如下图所示。

第 4 步 弹出【选择位置】对话框，选择要保存的位置，并单击【选择】按钮，如下图所示。

第 5 步 返回【复制到文件夹】对话框，单击【确定】按钮，如下图所示。

第 6 步 弹出【Microsoft PowerPoint】对话框，如果用户信任连接来源，可单击【是】按钮，如下图所示。

第 7 步 弹出【正在将文件复制到文件夹】对话框，如下图所示。

第 8 步 复制完成后，即可打开"商务会议 PPT"文件夹，完成对 PPT 的打包，如下图所示。

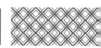

第9步 返回【打包成 CD】对话框，单击【关闭】按钮，如下图所示。

13.2.3 硬件的检查与准备

在商务会议 PPT 放映前，要检查计算机硬件，并进行播放前的准备。

（1）硬件连接

大多数的台式计算机通常只有一个 VGA 信号输出口，所以可能要单独添加一个显卡，并正确配置后才能正常使用；而目前的笔记本电脑均内置了多监视器支持。因此，要使用演示者视图，使用笔记本电脑做演示会省事得多。在确定台式计算机或笔记本电脑可以多头输出信号的情况下，将外接显示设备的信号线正确连接到视频输出口上，并打开外接设备的电源即可完成硬件连接。

（2）软件安装

对于可以支持多头显示输出的台式计算机或笔记本电脑来说，机器上的显卡驱动安装也是很重要的，如果没有正确安装显卡驱动，则不能正常使用多头输出显示信号功能。因此，这种情况需要重新安装显卡的最新驱动。如果显卡的驱动正常，则不需要该步骤。

（3）输出设置

显卡驱动安装正确后，在任务栏的最右端显示图形控制图标。单击该图标，在弹出的显示设置快捷菜单中执行【图形选项】→【输出至】→【扩展桌面】→【笔记本电脑 + 监视器】命令，就可以完成以笔记本屏幕作为主显示器，以外接显示设备作为辅助输出的设置。

13.3 设置 PPT 放映

用户可以对商务会议 PPT 的放映进行放映方式、排练计时等设置，具体操作步骤如下。

13.3.1 重点：选择 PPT 的放映方式

在 PowerPoint 2019 中，演示文稿的放映方式包括演讲者放映、观众自行浏览和在展台浏览 3 种。

具体演示方式的设置可以通过单击【幻灯片放映】选项卡下【设置】组中的【设置幻灯片放映】按钮，然后在弹出的【设置放映方式】对话框中进行放映类型、放映选项及换片方式等设置。

（1）演讲者放映

演示文稿放映方式中的演讲者放映方式是指由演讲者一边讲解一边放映幻灯片，此演示方式一般用于比较正式的场合，如专题讲座、学术报告等，在本案例中也使用演讲者放映的方式。

将演示文稿的放映方式设置为演讲者放映的具体操作步骤如下。

第1步 打开"素材 \ch13\ 商务会议 PPT. pptx"文件。单击【幻灯片放映】选项卡下【设置】组中的【设置幻灯片放映】按钮，如下图所示。

第2步 弹出【设置放映方式】对话框，默认设置即为演讲者放映状态，如下图所示。

（2）观众自行浏览

观众自行浏览是指由观众自己动手使用计算机观看幻灯片。如果希望让观众自己浏览多媒体幻灯片，可以将多媒体演讲的放映方式设置成观众自行浏览，具体操作步骤如下。

第1步 单击【幻灯片放映】选项卡下【设置】组中的【设置幻灯片放映】按钮，弹出【设置放映方式】对话框。在【放映类型】选项区域中选中【观众自行浏览（窗口）】单选按钮；在【放映幻灯片】选项区域中选中

【从……到……】单选按钮，并在第 2 个文本框中输入"4"，设置从第 1 页到第 4 页的幻灯片放映方式为观众自行浏览，如下图所示。

第2步 单击【确定】按钮，按【F5】键即可进行演示文稿的演示。这时可以看到，设置后的前 4 页幻灯片以窗口的形式出现，并且在最下方显示状态栏，如下图所示。

第3步 单击状态栏中的【普通视图】按钮，可以将演示文稿切换到普通视图状态，如下图所示。

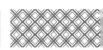

｜提示｜::::::::

　　单击状态栏中的【下一张】按钮和【上一张】按钮也可以切换幻灯片；单击状态栏右方的【幻灯片浏览】按钮，可以将演示文稿由普通状态切换到幻灯片浏览状态；单击状态栏右方的【阅读视图】按钮，可以将演示文稿切换到阅读状态；单击状态栏右方的【幻灯片放映】按钮，可以将演示文稿切换到幻灯片浏览状态。

　　（3）在展台浏览

　　在展台浏览这一放映方式可以让多媒体幻灯片自动放映而不需要演讲者操作，如播放展览会上的产品展示 PPT 等。

　　打开演示文稿后，在【幻灯片放映】选项卡的【设置】组中单击【设置幻灯片放映】按钮，在弹出的【设置放映方式】对话框的【放映类型】选项区域中选中【在展台浏览（全屏幕）】单选按钮，即可将演示方式设置为在展台浏览，如下图所示。

｜提示｜::::::::

　　可以将展台演示文稿设置为当看完整个演示文稿或演示文稿保持闲置状态达到一段时间后，自动返回演示文稿首页。这样，参展者就不必一直守着展台了。

　　在本案例中，设置为切换回演讲者放映的放映方式。

13.3.2　重点：设置 PPT 放映选项

　　选择 PPT 的放映方式后，用户需要设置PPT 的放映选项，具体操作步骤如下。

第1步 单击【幻灯片放映】选项卡下【设置】组中的【设置幻灯片放映】按钮，如下图所示。

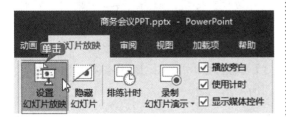

第2步 弹出【设置放映方式】对话框，选中【演讲者放映（全屏幕）】单选按钮，如下图所示。

第3步 在【设置放映方式】对话框的【放映选项】选项区域中选中【循环放映，按 Esc 键终止】复选框，可以在最后一张幻灯片放映结束后自动返回第 1 张幻灯片重复放映，直到按【Esc】键才能结束放映，如下图所示。

第4步 在【推进幻灯片】选项区域中选中【手动】复选框,设置演示过程中的换片方式为手动,可以取消使用排练计时,如下图所示。

提示 ┊┊┊┊┊

选中【放映时不加旁白】复选框,表示在放映时不播放在幻灯片中添加的声音。选中【放映时不加动画】复选框,表示在放映时设定的动画效果将被屏蔽。

13.3.3 排练计时

用户通过排练计时为每张幻灯片确定适当的放映时间,可以实现更好地自动放映幻灯片。具体操作步骤如下。

第1步 单击【幻灯片放映】选项卡下【设置】组中的【排练计时】按钮,如下图所示。

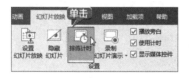

第2步 按【F5】键,放映幻灯片时,左上角会出现【录制】对话框,在【录制】对话框内可以设置暂停、继续等操作,如下图所示。

第3步 幻灯片播放完成后,弹出【Microsoft PowerPoint】对话框,单击【是】按钮,即可保存幻灯片计时,如下图所示。

第4步 单击【幻灯片放映】选项卡下【开始放映幻灯片】组中的【从头开始】按钮,即可播放幻灯片,如下图所示。

第5步 若幻灯片不能自动放映,单击【幻灯片放映】选项卡下【设置】组中的【设置幻灯片放映】按钮,弹出【设置放映方式】对话框,在【推进幻灯片】选项区域中选中【如果出现计时,则使用它】单选按钮,并单击【确定】按钮,即可使用幻灯片排练计时,如下图所示。

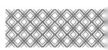

13.4 放映幻灯片

默认情况下，幻灯片的放映方式为普通手动放映。用户可以根据实际需要，设置幻灯片的放映方法，如从头开始放映、从当前幻灯片开始放映、联机放映等。

13.4.1 从头开始放映

放映幻灯片一般是从头开始放映的，具体操作步骤如下。

第1步 在【幻灯片放映】选项卡下【开始放映幻灯片】组中单击【从头开始】按钮或按【F5】键，如下图所示。

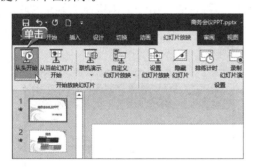

第2步 系统将从头开始播放幻灯片。由于前面使用了排练计时，幻灯片可以自动往下播放，

如下图所示。

> **| 提示 |:::::::**
>
> 若幻灯片中没有设置排练计时，则单击鼠标、按【Enter】或【Space】键均可切换到下一张幻灯片。另外，按键盘上的方向键也可以向上或向下切换幻灯片。

13.4.2 从当前幻灯片开始放映

在放映幻灯片时可以从选定的当前幻灯片开始放映，具体操作步骤如下。

第1步 选中第2张幻灯片，在【幻灯片放映】选项卡下【开始放映幻灯片】组中单击【从当前幻灯片开始】按钮或按【Shift+F5】组合键，如下图所示。

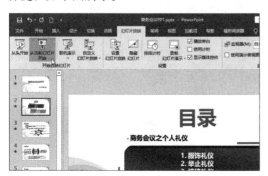

第2步 系统将从当前幻灯片开始播放。按【Enter】（或【Space】键）可切换到下一张幻灯片，如下图所示。

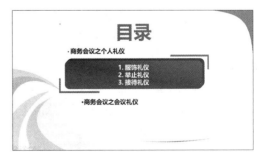

13.4.3 联机放映

PowerPoint 2019新增了联机演示功能，只要在有网络的条件下，就可以在没有安装 PowerPoint 的计算机上放映演示文稿，具体操作步骤如下。

第1步 单击【幻灯片放映】选项卡下【开始放映幻灯片】组中的【联机演示】下拉按钮，在弹出的下拉列表中选择【Office Presentation Service】选项，如下图所示。

第2步 弹出【联机演示】对话框，单击【连接】按钮，如下图所示。

第3步 在弹出的界面中单击【复制链接】链接，复制文本框中的链接地址，并将其共享给远程查看者，待查看者打开该链接后，单击【开始演示】按钮，如下图所示。

第4步 此时即可开始放映幻灯片，远程查看者将收到的链接粘贴至浏览器的地址栏中，即可在浏览器中同时查看播放的幻灯片，如下图所示。

第5步 放映结束后，单击【联机演示】选项卡下【联机演示】组中的【结束联机演示】按钮，如下图所示。

第6步 弹出【Microsoft PowerPoint】对话框，单击【结束联机演示】按钮，即可结束联机放映，如下图所示。

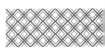

13.4.4 自定义幻灯片放映

利用 PowerPoint 的【自定义幻灯片放映】功能，可以为幻灯片设置多种自定义放映方式，具体操作步骤如下。

第1步 在【幻灯片放映】选项卡下【开始放映幻灯片】组中单击【自定义幻灯片放映】按钮，在弹出的下拉列表中选择【自定义放映】选项，如下图所示。

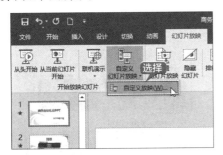

第2步 弹出【自定义放映】对话框，单击【新建】按钮，如下图所示。

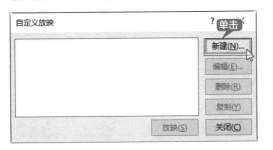

第3步 弹出【定义自定义放映】对话框，在【在演示文稿中的幻灯片】列表框中选择需要放映的幻灯片，然后单击【添加】按钮，即可

将选中的幻灯片添加到【在自定义放映中的幻灯片】列表框中，如下图所示。

第4步 单击【确定】按钮，返回【自定义放映】对话框，单击【放映】按钮，如下图所示。

第5步 即可从选中的页码开始放映，如下图所示。

13.5 幻灯片放映时的控制

在商务会议 PPT 的放映过程中，可以控制幻灯片的跳转、放大幻灯片局部信息、为幻灯片添加注释等。

13.5.1 幻灯片的跳转

在播放幻灯片的过程中既需要幻灯片的跳转，又需要保持逻辑上的关系，具体操作步骤如下。

第1步 选择目录幻灯片页面，将鼠标指针放置在【3.安排会议座次】文本框中并右击，在弹出的快捷菜单中选择【超链接】选项，如下图所示。

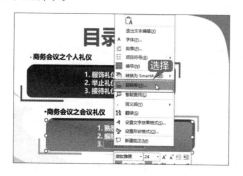

第2步 弹出【插入超链接】对话框，在【链接到】选项区域可以选择链接的文件位置，这里选择【本文档中的位置】选项，在【请选择文档中的位置】选项区域选择【8.安排会议座次】幻灯片页面，单击【确定】按钮，如下图所示。

第3步 即可在【目录】幻灯片页面中插入超链接，如下图所示。

第4步 单击【幻灯片放映】选项卡下【开始放映幻灯片】组中的【从当前幻灯片开始】按钮，即可从【目录】页面开始播放幻灯片，如下图所示。

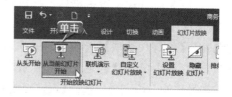

第5步 在幻灯片播放时，单击【安排会议座次】超链接，如下图所示。

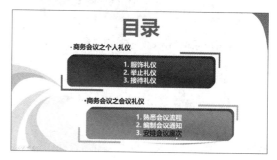

第6步 幻灯片即可跳转至超链接的幻灯片并继续播放，如下图所示。

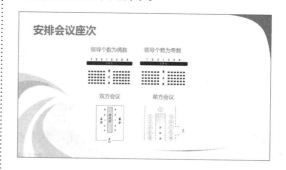

13.5.2 重点：放大幻灯片局部信息

在商务会议 PPT 放映过程中，可以放大幻灯片的局部，强调重点内容，具体操作步骤如下。

第1步 选择"举止礼仪"幻灯片页面，单击【幻灯片放映】选项卡下【开始放映幻灯片】组中的【从当前幻灯片开始】按钮，如下图所示。

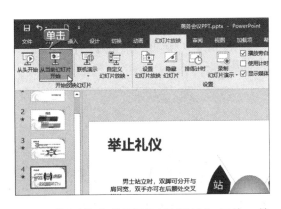

第2步 即可从当前页面开始播放幻灯片，单击屏幕左下角的【放大镜】按钮，如下图所示。

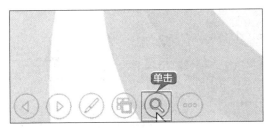

第3步 当鼠标指针变为放大镜图标时，周围是一个矩形的白色区域，其余部分则变成灰色，矩形所覆盖的区域就是即将放大的区域，如下图所示。

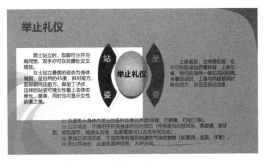

第4步 单击需要放大的区域，即可放大局部幻灯片，如下图所示。

第5步 当不需要进行放大时，按【Esc】键即可停止放大，如下图所示。

13.5.3 重点：使用画笔来做标记

要想使观看者更加了解幻灯片所表达的意思，就需要在幻灯片中添加标注以达到演讲者的目的。添加标注的具体操作步骤如下。

第1步 选择第 4 张"举止礼仪"幻灯片，单击【幻灯片放映】选项卡下【开始放映幻灯片】组中的【从当前幻灯片开始】按钮或按【Shift+F5】组合键放映幻灯片，如下图所示。

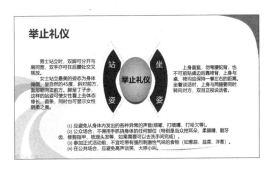

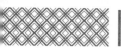

第 2 步 右击，在弹出的快捷菜单中选择【指针选项】→【笔】选项，如下图所示。

第 3 步 当鼠标指针变为•形状时，即可在幻灯片中添加标注，如下图所示。

第 4 步 结束放映幻灯片时，弹出【Microsoft PowerPoint】对话框，单击【保留】按钮，如下图所示。

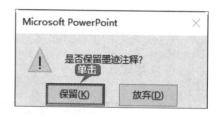

第 5 步 即可保留画笔注释，如下图所示。

13.5.4 新功能：使用墨迹书写勾画重点

画笔和荧光笔需要在放映状态下才能使用。在 PowerPoint 2019 中提供了墨迹书写功能，在不放映幻灯片的状态下即可在幻灯片页面中添加注释或勾画重点，使用墨迹书写勾画重点的具体操作步骤如下。

第 1 步 单击【审阅】选项卡下【墨迹】组中的【开始墨迹书写】按钮，如下图所示。

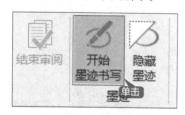

第 2 步 弹出【墨迹书写工具-笔】选项卡，在【写入】组中单击【笔】按钮，在【笔】组中单击【红色 画笔（0.35毫米）】图标，如下图所示。

> **┃提示┃:::::::::**
>
> 在【笔】组中的【颜色】按钮的下拉列表中可设置画笔的颜色，在【粗细】按钮的下拉列表中可设置画笔的粗细。

第 3 步 将鼠标指针移至幻灯片中，可以看到鼠标指针变为•形状时，即可在幻灯片页面中进行标注，如下图所示。

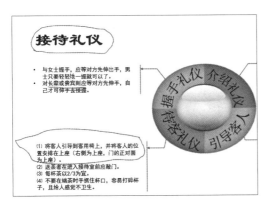

第 4 步 单击【笔】选项卡下【墨迹艺术】组中的【将墨迹转换为形状】按钮，如下图所示。

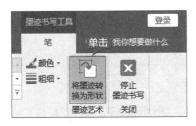

第 5 步 按住鼠标左键，在幻灯片页面中拖曳进行勾画，松开鼠标左键，系统会自动将绘图转换为形状，效果如下图所示。

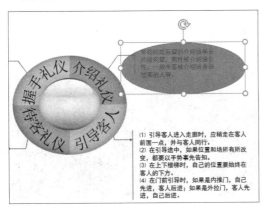

| 提示 |

再次单击【墨迹艺术】组中的【将墨迹转换为形状】按钮，即可退出"将墨迹转换为形状"功能。

第 6 步 单击【笔】选项卡下【写入】组中的【选择对象】按钮，如下图所示。

第 7 步 在要选择的标注上单击，即可选中该标注，然后根据需要对标注进行位置的移动及大小的调整，如下图所示。

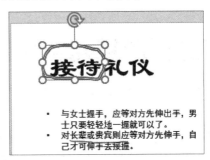

第 8 步 若要批量删除标注，可以单击【笔】选项卡下【写入】组中的【套索选择】按钮，如下图所示。

第 9 步 在幻灯片页面中按住鼠标左键进行拖曳，绘制选择范围，即可看到在选择范围中的所有标注都被选中，如下图所示。

第 10 步 松开鼠标左键，然后按【Delete】键，即可将选中的标注删除，如下图所示。

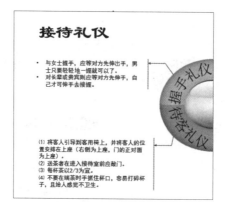

13.5.5 屏蔽幻灯片内容——使用黑屏和白屏

在 PPT 的放映过程中，需要观众关注其他材料时，可以使用黑屏或白屏来屏蔽幻灯片中的内容，具体操作步骤如下。

第1步 在【幻灯片放映】选项卡下【开始放映幻灯片】组中单击【从头开始】按钮或按【F5】键放映幻灯片，如下图所示。

商务会议礼仪PPT

2019年3月

第2步 在放映幻灯片时，按【W】键，即可使屏幕变为白屏，如下图所示。

第3步 再次按【W】（或【Esc】）键，即可返回幻灯片放映页面，如下图所示。

商务会议礼仪PPT

2019年3月

第4步 按【B】键，即可使屏幕变为黑屏，如下图所示。

第5步 再次按【B】（或【Esc】）键，即可返回幻灯片放映页面，如下图所示。

商务会议礼仪PPT

2019年3月

13.5.6 结束幻灯片放映

在放映幻灯片的过程中，可以根据需要中止幻灯片放映，具体操作步骤如下。

第1步 在【幻灯片放映】选项卡下【开始放映幻灯片】组中单击【从头开始】按钮或按【F5】键放映幻灯片，如下图所示。

如下图所示。

第2步 按【Esc】键，即可快速停止放映幻灯片，

举一
反三

论文答辩 PPT 的放映

与商务会议 PPT 类似的演示文稿还有论文答辩 PPT、产品营销推广方案 PPT、企业发展战略 PPT 等。放映这类演示文稿时，都可以使用 PowerPoint 2019 提供的排练计时、自定义幻灯片放映、放大幻灯片局部信息、使用画笔来做标记等功能，方便对这些幻灯片进行放映。下面以论文答辩 PPT 的放映为例进行介绍，具体操作步骤如下。

第1步 放映前的准备工作

将 PPT 转换为可放映格式，并对 PPT 进行打包，检查硬件，如下图所示。

第2步 设置 PPT 放映

选择 PPT 的放映方式，并设置 PPT 的放映选项，进行排练计时，如下图所示。

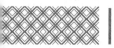
第3步 放映幻灯片

选择放映幻灯片的方式，如从头开始放映、从当前幻灯片开始放映或自定义幻灯片放映等，如下图所示。

◇ 快速定位幻灯片

在播放 PowerPoint 演示文稿时，如果要快进到或退回第 6 张幻灯片，可以先按下数字【6】键，再按【Enter】键。

◇ 将 PPT 转化为 Flash

幻灯片制作完成后，可以将 PPT 转换为视频，具体操作步骤如下。

第1步 选择【文件】选项卡下的【导出】选项，在右侧【导出】面板选择【创建视频】选项，在【创建视频】面板设置【放映每张幻灯片的秒数】为【04.00】，还可以根据需要设置视频清晰度，以及是否使用录制的计时和旁白，单击【创建视频】按钮，如下图所示。

第4步 幻灯片放映时的控制

在论文答辩 PPT 的放映过程中，可以使用幻灯片的跳转、放大幻灯片局部信息、为幻灯片添加注释等来控制幻灯片的放映，如下图所示。

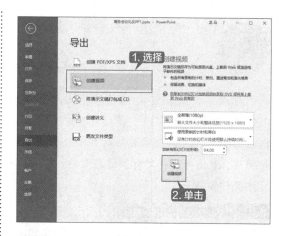

第2步 弹出【另存为】对话框，选择视频文件存储的位置，单击【保存】按钮，如下图所示。

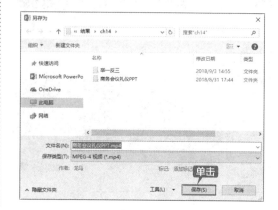

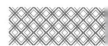

第 3 步 在状态栏中即可看到正在制作的视频及制作进度提示，如下图所示。

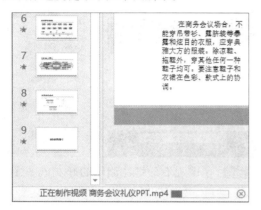

第 4 步 制作完成后即可打开视频观看，如下图所示。

◇ 放映幻灯片时隐藏光标

在放映幻灯片时可以隐藏鼠标指针，具体操作步骤如下。

第 1 步 在【幻灯片放映】选项卡下【开始放映幻灯片】组中单击【从头开始】按钮或按【F5】键，如下图所示。

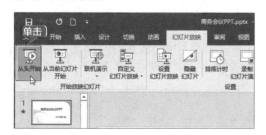

第 2 步 放映幻灯片时右击，在弹出的快捷菜

单中选择【指针选项】→【箭头选项】→【永远隐藏】选项，即可在放映幻灯片时隐藏鼠标指针，如下图所示。

┃ **提示** ┃::::::

按【Ctrl+H】组合键，也可以隐藏鼠标指针。

◇ 使用 QQ 远程演示幻灯片

在文档编辑过程中，用户可以直接将编辑过的文本转换为表格。

使用 QQ 可以实现远程演示幻灯片，可以方便地用于远程授课、交流、会议等。具体操作步骤如下。

第 1 步 登录 QQ 后，单击【群／讨论组】→【讨论组】→【创建讨论组】按钮，如下图所示。

第 2 步 弹出【创建讨论组】对话框，在左侧选择需要进行远程演示幻灯片的好友，单击【确定】按钮，如下图所示。

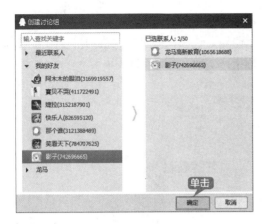

第3步 弹出 QQ 对话框，单击【远程演示】下拉按钮，在弹出的下拉列表中选择【演示文档】选项，如下图所示。

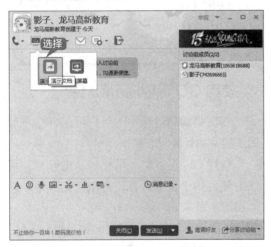

第4步 弹出【打开】对话框，选择素材文件，单击【打开】按钮，如下图所示。

第5步 即可进行幻灯片演示，如下图所示。

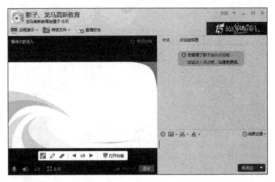

第6步 邀请观看幻灯片演示的好友单击【加入】按钮，如下图所示。

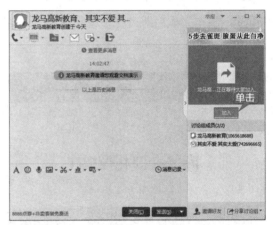

第7步 即可同时观看幻灯片，如下图所示。

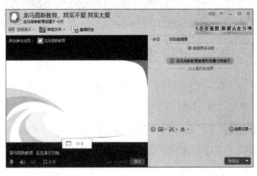

| 提示 |

　　使用 QQ 远程演示幻灯片时，请将腾讯 QQ 软件更新到最新版本。

第
4
篇

高效办公篇

　　本篇主要介绍 Office 高效办公，通过本章的学习，读者可以掌握如何使用 Outlook 处理办公事务和如何使用 OneNote 收集和处理工作信息。

第 14 章

Outlook 办公应用——使用 Outlook 处理办公事务

● 本章导读

　　Outlook 2019 是 Office 2019 办公软件中的电子邮件管理组件，其方便的可操作性和全面的辅助功能为用户进行邮件传输和个人信息管理提供了极大的方便。本章主要介绍配置 Outlook 2019、Outlook 2019 的基本操作、管理邮件和联系人、安排任务及使用日历等内容。

● 思维导图

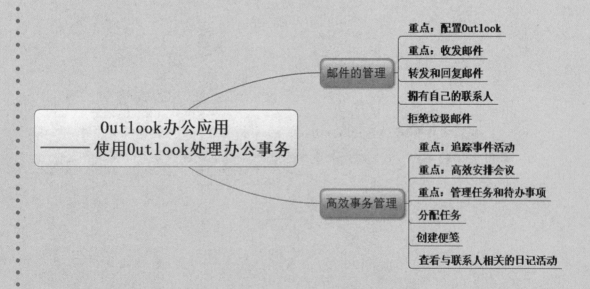

14.1 处理日常办公文档——邮件的管理

Outlook 可以处理日常办公文档，如收发电子邮件、管理联系人、转发和回复邮件等。

14.1.1 重点：配置 Outlook

在使用 Outlook 管理邮件之前，需要对 Outlook 进行配置。在 Windows 10 系统中如果使用 Microsoft 账户登录，则可以直接使用该账号登录 Outlook 2019；如果使用本地账户登录，则需要首先创建数据文件，然后添加账户。配置 Outlook 2019 的具体操作步骤如下。

第 1 步 打开 Outlook 2019 软件后，选择【文件】选项卡，在弹出的面板中单击【添加账户】按钮，如下图所示。

第 2 步 弹出 Outlook 界面，在文本框中输入 Microsoft 账户名称，单击【连接】按钮，如下图所示。

第 3 步 此时可看到下方显示正在添加账户信

息，如下图所示。

第 4 步 稍等片刻，即会弹出【Windows 安全中心】对话框，在第二个文本框中输入账户密码，并选中【记住我的凭据】复选框，单击【确定】按钮，如下图所示。

第 5 步 稍等片刻，即可弹出【已成功添加账户】界面，单击【已完成】按钮，如下图所示。

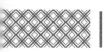

第6步 返回 Outlook 2019 界面中，即可看到 Outlook 已配置完成，如下图所示。

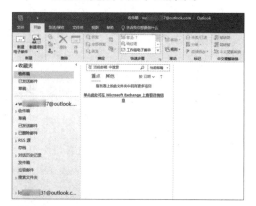

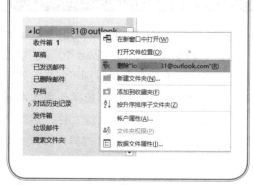

14.1.2 重点：收发邮件

接收与发送电子邮件是用户最常用的操作。

（1）接收邮件

在 Outlook 2019 中配置邮箱账户后，可以方便地接收邮件，具体操作步骤如下。

第1步 在【收件箱】窗格中单击【发送/接收】选项卡下【发送和接收】组中的【发送/接收所有文件夹】按钮，如下图所示。

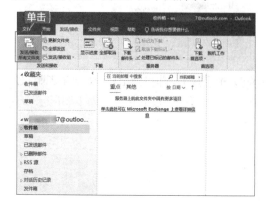

第2步 如果有邮件到达，则会在状态栏中显示"发送/接收"状态的进度，如下图所示。

第3步 接收邮件完毕，在【收藏夹】窗格中会显示收件箱中收到的邮件数量，而【收件箱】窗格中则会显示邮件的基本信息，如下图所示。

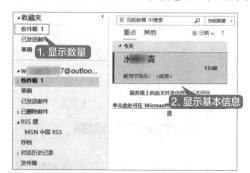

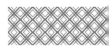

第4步 在邮件列表中双击需要浏览的邮件，可以打开邮件工作界面并浏览邮件内容，如下图所示。

（2）发送邮件

电子邮件是 Outlook 2019 中最主要的功能，使用"电子邮件"功能，可以很方便地发送电子邮件，具体操作步骤如下。

第1步 单击【开始】选项卡下【新建】组中的【新建电子邮件】按钮，弹出【未命名 - 邮件】工作界面，如下图所示。

第2步 在【收件人】文本框中输入收件人的 E-mail 地址，在【主题】文本框中根据需要输入邮件的主题，在邮件正文区中输入邮件的内容，如下图所示。

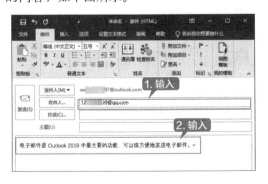

第3步 使用【邮件】选项卡中【普通文本】组中的相关工具按钮，对邮件文本内容进行调整，调整完毕后单击【发送】按钮，如下图所示。

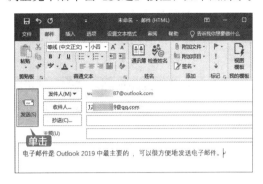

> **｜提示｜:::::::**
>
> 若在【抄送】文本框中输入电子邮件地址，那么所填收件人将收到邮件的副本。

第4步 【邮件】工作界面会自动关闭并返回主界面，在导航窗格中的【已发送邮件】窗格中便多了一封已发送的邮件信息，Outlook 会自动将其发送出去，如下图所示。

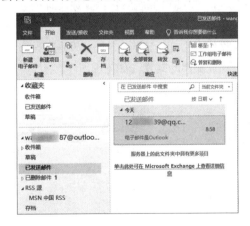

14.1.3 转发和回复邮件

使用 Outlook 2019，可以转发和回复邮件。

（1）转发邮件

转发邮件即将邮件原文不变或稍加修改后发送给其他联系人，用户可以利用 Outlook 2019 将所收到的邮件转发给一个或多个人。

第1步 选中需要转发的邮件并右击，在弹出的快捷菜单中选择【转发】选项，如下图所示。

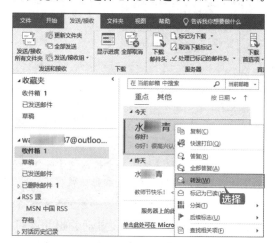

第2步 在右侧区域中弹出邮件转发界面，在【主题】下方的邮件正文区中输入需要补充的内容，Outlook 系统默认保留原邮件内容，可以根据需要删除。在【收件人】文本框中输入收件人的电子信箱，单击【发送】按钮，即可完成邮件的转发，如下图所示。

提示

在右侧弹出的邮件转发界面中单击【弹出】按钮，即可弹出一个邮件转发窗口，单击【放弃】按钮，即可关闭邮件转发界面。

（2）回复邮件

回复邮件是邮件操作中必不可少的一项，在 Outlook 2019 中回复邮件的具体操作步骤如下。

第1步 在收件箱中双击要回复的邮件，即可打开该邮件，然后单击【邮件】选项卡下【响应】组中的【答复】按钮回复，也可以使用【Ctrl+R】组合键回复，如下图所示。

第2步 系统弹出【回复】工作界面，在【主题】下方的邮件正文区中输入需要回复的内容，Outlook 系统默认保留原邮件的内容，可以根据需要删除。内容输入完成后单击【发送】按钮，即可完成邮件的回复，如下图所示。

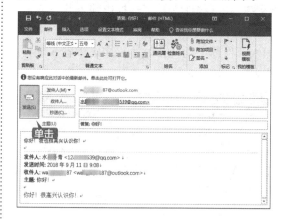

14.1.4 拥有自己的联系人

在 Outlook 2019 中，用户可以拥有自己的联系人，并对其进行管理。

（1）增加和删除联系人

在 Outlook 中可以方便地增加或删除联系人，具体操作步骤如下。

第1步 在 Outlook 主界面中单击【开始】选项卡下【新建】组中的【新建项目】下拉按钮，在弹出的下拉列表中选择【联系人】选项，如下图所示。

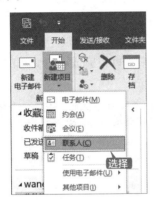

第2步 弹出【联系人】工作界面，在【姓氏（G）／名字（M）】右侧的两个文本框中输入姓和名；根据实际情况填写公司、部门和职务；单击右侧的照片区，可以添加联系人的照片或代表联系人形象的照片；在【电子邮件】文本框中输入电子邮箱地址、网页地址等。填写完联系人信息后单击【保存并关闭】按钮，即可完成一个联系人的添加，如下图所示。

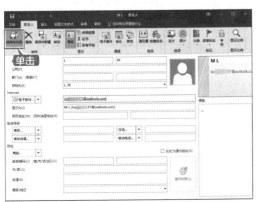

第3步 要删除联系人，只需在【联系人】视图中选择要删除的联系人，单击【开始】选项卡下【删除】组中的【删除】按钮即可，如下图所示。

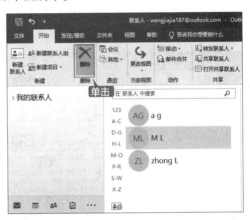

（2）建立通信组

如果需要批量添加一组联系人，可以采取建立通信组的方式，具体的操作步骤如下。

第1步 在【联系人】视图中单击【开始】选项卡下【新建】组中的【新建联系人组】按钮，如下图所示。

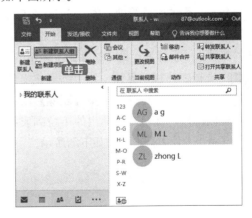

第2步 弹出【未命名 - 联系人组】工作界面，在【名称】文本框中输入通信组的名称，如"我的家人"，如下图所示。

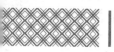

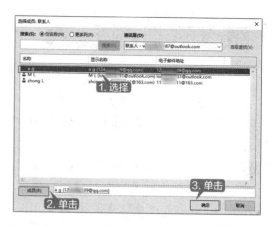

第3步 单击【联系人组】选项卡中【添加成员】下拉按钮，从弹出的下拉列表中选择【来自Outlook 联系人】选项，如下图所示。

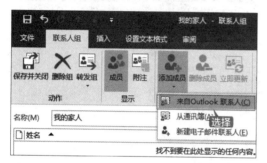

第4步 弹出【选择成员：联系人】对话框，在下方的联系人列表框中选择需要添加的联系人，单击【成员】按钮，然后单击【确定】按钮，如下图所示。

第5步 即可将该联系人添加到"我的家人"联系人组中。重复上述步骤，添加多名成员，构成一个"家人"通信组，然后单击【保存并关闭】按钮，即可完成通信组列表的添加，如下图所示。

14.1.5 拒绝垃圾邮件

针对大量的邮件管理工作，Outlook 2019 为用户提供了垃圾邮件筛选功能，可以根据邮件发送的时间或内容，评估邮件是否是垃圾邮件，同时用户也可手动设置，定义某个邮件地址发送的邮件为垃圾邮件，具体的操作步骤如下。

第1步 选择邮件视图界面，选中需要定义的邮件，单击【开始】选项卡下【删除】组中的【垃圾邮件】按钮，在弹出的下拉列表中选择【阻止发件人】选项，如下图所示。

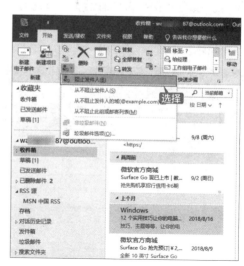

【从不阻止发件人】选项：会将该发件人的邮件作为非垃圾邮件。

【从不阻止发件人的域（@example.com）】选项：会将与该发件人的域相同的邮件都作为非垃圾邮件。

【从不阻止此组或邮寄列表】选项：会将该邮件的电子邮件地址添加到安全列表。

第2步 弹出【Microsoft Outlook】提示框，单击【确定】按钮，如下图所示。

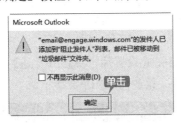

第3步 Outlook 2019 会自动将垃圾邮件放入垃圾邮件文件夹中，如下图所示。

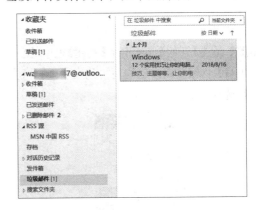

14.2 使用 Outlook 进行 GTD——高效事务管理

使用 Outlook 可以进行高效事务管理，包括追踪事件活动、高效安排会议、管理任务和待办事项、创建便笺、查看与联系人相关的日记活动等。

14.2.1 重点：追踪事件活动

用户还可以给邮件添加标志分辨邮件的类别，来追踪事件活动，具体操作步骤如下。

第1步 选中需要添加标志的邮件，单击【开始】选项卡下【标记】组中的【后续标志】按钮，在弹出的下拉列表中选择【本周】选项，如下图所示。

第2步 即可为邮件添加标志，如下图所示。

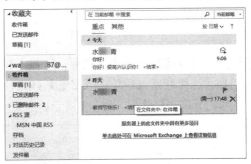

第3步 在添加标志的邮件右侧区域，即可看到邮件需要追踪的后续工作，如下图所示。

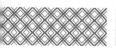

14.2.2 重点：高效安排会议

使用 Outlook 可以安排会议，然后将会议相关内容发送给参会者，具体操作步骤如下。

第1步 单击【开始】选项卡下【新建】组中的【新建项目】按钮，在弹出的下拉列表中选择【会议】选项，如下图所示。

第2步 在弹出的【未命名－会议】界面中填写会议主题、地点、会议内容、会议的开始时间与结束时间等，单击【收件人】按钮，如下图所示。

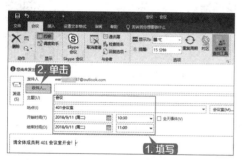

第3步 弹出【选择与会者及资源：联系人】对话框，选择联系人后单击【必选】按钮，然后单击【确定】按钮，如下图所示。

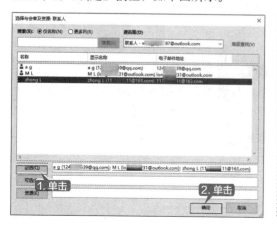

第4步 单击【会议系列】选项卡下【选项】组中【提醒】右侧的下拉按钮，在弹出的下拉列表中选择提醒时间，如下图所示。

第5步 当完成设置后，单击【发送】按钮，即可发送会议邀请，如下图所示。

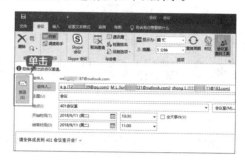

第6步 如果要临时取消会议，可以在【发件箱】中双击刚才发送的会议邀请，如下图所示。

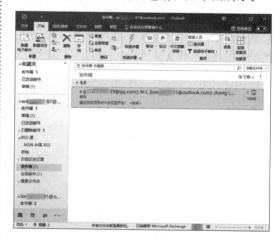

第7步 打开【会议】界面后，单击【会议】选项卡下【动作】组中的【取消会议】按钮，如下图所示。

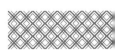

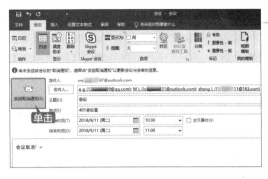

第 9 步 即可发送取消会议的通知，如下图所示。

第 8 步 编辑"会议取消！"文本后，单击【发送取消通知】按钮，如下图所示。

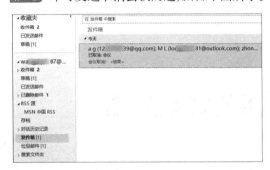

14.2.3 重点：管理任务和待办事项

使用 Outlook 可以管理个人任务列表，并设置代办事项提醒，具体操作步骤如下。

第 1 步 单击【开始】选项卡下【新建】组中的【新建项目】按钮，在弹出的下拉列表中选择【任务】选项，如下图所示。

内容，如下图所示。

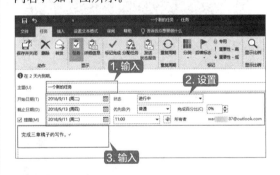

第 3 步 单击【任务】选项卡下【动作】组中的【保存并关闭】按钮，关闭【任务】工作界面。单击界面左下角的按钮，在弹出的快捷菜单中选择【任务】选项，如下图所示。

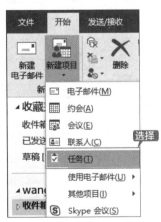

第 2 步 弹出【未命名 - 任务】工作界面，在【主题】文本框中输入任务名称，然后选择任务的开始日期和截止日期，根据需要设置任务的【状态】和【优先级】等，并选中【提醒】复选框，设置任务的提醒时间，输入任务的

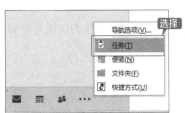

第4步 即可进入【任务】视图，在【待办事项列表】视图中，可以看到新添加的任务。单击需要查看的任务，在右侧的【阅读窗格】中可以预览任务内容，如下图所示。

第5步 到提示时间时，系统会弹出【1个提醒】对话框，在下方选择推迟时间为"5分钟"，单击【推迟】按钮，即可在5分钟后再次打开该对话框，如下图所示。

14.2.4 分配任务

如果需要他人来完成这个任务，还可以对任务进行分配，具体操作步骤如下。

第1步 在【待办事项列表】中双击需要分配的任务，进入任务的编辑页面，单击【任务】选项卡下【管理任务】组中的【分配任务】按钮，如下图所示。

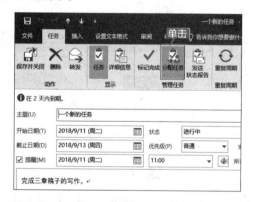

第2步 分配任务是指把任务通过邮件发送给其他人，使得他人可以执行任务。在【收件人】文本框中填写收件人的电子邮件地址，单击【发送】按钮即可，如下图所示。

14.2.5 创建便笺

Outlook便笺可以记录一些简单信息作为短期的备忘和提醒。创建便笺的具体操作步骤如下。

第1步 单击界面左下角的按钮，在弹出的下拉列表中选择【便笺】选项，如下图所示。

第 2 步 弹出【我的便笺】面板，单击【开始】选项卡下【新建】组中的【新便笺】按钮，如下图所示。

| 提示 |

在右侧的空白区域双击，也可创建便笺。

第 3 步 即可弹出便笺界面，输入内容，然后单击【关闭】按钮，如下图所示。

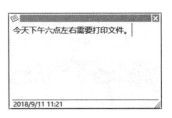

第 4 步 即可保存便笺，返回【便笺】视图界面，即可看到创建的便笺，如下图所示。

第 5 步 再次打开时，双击便笺文件夹即可重新打开，如下图所示。

14.2.6　查看与联系人相关的日记活动

Outlook 中可以查看与联系人相关的日记活动，方便记录办公日记，具体操作步骤如下。

第 1 步 返回邮件视图，单击界面左下角的按钮，在弹出的下拉列表中选择【文件夹】选项，如下图所示。

第 2 步 在左侧列表中选择【日记】选项，如下图所示。

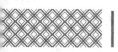

第3步 进入【日记】面板，在文本框中输入联系人的名字或邮件地址，如下图所示。

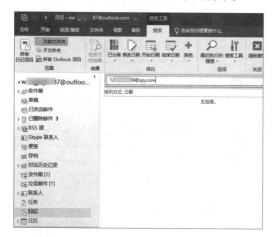

第4步 单击【搜索工具-搜索】选项卡下【范围】组中的【所有 Outlook 项目】按钮，即可在右侧界面出现该联系人所有的相关活动，如下图所示。

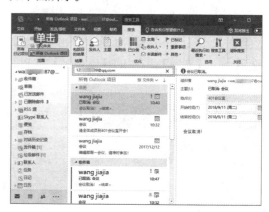

◇ 设置签名邮件

Outlook 中可以设置签名邮件，具体操作步骤如下。

第1步 单击【开始】选项卡下【新建】组中的【新建电子邮件】按钮，如下图所示。

第2步 弹出【未命名－邮件】面板，选择【邮件】选项卡下【添加】组中的【签名】→【签名】选项，如下图所示。

第3步 弹出【签名和信纸】对话框，单击【电子邮件签名】选项卡下【选择要编辑的签名】选项区域中的【新建】按钮，如下图所示。

第4步 弹出【新签名】对话框，在【键入此签名的名称】文本框中输入名称，单击【确定】按钮，如下图所示。

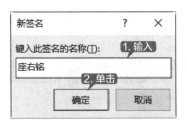

第5步 返回【签名和信纸】对话框，在【编辑签名】选项区域中输入签名的内容，设置文本格式后单击【确定】按钮，如下图所示。

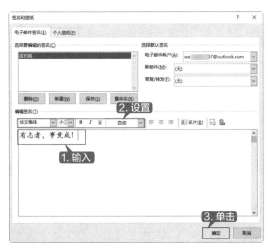

第6步 在【未命名 - 邮件】面板中单击【邮件】选项卡下【添加】组中的【签名】下拉按钮，在弹出的下拉列表中选择【座右铭】选项，如下图所示。

第7步 即可在编辑区域中出现签名，如下图所示。

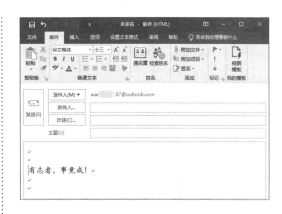

◇ 管理特定时间发生的活动

使用 Outlook 可以管理特定时间发生的活动，具体操作步骤如下。

第1步 如果需要周期性的会议，可以使用【重复周期】命令来定期发送会议邀请。在邮件视图中单击【开始】选项卡下【新建】组中的【新建项目】按钮，在弹出的下拉列表中选择【会议】选项，如下图所示。

第2步 即可弹出【未命名 - 会议】窗口，单击【会议】选项卡下【选项】组中的【重复周期】按钮，如下图所示。

第3步 在弹出的【约会周期】对话框中，设置【重复间隔】为【2】，并设置【重复范围】选项区域中的【结束日期】后，单击【确定】按钮，如下图所示。

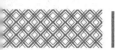
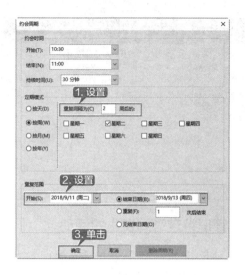

第4步 即可在【重复周期】选项后出现设置
的内容，如下图所示。

第15章

OneNote 办公应用——收集和处理工作信息

本章导读

OneNote 2019 是微软公司推出的一款数字笔记本，用户使用它可以快速收集、组织工作和生活中的各种图文资料，与 Office 2019 的其他办公组件结合使用，可以大大提高工作效率。

思维导图

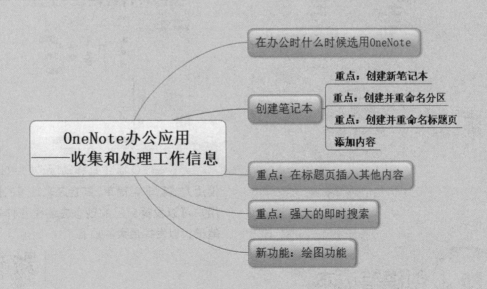

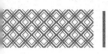

 15.1 在办公时什么时候选用 OneNote

OneNote 是一款自由度很高的笔记应用，其用户界面的工具栏设计层次清晰，而且 OneNote 的"自由编辑模式"功能使用户无须再遵守一行行的段落格式进行文字编辑，可以在任意位置安放文本、图片或表格等编辑内容。也就是说，用户可以在任何位置随时使用它记录自己的想法、添加图片、记录待办事项，甚至是即兴的涂鸦。OneNote 支持多平台保存和同步，因此在任何设备上都可以看到最新的笔记内容。

用户可以将它作为一个简单的笔记使用，随时记录工作内容，将工作中遇到的问题和学到的知识记录到笔记中。或者将它作为一个清单应用使用，将生活和工作中需要办理的事——记录下来，有计划地去完成，可以有效防止工作内容的遗漏和混乱，如下图所示。

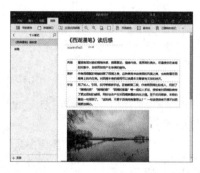

用户同样可以将它作为一个涂鸦板，进行简单的绘图操作或创建简单的思维导图，或者在阅读文件时做一些简单的批注，如下图所示。

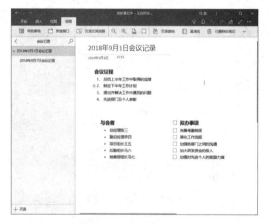

还可以将它作为一个随心笔记，将感悟、心得体会随时记录，如下图所示。

无论是 PC 版还是移动版，OneNote 的使用方式都非常简单，结合越来越多的插件，用户可以发挥自己的创意去创建各种各样的笔记，以发挥最大的功能。

 15.2 创建笔记本

使用 OneNote 2019 之前，首先需要创建笔记本，并在笔记本中添加分区和标题页。

15.2.1 重点：创建新笔记本

在 OneNote 2019 中可以创建多个笔记本，具体操作步骤如下。

第1步 打开 OneNote 2019，在【开始记录笔记】选项区域单击，如下图所示。

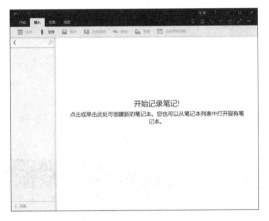

第2步 即可打开【新笔记本】对话框，在文本框中输入笔记本名称，这里输入"我的笔记本"，单击【创建笔记本】按钮，如下图所示。

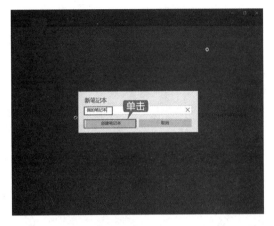

第3步 即可看到创建的笔记本，如下图所示。

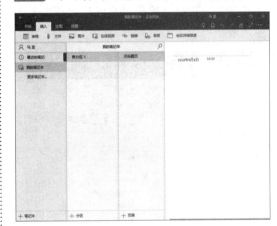

| 提示 | ::::::::

如果要添加新的笔记本，可以直接单击下方的【＋笔记本】按钮。

15.2.2 重点：创建并重命名分区

在笔记本中允许创建多个分区，分区的主要作用是分割笔记本，就像文件夹中的子文件夹，用于管理不同的笔记，创建并重命名分区的具体操作步骤如下。

第1步 单击【我的笔记本】选项区域中的【＋分区】按钮，即可建立新的分区，如下图所示。

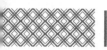
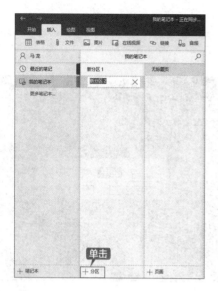

第2步 在【新分区1】标题上右击，在弹出的快捷菜单中选择【重命名分区】选项，如下图所示。

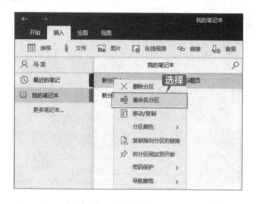

第3步 将其名称更改为"会议记录"，在其他位置单击，即可看到重命名分区后的效果，如下图所示。

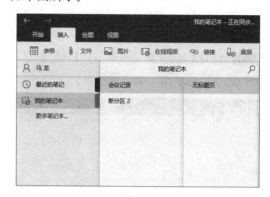

第4步 使用同样的方法，将【新分区2】命名为"个人笔记"，效果如下图所示。

15.2.3 重点：创建并重命名标题页

每个分区可以包含多个标题页，每个标题页相当于子文件夹中的一个文件，用于记录笔记，创建并重命名标题页的具体操作步骤如下。

第1步 选择【会议记录】分区，单击【+页面】按钮，即可建立新的标题页，如下图所示。

第2步 在第一个【无标题页】标题上右击，在弹出的快捷菜单中选择【重命名页面】选项，如下图所示。

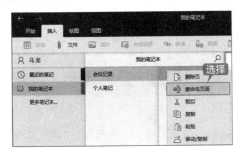

第3步 即可进入该页面，在标题区域输入"2018 年 9 月 1 日会议记录"，在其他位置单击，即可看到重命名标题页后的效果，如下图所示。

第4步 使用同样的方法，将下方的标题页命名为"2018 年 9 月 7 日会议记录"，效果如下图所示。

| 提示 |

如果要删除标题页，可以在要删除的标题上右击，在弹出的快捷菜单中选择【删除页】命令即可，如下图所示。

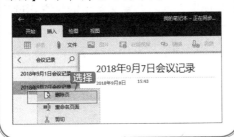

第5步 如果要将"2018 年 9 月 7 日会议记录"标题页设置为"2018 年 9 月 1 日会议记录"页面的子页，可以在此标题页上右击，在弹出的快捷菜单中选择【创建子页】选项，如下图所示。

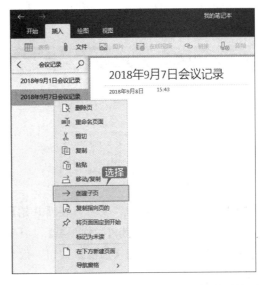

第6步 即可将该页面设置为上一个页面的子页，如下图所示。

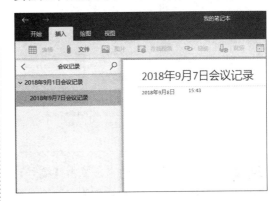

| 提示 |

再次单击鼠标右键，在弹出的快捷菜单中选择【升级子页】选项，即可将其升级为普通标题页。

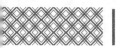
15.2.4 添加内容

创建标题页后，即可在标题页中添加记录内容，具体操作步骤如下。

第1步 选择【2018年9月1日会议记录】页面，单击【+页面】按钮，在空白位置处单击，即可开始输入内容，如下图所示。

第2步 选择"会议议程"文本，在【开始】选项卡下设置【字体】为【微软雅黑】、【字号】为【14】，并单击【加粗】按钮，效果如下图所示。

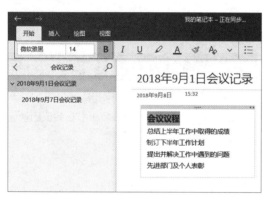

第3步 选择下方的正文内容，单击【编号】按钮，在弹出的下拉列表中选择一种编号样式，如下图所示。

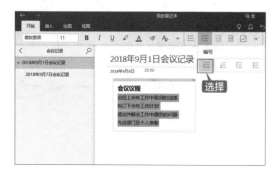

第4步 即可看到为文本添加编号后的效果，如下图所示。

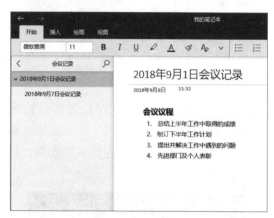

第5步 使用同样的方法，在页面中添加其他内容，效果如下图所示。

第6步 选择包含文本的文本框，按住鼠标左键并拖曳，可以调整文本框的位置。调整文本框布局后的效果如下图所示。

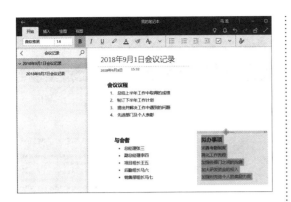

第7步 选择【拟办事项】文本框，单击【开始】选项卡下的【标记为待办事项】按钮，即可在前方添加复选框，如下图所示。

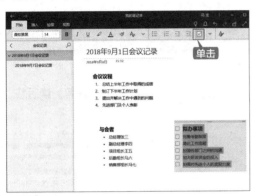

第8步 选择"会议议程"文本框中的"2.制定下半年工作计划"，选择【标记】下拉列表中的【重要】选项，即可在该项目前添加表示"重要"的符号，如下图所示。

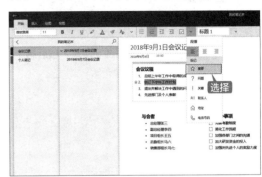

15.3 重点：在标题页插入其他内容

在标题页中除了添加文字外，还可以创建表格、插入文件、图片、在线视频、链接及音频等内容。在 OneNote 2019 的标题页中插入表格、图片等内容的具体操作步骤如下。

第1步 打开 OneNote 2019，单击【显示笔记本列表】按钮，如下图所示。

第2步 即可显示笔记本及分区信息，选择【个人笔记】分区，单击【无标题页】页面，如下图所示。

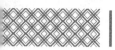
第3步 即可进入【个人笔记】分区下的空白页面，输入标题"《西湖漫笔》读后感"，如下图所示。

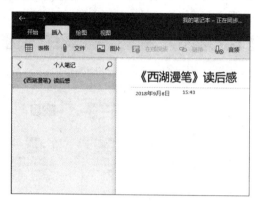

第4步 单击【插入】选项卡下的【表格】按钮，在弹出的区域中选择要创建表格的行数和列数，如下图所示。

第5步 即可看到创建的表格效果，如下图所示。

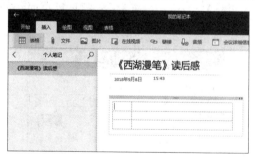

第6步 在表格中输入文字内容，并拖曳表格边框调整表格的大小，效果如下图所示。

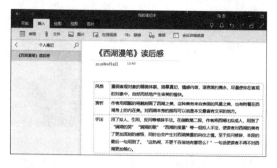

第7步 选择要插入图片的位置，单击【插入】选项卡下的【图片】按钮，在弹出的下拉列表中选择【来自文件】选项，如下图所示。

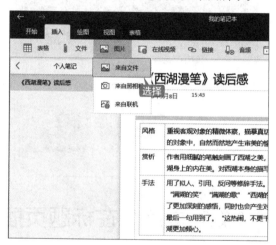

第8步 弹出【打开】对话框，选择要插入的图片，单击【打开】按钮，如下图所示。

第9步 即可将图片插入页面中，效果如下图所示。

提示

在标题页中插入文件、在线视频、链接、音频等的操作与插入表格、图片的操作类似，这里不再赘述。

15.4 重点：强大的即时搜索

随着时间的推移，笔记的数量和内容会越来越多，逐一查找笔记内容就很费时费力。OneNote 的即时搜索功能是提高工作效率的又一个有效方法，只要精确查找笔记内容，输入关键字，就可以找到相应内容。

第 1 步 打开【OneNote】应用，在左上角单击【搜索】按钮，如下图所示。

第 2 步 在搜索框中输入需要搜索的信息"会议记录"，即可显示所有包含"会议记录"字段的笔记内容，如下图所示。

第 3 步 单击需要查看的内容，即可跳转至该笔记页面，效果如下图所示。

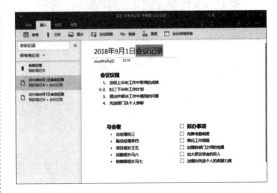

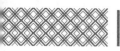

15.5 新功能：绘图功能

在 OneNote 中提供了不同颜色、不同类型的画笔，可以使用鼠标绘制各类图形，具体操作步骤如下。

第1步 打开【OneNote】应用，在【个人笔记】分区新建标题页，并将其命名为"涂鸦"，如下图所示。

第2步 在【绘图】选项卡下选择【荧光笔: 黄色】选项，并单击其下拉按钮，在弹出的下拉列表中选择一种笔触大小及画笔颜色，如下图所示。

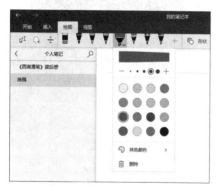

第3步 之后就可以在标题页中手写绘制各类图形，如下图所示。

| 提示 |

如果要将墨迹转换为图形，可以单击【绘图】选项卡下的【将墨迹转换为形状】按钮。

第4步 单击【绘图】选项卡下的【形状】按钮，在弹出的下拉列表中选择一种形状，这里选择 XY 坐标轴，如下图所示。

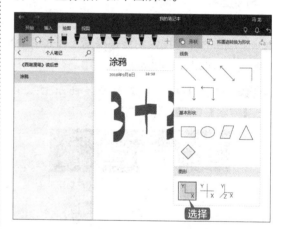

第5步 在空白区域按住鼠标左键并拖曳，即可完成形状的绘制，如下图所示。

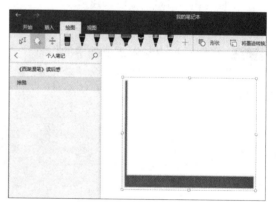

第6步 更换一种画笔，继续在绘制的坐标轴形状中添加线条，如下图所示。

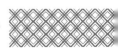

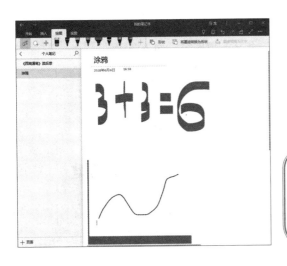

◇ 新功能：将笔记读出来

OneNote 2019 提供了"沉浸式阅读器"功能，可以将创建好的笔记页面内容读出来，具体操作步骤如下。

第1步 打开 OneNote 2019，选择会议笔记内容页面，单击【视图】选项卡下的【沉浸式阅读器】按钮，如下图所示。

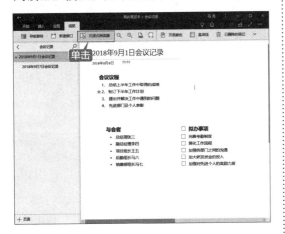

第2步 即可全屏查看，单击下方的【开始阅读】按钮 ，开始阅读页面中的文本，如下图所示。

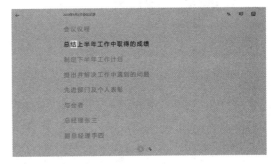

◇ 共享文档和笔记

创建的笔记内容可以与他人进行共享，具体操作步骤如下。

第1步 打开 OneNote 2019，单击标题栏中的【共享】按钮。

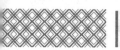
第2步 在【共享】面板的【电子邮件邀请】文本框中输入对方的邮箱地址，在下方的下拉列表中选择【可编辑】选项，如下图所示。

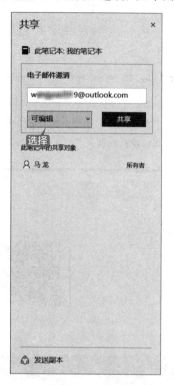

第3步 单击【共享】按钮，即可与其他用户共享笔记内容，如下图所示。

第**5**篇

办公秘籍篇

第 16 章　办公中必备的技能

第 17 章　Office 组件间的协作

本篇主要介绍 Office 的办公秘籍。通过本篇的学习，读者可以掌握办公中必备的技能及 Office 组件间的协作等操作。

第16章
办公中必备的技能

⊖ 本章导读

　　打印机是自动化办公中不可或缺的组成部分，是重要的输出设备之一，具备办公管理所需的知识与经验，以及能够熟练操作常用的办公器材是十分必要的。本章主要介绍连接并设置打印机、打印 Word 文档、打印 Excel 表格、打印 PowerPoint 演示文稿的方法。

◉ 思维导图

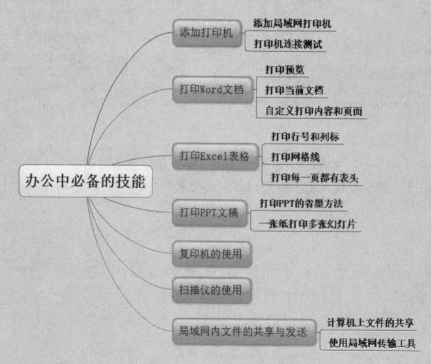

16.1 添加打印机

打印机是自动化办公中不可或缺的一个组成部分，是重要的输出设备之一。通过打印机，用户可以将在计算机中编辑好的文档、图片等资料输出到打印纸上，从而将资料进行存档、报送及做其他用途。

16.1.1 添加局域网打印机

连接打印机后，计算机如果没有检测到新硬件，可以通过安装打印机驱动程序的方法添加局域网打印机，具体操作步骤如下。

第1步 在【开始】按钮上右击，在弹出的快捷菜单中选择【控制面板】选项，打开【控制面板】窗口，单击【硬件和声音】→【查看设备和打印机】链接，如下图所示。

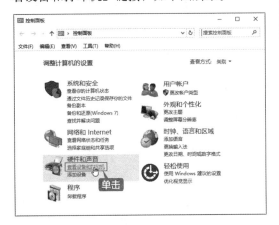

第2步 弹出【设备和打印机】窗口，单击【添加打印机】按钮，如下图所示。

第3步 即可打开【选择要添加到这台电脑的设备或打印机】对话框，系统会自动搜索网络内的可用打印机，选择搜索到的打印机名称，单击【下一步】按钮，如下图所示。

| 提示 |

如果需要安装的打印机不在列表内，可单击下方的【我所需的打印机未列出】链接，在打开的【按其他选项查找打印机】对话框中选择其他的打印机，如下图所示。

第4步 将会弹出【添加设备】对话框，进行打印机的安装与连接，如下图所示。

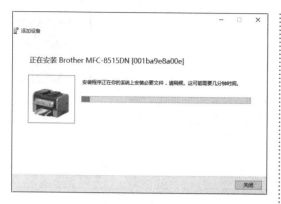

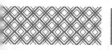 连接完成后，出现【添加打印机】对话框。如果需要打印测试页，单击【打印测试页】按钮即可。单击【完成】按钮，即可完成打印机的安装，如下图所示。

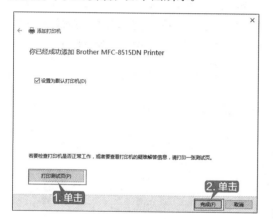

第6步 在【设备和打印机】窗口中，用户可以看到新添加的打印机，如下图所示。

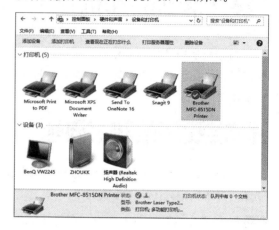

| 提示 | ::::::

如果有驱动光盘，可以直接运行光盘，双击 Setup.exe 文件即可。

16.1.2 打印机连接测试

安装打印机之后，需要测试打印机的连接是否有误，最直接的方式就是打印测试页。

方法 1：安装驱动过程中测试。

安装驱动的过程中。在提示打印机成功安装界面单击【打印测试页】按钮，如果能正常打印，就表示打印机连接正常，单击【完成】按钮完成打印机的安装，如下图所示。

| 提示 |

　　如果不能打印测试页，表示打印机安装不正确，可以通过检查打印机是否已开启、打印机是否在网络中及重装驱动等方法来排除故障。

　　方法 2：在【属性】对话框中测试。

第1步 在【开始】按钮上右击，在弹出的快捷菜单中选择【控制面板】选项，打开【控制面板】窗口，单击【硬件和声音】→【查看设备和打印机】链接，如下图所示。

第2步 弹出【设备和打印机】窗口，在要测试的打印机上右击，在弹出的快捷菜单中选择【打印机属性】命令，如下图所示。

第3步 在弹出的对话框【常规】选项卡下单击【打印测试页】按钮，如果能够正常打印，就表示打印机连接正常，如下图所示。

16.2 打印 Word 文档

将文档打印出来，就可以方便用户进行备档或传阅。本节讲述 Word 文档打印的相关知识。

16.2.1 打印预览

　　在进行文档打印之前，最好先使用打印预览功能查看即将打印文档的效果，以免出现错误，

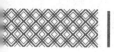

浪费纸张。

　　打开"素材\ch16\培训资料 .docx"文档。选择【文件】选项卡，在弹出的界面左侧选择【打印】选项，在界面右侧即可显示打印预览效果，如下图所示。

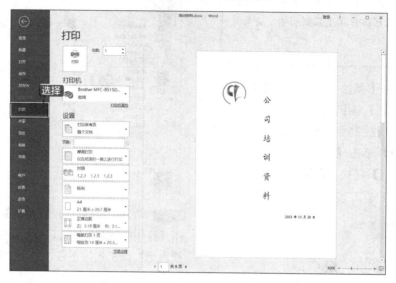

16.2.2 打印当前文档

　　当用户在打印预览中对所打印文档的效果感到满意时，就可以对文档进行打印，具体操作步骤如下。

第1步 在打开的"培训资料 .docx"文档中，选择【文件】选项卡，在弹出的界面左侧选择【打印】选项，在右侧【打印机】下拉列表中选择打印机，如下图所示。

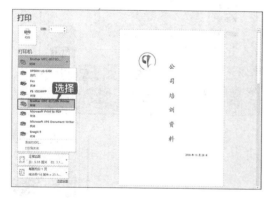

第2步 在【设置】选项区域中单击【打印所有页】右侧的下拉按钮，在弹出的下拉列表中选择【打印所有页】选项，如下图所示。

第3步 在【份数】微调框中设置需要打印的份数，这里输入"3"，单击【打印】按钮即可打印当前文档，如下图所示。

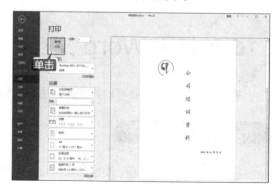

16.2.3 自定义打印内容和页面

打印文本时，并没有要求一次至少要打印一张。有时可以只打印精彩的文字，而不打印那些无用的内容，具体操作步骤如下。

1. 自定义打印内容

第1步 在打开的"培训资料 .docx"文档中，选择要打印的文档内容，如下图所示。

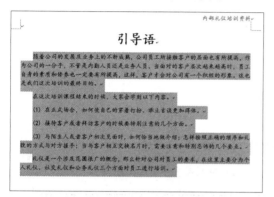

第2步 选择【文件】选项卡，在弹出界面左侧选择【打印】选项，在右侧【设置】选项区域中选择【打印所有页】选项，在弹出的快捷菜单中选择【打印选定区域】选项。设置要打印的份数，单击【打印】按钮，即可进行打印，如下图所示。

2. 打印当前页面

第1步 在打开的文档中，将鼠标光标定位至要打印的 Word 页面，如下图所示。

第2步 选择【文件】选项卡，在弹出的界面左侧选择【打印】选项，在右侧【设置】选项区域选择【打印所有页】选项，在弹出的快捷菜单中选择【打印当前页面】选项，单击【打印】按钮，即可进行打印，如下图所示。

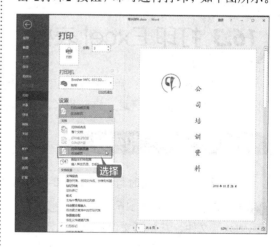

3. 打印连续或不连续页面

在打开的文档中，选择【文件】选项卡，在弹出的界面左侧选择【打印】选项，在下方的【页数】文本框中输入要打印的页码，如输入"2~4，6"，即表示打印第 2~4 页和第 6 页内容，此时【页码】文本框上侧的选项则变为【自定义打印范围】，单击【打印】

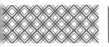

按钮，即可打印所选页码内容，如下图所示。

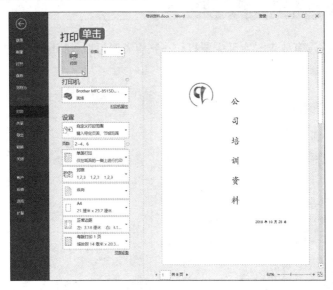

> **提示**
>
> 连续页码可以使用英文半角连接符，不连续的页码可以使用英文半角逗号分隔。

16.3 打印 Excel 表格

打印 Excel 表格时，用户也可以根据需要设置 Excel 表格的打印方法，如在同一页面打印不连续的区域、打印行号、列标或每页都打印标题行等。

16.3.1 打印行号和列标

在打印 Excel 表格时可以根据需要将行号和列标打印出来，具体操作步骤如下。

第1步 打开"素材\ch16\客户信息管理表.xlsx"文件，选择【文件】选项卡，在弹出的界面左侧选择【打印】选项，进入打印预览界面，在右侧即可显示打印预览效果。默认情况下不打印行号和列标，如下图所示。

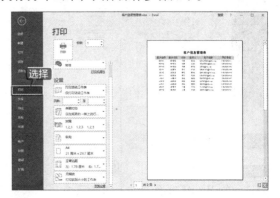

第2步 单击【设置】选项区域下的【页面设置】超链接，弹出【页面设置】对话框，在【工

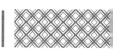

作表】选项卡下【打印】选项区域中选中【行和列标题】复选框，单击【确定】按钮，如下图所示。

第3步 在预览区域，即可看到添加行号和列标后的打印预览效果，如下图所示。

16.3.2 打印网格线

在打印 Excel 表格时默认不打印网格线，如果表格中没有设置边框，可以在打印时将网格线显示出来，具体操作步骤如下。

第1步 在打开的素材文件中，再次打开【页面设置】对话框，在【工作表】选项卡下【打印】选项区域中选中【网格线】复选框，单击【确定】按钮，如下图所示。

第2步 在预览区域，即可看到添加网格线后的打印预览效果，如下图所示。

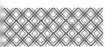

> **┤提示├**┈┈┈┈┈
>
> 　选中【单色打印】复选框可以灰度的形式打印工作表。选中【草稿质量】复选框可以节约耗材、提高打印速度，但打印质量会降低。

16.3.3 打印每一页都有表头

　　如果工作表中内容较多，那么除了第 1 页外，其他页面都不显示标题行。设置每页都打印标题行的具体操作步骤如下。

第1步 在打开的素材文件中，单击打印预览区域下的【下一页】按钮，可以看到第 2 页不显示标题行，如下图所示。

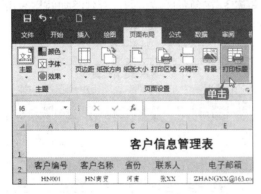

第2步 返回工作表操作界面，单击【页面布局】→【页面设置】组中的【打印标题】按钮，如下图所示。

第3步 打开【页面设置】对话框，在【工作表】选项卡下【打印标题】选项区域中单击【顶端标题行】右侧的按钮，如下图所示。

第4步 弹出【页面设置－顶端标题行】对话框，选择第 1~2 行，单击 按钮，如下图所示。

第5步 返回【页面设置】对话框，单击【打印预览】按钮，如下图所示。

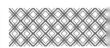

第6步 在打印预览界面选择"第2页",即可看到第2页上方显示的标题行,如下图所示。

	A	B	C	D	E	F
			客户信息管理表			
2	客户编号	客户名称	省份	联系人	电子邮箱	手机号码
14	SH003	SH装饰	上海	刘××	LIU××@163.com	138××××0012
15	TJ001	TJ商贸	天津	吴××	WU××@163.com	138××××0013
16	TJ002	TJ实业	天津	郑××	×××@163.com	138××××0014
17	TJ003	TJ装饰	天津	陈××	CHEN××@163.com	138××××0015
18	SD001	SD商贸	山东	吕××	LV××@163.com	138××××0016
19	SD002	SD实业	山东	韩××	×××@163.com	138××××0017
20	SD003	SD装饰	山东	卫××	WEI××@163.com	138××××0018
21	JL001	JL商贸	吉林	沈××	×××@163.com	138××××0019
22	JL002	JL实业	吉林	孔××	×××@163.com	138××××0020
23	JL003	JL装饰	吉林	毛××	MAO××@163.com	138××××0021

| 提示 |

使用同样的方法还可以在每页都打印左侧标题列。

16.4 打印 PPT 文稿

常用的 PPT 演示文稿打印主要包括打印当前幻灯片、灰度打印,以及在一张纸上打印多张幻灯片等。

16.4.1 打印 PPT 的省墨方法

幻灯片通常是彩色的,并且内容较少。在打印幻灯片时,以灰度的形式打印可以省墨。设置灰度打印 PPT 演示文稿的具体操作步骤如下。

第1步 打开"素材 \ch16\ 推广方案 .pptx"文件。

第2步 选择【文件】选项卡,在弹出的界面左侧选择【打印】选项。在中间【设置】选项区域中单击【颜色】右侧的下拉按钮,在

弹出的下拉列表中选择【灰度】选项,如下图所示。

第3步 此时可以看到右侧的预览区域中幻灯片以灰度的形式显示,如下图所示。

16.4.2 一张纸打印多张幻灯片

在一张纸上可以打印多张幻灯片，具体操作步骤如下。

第1步 在打开的"推广方案 .pptx"演示文稿中，选择【文件】选项卡，在弹出的界面左侧选择【打印】选项。在【设置】选项区域中单击【整页幻灯片】右侧的下拉按钮，在弹出的下拉列表中选择【6 张水平放置的幻灯片】选项，设置每张纸打印 6 张幻灯片，如下图所示。

第2步 此时可以看到右侧的预览区域一张纸上显示了 6 张幻灯片，如下图所示。

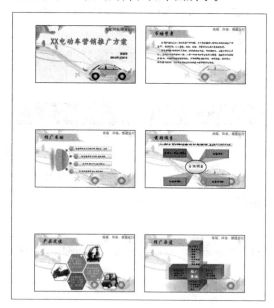

16.5 复印机的使用

　　复印机是从书写、绘制或印刷的原稿得到等倍、放大或缩小的复印品的设备。复印机复印的速度快、操作简便，与传统的铅字印刷、蜡纸油印、胶印等的主要区别是无须经过其他制版等中间手段，而能直接从原稿获得复印品，复印份数不多时较为经济实惠。复印机发展的总体趋势为从低速到高速、从黑白过渡到彩色（数码复印机与模拟复印机的对比）。至今，复印机、

打印机、传真机已集于一体。

16.6 扫描仪的使用

　　扫描仪的作用是将稿件上的图像或文字输入计算机中。如果是图像，则可以直接使用图像处理软件进行加工；如果是文字，则可以通过 OCR 软件，把图像文本转化为计算机能识别的文本，这样可以节省把字符输入计算机中的时间，大大提高输入速度。

　　目前，许多类型的办公和家用扫描仪均配有 OCR 软件，如紫光的扫描仪配备了紫光 OCR，中晶的扫描仪配备了尚书 OCR，Mustek 的扫描仪配备了丹青 OCR 等。扫描仪与 OCR 软件共同承担着从文稿的输入到文字识别的全过程。

　　通过扫描仪和 OCR 软件，就可以对报纸、杂志等媒体上刊载的有关文稿进行扫描，随后进行 OCR 识别（或存储为图像文件，留待以后进行 OCR 识别），将图像文件转换为文本文件或 Word 文件进行存储。

1. 安装扫描仪

　　扫描仪的安装与打印机安装类似，但不同接口的扫描仪安装方法不同。如果扫描仪的接口是 USB 类型的，用户需要在【设备管理器】中查看 USB 装置是否工作正常，然后再安装扫描仪的驱动程序，之后重新启动计算机，并用 USB 连线把扫描仪连接好，随后计算机就会自动检测到新硬件。

　　查看 USB 装置是否正常的具体操作如下。

第 1 步 在桌面上选中【此电脑】图标并右击，在弹出的快捷菜单中选择【属性】命令，如下图所示。

第2步 弹出【系统】窗口，单击【设备管理器】链接，如下图所示。

第3步 弹出【设备管理器】窗口，单击【通用串行总线控制器】列表，查看 USB 设备是否正常工作，如果有问号或叹号都是不能正常工作的提示，如下图所示。

提示

如果扫描仪是并口类型的，在安装扫描仪之前，用户需要进入 BIOS，在【I/O DeviceConfiguration】选项中把并口的模式设置为【EPP】，然后连接好扫描仪，并安装驱动程序即可。安装扫描仪驱动的方法和安装打印机驱动的方法类似，这里不再赘述。

2. 扫描文件

扫描文件先要启动扫描程序，再将要扫描的文件放入扫描仪中，运行扫描仪程序。

单击【开始】按钮，在弹出的开始菜单中选择【所有应用】→【Windows 附件】→【Windows 传真和扫描】命令，打开【Windows 传真和扫描】对话框，单击【扫描】按钮即可，如下图所示。

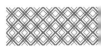

16.7 局域网内文件的共享与发送

组建局域网，无论其规模和性质是怎样的，最重要的就是实现资源的共享与传送，这样可以避免使用移动硬盘进行资源传递带来的麻烦。本节主要讲述如何共享文件夹资源及在局域网内使用传输工具传输文件。

16.7.1 计算机上文件的共享

可以将某文件夹设置为共享文件夹，同一局域网的其他用户，可直接访问该文件夹下的文件。共享文件夹的具体操作步骤如下。

第1步 选择需要共享的文件夹并右击，在弹出的快捷菜单中选择【属性】命令，如下图所示。

第2步 弹出【资料属性】对话框，选择【共享】选项卡，单击【共享】按钮，如下图所示。

第3步 弹出【选择要与其共享的用户】对话框，单击【添加】左侧的下拉按钮，选择要与其共享的用户。本实例选择【Everyone】选项，然后单击【添加】按钮，再单击【共享】按钮，如下图所示。

> **提示**
>
> 文件夹共享之后，局域网内的其他用户可以访问该文件夹，并能够打开共享文件夹内部的文件。此时，其他用户只能读取文件，不能对文件进行修改。如果希望同一局域网内的用户可以修改共享文件夹中文件的内容，可以在添加用户后，选择该组用户并右击，在弹出的快捷菜单中选择【读取／写入】选项，如下图所示。

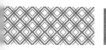

| 提示 |

第4步 打开【你的文件夹已共享】窗口，单击【完成】按钮，成功将文件夹设为共享文件夹，如下图所示。

第5步 同一局域网内的其他用户在【此电脑】的地址栏中输入"\\ZHOUKK-PC"（共享文件的存储路径），系统即可自动跳转到共享文件夹的位置，如下图所示。

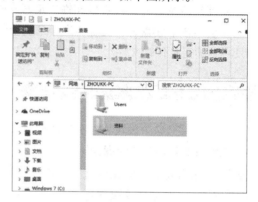

| 提示 |

在 \\ZHOUKK-PC 中，"\\"是指路径引用，"ZHOUKK-PC"是指计算机名，而"\"是指根目录，如"L:\ 软件"就是指本地磁盘(L:)下的【软件】文件夹。地址栏中输入的"\\ZHOUKK-PC"会根据计算机名称的不同而不同。用户还可以直接输入计算机的 IP 地址，如果共享文件夹的计算机 IP 地址为 192.168.1.105，则可以直接在地址栏中输入 \\192.168.1.105。

16.7.2 使用局域网传输工具

共享文件夹提供同局域网的其他用户访问，虽然可以达到文件共享，但是存在着诸多不便因素，如其他用户不小心改写了文件、修改文件不方便等。而在办公室环境中，传输文件工具也较为常见，如飞鸽传书工具，在局域网内可以快速传输文件，且使用简单，得到广泛的使用。

1. 发送文件

使用飞鸽传书工具发送文件的具体操作步骤如下。
第1步 在桌面上双击飞鸽传输图标，打开飞鸽传书页面，如下图所示。

第2步 选择需要传书的文件，将其拖曳到飞鸽传书页面窗口中，选择需要传输到的同事姓名，单击【发送】按钮，即可将文件传输到该同事。同事收到文件后，会弹出"信封已经被打开"的提示，单击【确定】按钮，即可完成文件的传输，如下图所示。

2. 接收文件

使用飞鸽传书工具接收文件的具体操作步骤如下。

第1步 接收文件时，首先会弹出飞鸽传书的【收到消息】对话框,显示发送者信息。单击【打开信封】按钮，会显示同事发送的文件名称，单击【文件名称】按钮，如下图所示。

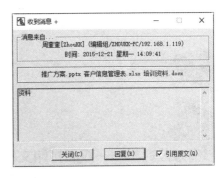

第2步 即可打开【保存文件】对话框，选择将要保存的文件路径，单击【保存】按钮，如下图所示。

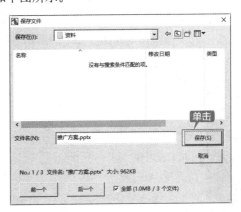

第3步 文件传输完成后，弹出【恭喜恭喜!文件传送成功!】对话框，单击【关闭】按钮关闭对话框，如下图所示。

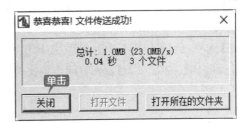

| 提示 |

单击【打开文件】按钮，可以直接打开同事传送的文件。

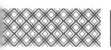

◇ 节省办公耗材——双面打印文档

打印文档时，可以将文档在纸张上双面打印，节省办公耗材。设置双面打印文档的具体操作步骤如下。

第1步 打开"培训资料.docx"文档，选择【文件】选项卡，在弹出的界面左侧选择【打印】选项， 进入打印预览界面，如下图所示。

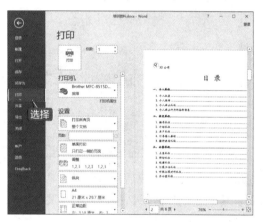

第2步 在【设置】选项区域单击【单面打印】下拉按钮，在弹出的下拉列表中选择【双面打印】选项。然后选择打印机并设置打印份数，单击【打印】按钮，即可双面打印当前文档，如下图所示。

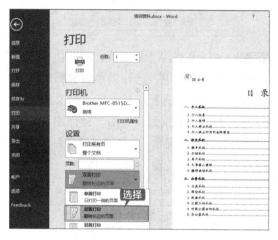

> **提示**
>
> 双面打印包含"翻转长边的页面"和"翻转短边的页面"两个选项，选择【翻转长边的页面】选项，打印后的文档便于按长边翻阅，选择【翻转短边的页面】选项，打印后的文档便于按短边翻阅。

◇ 将打印内容缩放到一页上

打印 Word 文档时，可以将多个页面上的内容缩放到一页上打印，具体操作步骤 如下。

第1步 打开"培训资料.docx"文档，选择【文件】选项卡，在弹出的界面左侧选择【打印】选项，进入打印预览界面，如下图所示。

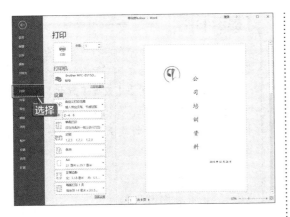

单击【打印】按钮，即可将 8 页的内容缩放到一页上打印，如下图所示。

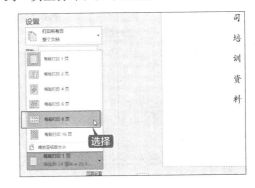

第2步 在【设置】选项区域单击【每版打印 1 页】下拉按钮，在弹出的下拉列表中选择【每版打印 8 页】选项。然后设置打印份数，

◇ 在某个单元格处开始分页打印

打印 Excel 报表时，系统自动分页可能将需要在一页显示的内容分在两页，用户可以根据需要设置在某个单元格处开始分页打印，具体操作步骤如下。

第1步 打开"素材 \ch16\ 客户信息管理表 .xlsx"文件，如果需要从前 11 行及前 3 列处分页打印，选择 D12 单元格，如下图所示。

第3步 单击【视图】选项卡下【工作簿视图】组中的【分页预览】按钮，进入分页预览界面，即可看到分页效果，如下图所示。

第2步 单击【页面布局】选项卡下【页面设置】组中【分隔符】下拉按钮，在弹出的下拉列表中选择【插入分页符】选项，如下图所示。

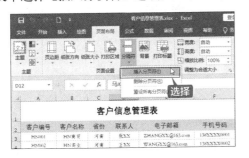

> **提示**
>
> 拖曳中间的蓝色分隔线，可以调整分页的位置，拖曳底部和右侧的蓝色分隔线，可以调整打印区域。

第4步 选择【文件】选项卡，在弹出的界面左侧选择【打印】选项，进入打印预览界面，即可看到将从 D11 单元格分页打印，如下图所示。

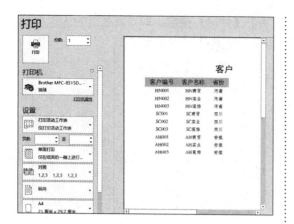

如果需要将工作表中所有行或列，甚至是工作表中的所有内容在同一页面打印，可以在打印预览界面，单击【设置】组中【无缩放】后面的下拉按钮，在弹出的下拉列表中根据需要选择相应的选项即可，如下图所示。

第17章
Office 组件间的协作

⊟ 本章导读

在办公过程中，会经常遇到在 Word 文档中使用表格的情况，而 Office 组件之间可以很方便地进行相互调用，从而提高工作效率。使用 Office 组件间的协作进行办公，会发挥 Office 办公软件的强大功能。

● 思维导图

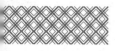

17.1 Word 与 Excel 之间的协作

在 Word 2019 中可以创建 Excel 工作表，这样不仅可以使文档的内容更加清晰、表达的意思更加完整，还可以节约时间。插入 Excel 表格的具体操作步骤如下。

第 1 步 打开"素材 \ch17\ 公司年度报告 .docx"文档，将鼠标光标定位于"二、举办多次促销活动"文本上方，单击【插入】选项卡下【文本】组中的【对象】按钮，如下图所示。

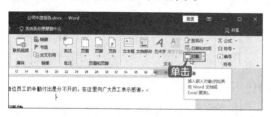

第 2 步 弹出【对象】对话框，单击【由文件创建】选项卡下的【浏览】按钮，如下图所示。

第 3 步 弹出【浏览】对话框，选择"素材 \ch17\ 公司业绩表 .xlsx"文档，单击【插入】按钮，如下图所示。

第 4 步 返回【对象】对话框，可以看到插入文档的路径，单击【确定】按钮，如下图所示。

第 5 步 插入工作表的效果如下图所示。

第 6 步 双击工作表，进入编辑状态，可以对工作表进行修改，如下图所示。

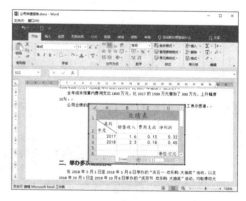

> **| 提示 |**
>
> 除了在 Word 文档中插入 Excel 工作簿外，还可以在 Word 中新建 Excel 工作簿，并对工作簿进行编辑。

17.2 Word 与 PowerPoint 之间的协作

Word 和 PowerPoint 各自具有鲜明的特点，两者结合使用，会使办公效率大大增加。

17.2.1 在 Word 中创建演示文稿

在 Word 2019 中插入演示文稿，可以使 Word 文档的内容更加生动活泼。插入演示文稿的具体操作步骤如下。

第1步 打开"素材 \ch17\ 旅游计划 .docx"文档。将光标定位于"行程规划："文本下方，单击【插入】选项卡下【文本】组中【对象】按钮，如下图所示。

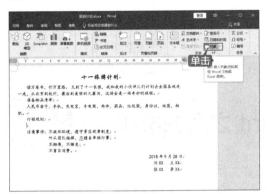

第2步 弹出【对象】对话框，选择【新建】选项卡下【对象类型】列表框中的"Microsoft PowerPoint Presentation"选项，单击【确定】按钮，如下图所示。

第3步 即可在文档中新建一个空白的演示文稿，效果如下图所示。

第4步 对插入的演示文稿进行编辑，效果如下图所示。

第5步 双击新建的演示文稿，即可进入放映状态，效果如下图所示。

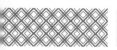

17.2.2 将 PowerPoint 转换为 Word 文档

用户可以将 PowerPoint 演示文稿中的内容转到 Word 文档中，以方便阅读、打印和检查，具体操作步骤如下。

第1步 打开要转换的 PPT 演示文稿，选择【文件】选项卡，在弹出的界面左侧选择【导出】选项，在右侧【导出】选项区域中单击【创建讲义】→【创建讲义】按钮，如下图所示。

第2步 弹出【发送到 Microsoft Word】对话框，选中【Microsoft Word 使用的版式】选项区域中的【空行在幻灯片下】单选按钮，然后选中【将幻灯片添加到 Microsoft Word 文档】选项区域中的【粘贴】单选按钮，单击【确定】按钮，即可将演示文稿中的内容转换为 Word 文档，如下图所示。

17.3 Excel 和 PowerPoint 之间的协作

Excel 和 PowerPoint 经常在办公中合作使用，在文档的编辑过程中，Excel 和 PowerPoint 之间可以很方便地进行相互调用，制作出更专业高效的文件。

17.3.1 在 PowerPoint 中调用 Excel 工作表

在 PowerPoint 中调用 Excel 工作表的具体操作步骤如下。

第1步 打开"素材\ch17\调用 Excel 工作表.pptx"文档，选择第 2 张幻灯片，然后单击【新建幻灯片】按钮，在弹出的下拉列表中选择【仅标题】选项。新建一张标题幻灯片，在【单击此处添加标题】文本框中输入"各店销售情况"，并根据需要设置标题样式，效果如下图所示。

第2步 单击【插入】选项卡下【文本】组中的【对象】按钮，弹出【插入对象】对话框，选中【由文件创建】单选按钮，然后单击【浏览】按钮，选择"素材\ch17\销售情况表.xlsx"文档，并单击【确定】按钮，如下图所示。

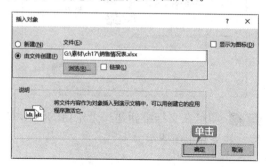

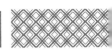

第3步 此时即可在演示文稿中插入 Excel 表格，双击该表格，即可进入 Excel 工作表的编辑状态。单击 B9 单元格，输入 "=SUM(B3:B8)"，按【Enter】键计算总销售额，如下图所示。

第4步 使用快速填充功能填充 C9:F9 单元格区域，计算出各店总销售额，如下图所示。

第5步 退出编辑状态，适当调整图表大小，完成在 PowerPoint 中调用 Excel 报表的操作，最终效果如下图所示。

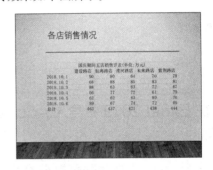

17.3.2 在 Excel 2019 中调用 PowerPoint 演示文稿

在 Excel 2019 中调用 PowerPoint 演示文稿的具体操作步骤如下。

第1步 打开"素材 \ch17\ 公司业绩表 .xlsx"工作簿，单击【插入】选项卡下【文本】组中的【对象】按钮，如下图所示。

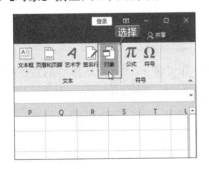

第2步 弹出【对象】对话框，单击【由文件创建】选项卡下的【浏览】按钮，选择"素材 \ch17\ 公司业绩分析 .pptx"演示文稿，单击【插入】按钮。返回【对象】对话框，即可看到插入的文件，单击【确定】按钮，如下图所示。

第3步 即可在 Excel 中插入演示文稿，右击插入的幻灯片，在弹出的快捷菜单中选择【Presentation 对象】→【编辑】选项，如下图所示。

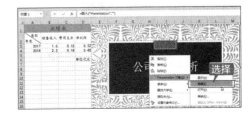

第4步 进入幻灯片的编辑状态，可以对幻灯片进行编辑，编辑结束，在任意位置单击，即可完成幻灯片的编辑操作，如下图所示。

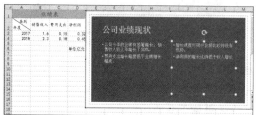

第5步 退出编辑状态后，双击插入的幻灯片，即可放映插入的幻灯片，如下图所示。

◇ 在 Excel 2019 中导入 Access 数据

在 Excel 中导入 Access 数据的具体操作步骤如下。

第1步 在 Excel 2019 中，单击【数据】选项卡下【获取和转换数据】组中的【获取数据】按钮，在弹出的下拉列表中选择【自数据库】→【从 Microsoft Access 数据库】选项，如下图所示。

第2步 弹出【导入数据】对话框，选择"素材 \ch17\ 通讯录 .accdb"文件，单击【导入】按钮，如下图所示。

第3步 弹出【导航器】对话框，选择要导入的数据，单击【加载】按钮，如下图所示。

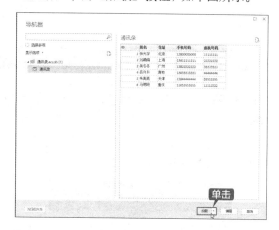

第4步 即可将 Access 数据库中的数据添加到工作表中，如下图所示。

目录

Contents

第 1 招 把人脉信息 "记" 得滴水不漏

目前，人脉管理日益受到现代人的普遍关注和重视。随着移动办公的发展，越来越多的人脉数据会被记录在手机中，掌管好手机中的人脉信息就显得尤为重要。随着网络中的人脉管理应用越来越多，我们在面对繁杂的人脉管理工具时到底该如何选择实用的应用工具呢？

下面就介绍管理人脉信息的方法，包括名片管理与备份、永不丢失的通讯录、合并重复的联系人、记住客户邮箱、记住客户生日、记住客户的照片和公司门头，以及记住客户的地址、实现快速导航 7 个招式，让你轻轻松松把人脉信息记得滴水不漏。

第 1 式：名片管理与备份

名片管理在扩展及维护人脉资源的过程中起着非常重要的作用，下面为商务办公人士推荐一款简单、实用的手机名片管理应用——名片全能王。

名片全能王是一款基于智能手机的名片识别软件，它既能利用手机自带相机拍摄名片图像，快速扫描并读取名片图像上的所有联系信息，也能自动判别联系信息的类型，按照手机联系人格式标准存入电话本和名片中心。下面以 Android 版为例，介绍其使用方法。

下载地址如下。

Android 版扫码下载：

iOS 版 APP Store 下载：

1. 添加名片

添加名片是名片管理最常用的功能，名片全能王不仅提供了手动添加名片的功能，还可以扫描收到的名片，应用会自动读取并识别名片上的信息，便于用户快速存储名片信息。

❶ 安装并打开【名片全能王】应用，进入主界面，即可看到已经存储的名片，点击下方中间的 ◎ 按钮。

❷ 进入拍照界面，将要存储的名片放在摄像头下，移动手机，使名片在正中间显示，点击【拍照】按钮 ◎ 。

> **提示**
>
> （1）拍摄名片时，如果是其他语言名片，需要设置正确的识别语言（可以在【通用】界面中设置识别语言）。
>
> （2）保证光线充足，名片上不要有阴影和反光。
>
> （3）在对焦后进行拍摄，尽量避免抖动。
>
> （4）如果无法拍摄清晰的名片图像，可以使用系统相机拍摄识别。

❸ 拍摄完成，进入【核对名片信息】界面，在上方将显示拍摄的名片，在下方将显示识别的信息，如果识别不准确，可以手动修改内容。核对完成后点击【保存】按钮。

❹ 点击【完成】按钮，即可完成名片的添加。

❺ 进入【名片夹】界面，点击【分组】按钮。

❻ 进入【分组】界面，点击【新建分组】按钮。

❼ 弹出【新建分组】对话框，输入分组名称，点击【确认】按钮。

❽ 点击上步新建的【快递公司】组，即可进入【快递公司】组界面，点击右上角的【选项】按钮。

❾ 在弹出的下拉列表中选择【从名片夹中添加】选项。

❿ 选择要添加的名片，点击【添加】按钮，即可完成名片的分组。

2. 管理名片

添加名片后，重新编组名片、删除名片、修改名片信息等都是管理名片的常用操作。

❶ 在【名片夹】界面中点击【管理】按钮。

❷ 在弹出的界面中可以对选择的名片执行排序方式、批量操作及名片管理等操作。

第2式：永不丢失的通讯录

如果手机丢失或损坏，就不能正常获取通讯录中联系人的信息。可以在手机中下载"QQ同步助手"应用，将通讯录备份至网络，发生意外时，只需使用同一账号登录"QQ同步助手"，然后将通讯录恢复到新手机中，即可让你的通讯录永不丢失。

下载地址如下。

Android 版扫码下载：

iOS 版 APP Store 下载：

❶ 下载、安装并打开【QQ同步助手】主界面，选择登录方式，这里选择【QQ快速登录】选项。

❷在弹出的界面中点击【授权并登录】按钮。

❸登录完成，返回【QQ同步助手】主界面，点击上方的【同步】按钮。

❹即可开始备份通讯录中的联系人，并显示备份进度。

6

❺备份完成，在电脑（或手机）中打开浏览器，在地址栏中输入网址"https://ic.qq.com"，在页面完成验证后，单击【确定】按钮，即可查看到备份的通讯录联系人。

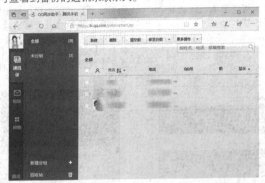

❻如果要恢复通讯录，只要再次使用同一账号登录"QQ同步助手"，在主界面中点击【我的】按钮，在进入的界面中点击【号码找回】按钮。

❼ 在弹出的界面中选择【回收站】选项卡即可找回最近删除的联系人，选择【时光机】选项卡可以还原通讯录到某个时间点的状态。

|提示|

使用"QQ同步助手"应用还可以将短信备份至网络中。

第3式：合并重复的联系人

有时通讯录中某些联系人会有多个电话号码，就会在通讯录中保存多个相同的姓名，有时同一个联系方式会对应多

个联系人。这些情况会使通讯录变得臃肿杂乱，影响联系人的准确、快速查找。这时，使用QQ同步助手就可以将重复的联系人进行合并，解决通讯录中联系人重复的问题。

❶ 打开【QQ同步助手】主界面，点击【我的】→【通讯录管理】按钮。

❷ 打开【通讯录管理】界面，选择【合并重复联系人】选项。

❸ 打开【合并重复联系人】界面，即可看到联系人名称相同的姓名列表，点击下方的【自动合并】按钮。

❹ 即可将名称相同的联系人合

并在一起，点击【完成】按钮。

❺ 弹出【合并成功】界面，如果需要合并重复联系人的通讯录，则点击【立即同步】按钮，即可完成合并重复联系人的操作。否则，点击【下次再说】按钮。

第4式: 记住客户邮箱

在手机通讯中不仅可以记录客户的电话号码, 还可以记录客户的邮箱。

❶ 在通讯录中打开要记录邮箱的联系人信息界面, 点击下方的【编辑】按钮。

❷ 打开【编辑联系人】界面, 在【工作】文本框中输入客户的邮箱地址, 点击右上角的【确定】按钮。

❸ 返回联系人信息界面, 即可看到保存的客户邮箱。

提示

除了将客户邮箱记录在通讯录外, 还可以使用邮件应用记录客户的邮箱。

第5式：记住客户生日

　　记住客户的生日，并且在客户生日时给客户发送祝福，可以有效地增进与客户的关系。手机通讯录中可以添加生日项，用来记录客户的生日信息，具体操作步骤如下。

❶ 在通讯录中打开要记录生日的联系人信息界面，点击下方的【编辑】按钮，打开【编辑联系人】界面，点击下方的【添加更多项】按钮。

❷ 打开【添加更多项】列表，选择【生日】选项。

> **| 提示 |** ::::::::
>
> 　　如果要添加农历生日，可以执行相同的操作，选择【农历生日】选项，即可添加客户的农历生日。

❸ 在打开的选择界面中选择客户的生日，点击【确定】按钮。

11

❹ 返回客户信息界面，即可看到已经添加了客户的生日，软件系统将会在客户生日的前三天发出提醒。

第6式：记住客户的照片和公司门头

客户较多，特别是面对新客户时，如果记不住客户的长相或公司门头，特别是在客户面前称呼有误，就会影响在客户心中的形象，甚至会影响与客户建立的良好关系。通讯录提供了客户照片及公司的功能，可以为客户拍张照片保存在通讯录中。利用手机的通讯录功能记录客户照片和公司门头的具体操作步骤如下。

❶ 在通讯录中打开要记住照片和公司门头的联系人信息界面，点击下方的【编辑】按钮，打开【编辑联系人】界面，点击客户姓名左侧的【头像】按钮。

❷ 打开【头像】选择界面，可以通过拍摄获取客户照片，也可以从图库中选择客户照片。这里通过拍摄获取一张客户照片。

❸ 拍摄照片后，进入【编辑联系人头像】界面，在屏幕上拖曳选择框选择要显示的客户照片区域，选择完成后点击【应用】按钮。

❹ 返回联系人信息界面，即可看到记录的客户照片，点击该照片，还可以放大显示。

❺ 在头像右侧的【公司】文

本框中可以输入客户公司的门头。编辑完成后点击右上角的【确定】按钮，完成记住客户照片和公司门头的操作。

第7式：记住客户的地址、实现快速导航

当要去会见新客户时，如果担心记不住客户的地址，可以在通讯录中记录客户的地址，不仅方便导航，还能增加客户的好感。利用手机的通讯录功能记录客户地址信息的具体操作步骤如下。

❶ 在通讯录中打开要记录地址的联系人信息界面，点击下方

的【编辑】按钮，打开【编辑联系人】界面，点击下方的【添加更多项】按钮。

❷ 打开【添加更多项】界面，选择【地址】选项。

❸ 即可添加【地址】文本框，然后在文本框中输入客户的地址，点击【确定】按钮，即可完成记录客户地址的操作，然后就可以通过记录的地址实现快速导航。

第2招 用手机管理待办事项，保你不加班

在工作和生活中，会遇到很多需要解决的事项，一些事项需要在一个时间段内，或者在特定的时间点解决，而其他的事项则可以推迟。为了避免遗漏和延期待解决的事项，就需要对等待办理的事项进行规划。

下面就介绍几种管理待办事项的软件，可以使用这些软件将一段时间内需要办理的事项按先后缓急进行记录，然后有条不紊地逐个办理，在提高工作效率的同时，可以有效地防止待办事项的遗漏。这样，就能够在工作时间内完成任务，保你不加班。

第1式：随时记录一切——印象笔记

印象笔记既是一款多功能笔记类应用，也是一款优秀的跨平台的电子笔记应用。使用印象笔记不仅可以对平时工作和生活中的想法和知识记录在笔记内，还可以将需要按时完成的工作事项记录在笔记内，并设置事项的定时或预定位置提醒。同时笔记内容可以通过账户在多个设备之间进行同步，做到随时随地对笔记内容进行查看和记录。

下载地址如下。

Android 版扫码下载：

iOS 版 APP Store 下载：

1. 创建新笔记

使用印象笔记应用可以创建拍照、附件、工作群聊、提醒、手写、文字笔记等多种新笔记种类，下面介绍创建新笔记的操作。

❶下载、安装、打开并注册印象笔记，即可进入【印象笔记】主界面，点击下方的【点击创建新笔记】按钮➕。

❷显示可以创建的新笔记类型，这里选择【文字笔记】选项。

❸打开【添加笔记】界面，可以看到【笔记本】标志📓，并显示此时的笔记本名称为"我的第一个笔记本"，点击📓按钮。

❹ 弹出【移动 1 条笔记】界面，点击【新建笔记本】按钮 。

❺ 弹出【新建笔记本】界面，输入新建笔记本的名称"工作笔记"，点击【好】按钮。

❻ 完成笔记本的创建，返回【添加笔记】界面，输入文字笔记内容。选择输入的内容，点击上方的 A 按钮，可以在打开的编辑栏中设置文字的样式。

❼ 点击笔记本名称后的【提醒】按钮 ，选择【设置日期】选项。

❽ 弹出【添加提醒】界面，设置提醒时间，点击【保存】按钮。

❾ 返回【新建笔记】界面，点击左上角的【确定】按钮✓，完成笔记的新建及保存。

2. 新建、删除笔记本

使用印象笔记应用记录笔记时，为了避免笔记内容混乱，可以建立多个笔记本，如工作笔记、生活笔记、学习笔记等，方便对笔记进行分类管理，创

建新笔记时可以先选择笔记本，然后在笔记本中按照创建新笔记的方法新建笔记。

❶ 在【印象笔记】主界面中点击左上角的【设置】按钮▤，在打开的列表中选择【笔记本】选项。

❷ 即可进入【笔记本】界面，在下方显示所有的笔记本，长按要删除或重命名的笔记本。例如，这里长按【我的第一个笔记本】选项，打开【笔记本选项】界面，在其中即可执行共享、离线保存、重命名笔记本、移至新笔记本组、添加快捷方式及删除等操作，这里选择【删除】选项。

❸ 弹出【删除：我的第一个笔记本】界面，在下方的横线上输入"删除"文本，点击【好】按钮，即可完成笔记本的删除。

❹ 删除笔记本后，点击【新建笔记本】按钮 。

❺ 弹出【新建笔记本】界面，输入新笔记本的名称，点击【好】按钮。

❻ 完成笔记本的创建，使用同样的方法创建其他笔记本。然后打开笔记本，即可在笔记本中添加笔记。

3. 搜索笔记

如果创建的笔记较多，可以使用印象笔记应用提供的搜索功能能快速搜索并显示笔记，具体操作步骤如下。

❶ 打开【生活笔记】笔记本，点击 ➕ 按钮，选择【提醒】选项。

❷ 创建一个生日提醒笔记，并根据需要设置提醒时间。

❸ 返回【所有笔记】界面，点击界面上方的【搜索】按钮 🔍。

❹ 输入要搜索的笔记类型，即可快速定位并在下方显示满足条件的笔记。

第 2 式：让你有一个清晰的计划——Any.DO

Any.DO 是一款优秀的专

门为记录待办事项而设计的应用，可以快速添加任务、记录时间、设定提醒，同时还可以对事件的优先级进行调节。

Any.DO 特色鲜明、操作便捷，UI 设计简洁，可以使用户更加快捷地添加和查看待办事项，将用户的任务计划记录得滴水不漏。

下载地址如下。

Android 版扫码下载：

iOS 版 APP Store 下载：

1. 选择整理项目

使用 Any.DO 管理任务时，首先要选择整理的项目，然后注册 Any.DO 账号，具体操作步骤如下。

❶ 下载、安装并打开 Any.DO 应用，在显示的界面中选择登录方式进行注册登录。

❷ 登录完成后，即可开始新建任务。

2. 添加任务

Any.DO 可以方便地添加任务，并根据需要设置任务提

21

醒及备注等。

❶ 在【Any.DO 应用】主界面中点击要添加任务的项目类型,这里点击【所有任务】按钮,进入【所有任务】界面,可以看到显示了【今日】【明日】【即将来临】和【以后再说】4个时间项。点击右下角的【添加】按钮 ➕ 或时间项后的 ➕ 按钮,这里点击【今日】后的 ➕ 按钮。

|提示|

【所有任务】界面中显示了所有的任务。

❷ 在打开的界面中输入任务的内容,选择下方的【提醒我】选项。

❸ 点击下方的【早上】【下午】【晚间】【自定义】按钮来设置事件时间。

❹ 返回【所有任务】界面,即可看到添加的任务。

❺ 使用同样的方法，添加明日的任务，选择添加的任务。

❻ 在弹出的界面中点击【添加提醒】按钮。

❼ 打开【添加提醒】界面，在其中设置提醒时间，以及重复、位置等选项。

❽ 设置完成后，点击【保存】

按钮。

❾ 返回【所有任务】界面，即可看到为任务设置的提醒时间。

3. 管理任务

在 Any.DO 添加任务后，用户可以根据需要管理任务，如移动任务位置、删除任务、编辑任务及查看当前任务等。

❶ 在【所有任务】界面中点击

顶部的 ⠿ 按钮。

❷ 进入【我的列表】界面，即可看到默认的分组列表，选择【Personal】选项。

❸ 进入【Personal】界面，即可看到添加的任务。如果要将

其中的任务移动至其他的分组中，可选择一个任务，这里选择"小李生日，买礼物"任务。

❹ 在弹出的界面中点击【Personal】按钮。

❺ 在弹出的【选择列表】界面中选择【Work】选项。

❻ 打开【Work】界面，即可看到移动后的项目，而【Personal】界面移动过的任务已经不存在。

❼ 点击顶部的 ⁝⁝⁝ 按钮，进入【我的列表】界面，点击【所有任务】列表。

❽ 进入【所有任务】界面，选择要编辑的任务，并长按，即可进入任务的编辑状态，完成编辑后，在任意位置点击屏幕即可完成编辑操作。

❾ 如果任务中包含已过期的任务，可以摇动手机，自动将已经过期的任务标记为完成。如果要将其他任务标记为完成，可以向右滑动该任务。例如，在今天的任务上从左至右滑动，即可在该任务上方显示删除线，并且该任务会以灰色显示，表明此任务已完成。

| 提示 | :::::::
再次从右向左滑动，可以重新将任务标记为未完成。

第 3 招 重要日程一个不落

　　日程管理无论是对个人还是对企业来说都是很重要的，做好日程管理，个人可以更好地规划自己的工作、生活，企业能确保各项工作及时有效推进，保证在规定时间内完成既定任务。做好日程管理可以借助一些日程管理软件，也可以使用手机自带的软件，下面就介绍如何使用手机自带的日历、闹钟、便签等应用进行重要日程提醒。

第 1 式：在日历中添加日程提醒

　　日历是工作、生活中使用非常频繁的手机自带应用之一，它具有查看日期、记录备忘事件，以及定时提醒等人性化功能。下面就以安卓手机自带的日历应用为例，介绍在日历中添加日程提醒的具体操作步骤。

❶ 打开【日历】应用，点击底部的【新建】按钮 ⊕。

❷ 打开【日历】界面，在事件名称文本框内输入事件的名称，选择【开始时间】选项。

❸ 打开【开始时间】界面，选择事件的开始时间，点击【确定】按钮。

❹ 返回【日历】界面，选择【结束时间】选项，在【结束时间】

界面中设置事件的结束时间，并点击【确定】按钮。

⑤ 返回【日历】界面，点击【更多选项】按钮，即可在该页面中根据需要对事件进行其他设置，这里选择【提醒】选项。

⑥ 弹出【提醒】界面，选择提醒的开始时间为"5分钟前"。

⑦ 返回【日历】界面，点击【确定】按钮，即可完成日程提醒的设置。

❽ 返回日历首界面，即可看到添加的日程提醒。

❾ 当到达提醒时间后，即可自动发出提醒，在通知栏即可看到提醒内容。

❿ 如果要在其他日期中创建提醒，只需选择要创建提醒的日期，点击【新建】按钮 ⊕ ，即可使用同样的方法添加其他提醒。

第 2 式：创建闹钟进行日程提醒

闹钟的作用就是提醒，如可以设置起床闹钟、事件闹钟，避免用户错过重要事件。使用闹钟对重要日程进行提醒的操作简单，效果显著，可以有效地避免错过重要事件的时间，使用闹钟进行日程提醒的操作步骤如下。

❶ 打开【闹钟】应用，点击【添加闹钟】按钮 ⊕ 。

❷ 弹出【设置闹钟】界面，选择【重复】选项。

❸ 在弹出的下拉列表中选择一种闹钟的重复方式，这里选择【只响一次】选项。

❹ 返回【设置闹钟】界面，选择【备注】选项，在弹出的【备注】对话框内输入需要提醒的内容，点击【确定】按钮。

❺ 返回【设置闹钟】界面，即可看到设置闹钟的详细内容，确认无误后点击【确定】按钮。

❻ 返回【闹钟】界面，在该界面可以看到已成功添加的闹钟。当到达闹钟设置的时间后，系统会发出闹钟提醒。

第3式：建立便签提醒

便签提醒的特点在于可以快速创建并对事件进行一些简单的描述，可以对工作中需要注意的问题、下一步的计划、待办的事项和重要的日程进行提醒。下面介绍使用便签创建提醒的具体操作步骤。

❶打开【便签】应用，点击【新建便签】按钮 ⊕ 。

❷ 在弹出的便签编辑页面输入便签的内容，点击【更多】按钮 ⋯ 。

❷ 弹出【设置闹钟】界面，选择【重复】选项。

❸ 在弹出的下拉列表中选择一种闹钟的重复方式，这里选择【只响一次】选项。

❹ 返回【设置闹钟】界面，选择【备注】选项，在弹出的【备注】对话框内输入需要提醒的内容，点击【确定】按钮。

❺ 返回【设置闹钟】界面，即可看到设置闹钟的详细内容，确认无误后点击【确定】按钮。

钟。当到[设闹钟时]
系统会发出闹钟提醒。

第3式：建立便签提醒

便签提醒的特点在于可以快速创建并对事件进行一些简单的描述，可以对工作中需要注意的问题、下一步的计划、待办的事项和重要的日程进行提醒。下面介绍使用便签创建提醒的具体操作步骤。

❶ 打开【便签】应用，点击【新建便签】按钮 + 。

❷ 在弹出的便签编辑页面输入便签的内容，点击【更多】按钮 ⋯ 。

❸ 弹出更多选项界面，打开【提醒】选项后的开关，在弹出的【设置日期和时间】界面中设置提醒的时间，点击【确定】按钮。

❹ 在更多选项界面中选中任意一个颜色按钮，为便签设置一种颜色，点击【关闭】按钮 ×。

❺ 返回【便签】主界面，即可看到新添加的便签，并在便签后面看到设置的提醒时间。

第 4 招 不用数据线，电脑与手机文件互传

将手机中的文件传到电脑中，传统的方法是使用数据线。随着手机应用软件的不断发展，手机应用市场出现了众多的应用，通过它们可以不使用数据线就实现电脑与手机文件的互传，下面介绍几款实用的传输文件应用。

第 1 式：使用 QQ 文件助手

QQ 软件使用十分广泛，而 QQ 文件助手是 QQ 软件的重要功能之一，因此使用QQ文件助手进行传输文件也十分便捷。使用QQ文件助手进行无数据线传输文件时，需要在手机和电脑中登录同一个QQ账号，最好能在同一Wi-Fi环境下进行文件传输，可以大大提高传输速度，具体操作步骤如下。

❶打开手机中的【QQ】应用，在应用的主界面中点击【联系人】按钮，进入【联系人】界面，选择【设备】选项卡下的【我的电脑】选项。

❷在弹出的【我的电脑】界面中，点击下方的【图片】按钮。

❸在弹出的【最近照片】界面中选择想要发送的图片，点击右下角的【发送】按钮。

❹即可完成在手机中发送图片文件的操作。

❺ 在电脑端即可接收图片文件，用户可以对图片进行保存等设置。

|提示|:::::::

　　如果需要在电脑端发送文件到手机，可以直接将要发送的文件拖曳至设备窗口中即可在手机中接收到文件。

第 2 式：使用云盘

　　云盘是互联网存储工具，也是互联网云技术的产物，通过互联网为企业和个人提供信息的储存、读取、下载等服务，具有安全稳定、海量存储的特点。比较知名且好用的云盘服务商有百度网盘、天翼云、金山快盘、微云等。

　　云盘的特点如下。

　　(1) 安全保密：密码和手机绑定、空间访问信息随时告知。

　　(2) 超大存储空间：不限单个文件大小，支持大容量独享存储。

　　(3) 好友共享：通过提取码轻松分享。

　　使用云盘存储更方便，用户无须把储存重要资料的实体磁盘带在身上，同样可以通过互联网，轻松从云端读取自己所存储的信息。不仅可以防止成本失控，还能满足不断变化的业务重心及法规要求所形成的多样化需求。下面以百度网盘为例，介绍使用云盘在电脑和手机中互传文件的具体操作步骤。

下载地址如下。

Android 版扫码下载：

iOS 版 APP Store 下载：

❶ 打开并登录百度网盘应用，在弹出的主界面中点击右上角的 ✚ 按钮。

❷ 在弹出的【选择上传文件类型】界面中选择【上传图片】选项。

❸ 选择任一图片，点击右下角的【上传】按钮。

❹ 此时，即可将选中的图片上传至云盘。

❺ 打开并登录电脑端的【百度网盘】应用，即可看到上传的

图片,选择该图片,单击【下载】按钮 。

❻ 弹出【设置下载存储路径】对话框,选择图片存储的位置,单击【下载】按钮,即可把图片下载到电脑中。

第 5 招 在哪都能找到你

现在的智能手机通过将多种位置数据结合分析,可以做到很精确的定位,通过软件即可将位置信息发送给朋友,下面就介绍几种发送位置信息的方式。

第 1 式:使用微信共享位置

需要将自己的位置信息告诉好友时,可以使用微信自带的位置共享功能将自己即时的位置信息发送给好友,帮助好友最快速地找到自己。

❶ 在微信中选择一个好友,进入与该好友的微信聊天界面,点击【添加】按钮 ⊕,在弹出的功能列表中选择【位置】选项。

❷ 在弹出的界面中选择【发送位置】选项。

❸ 弹出【位置】界面，选择需要发送的准确位置。

金水区安华大厦南(花园路东)

安华大厦
河南省郑州市金水区花园路119

锦绣娱乐广场
河南省郑州市金水区花园路与农科路交叉口

乐界纯K

❹ 点击右上角的【发送】按钮，即可将位置信息发送给对方。

第2式：使用QQ发送位置信息

与微信的位置共享类似，使用QQ也可以将自己的即时位置发送给好友，具体操作步骤如下。

❶ 打开QQ应用，选择需要发送位置的好友，打开聊天界面，点击左下角的【添加】按钮⊕。

❷ 在弹出的功能列表中选择
【位置】选项。

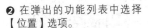

❹ 即可将位置信息发送给好友。

❸ 弹出【选择位置】界面，选
择准确的位置信息，点击右上
角的【发送】按钮。

第 6 招 甩掉纸和笔，一字不差高效速记

在智能手机普及的今天，对信息的记录有越来越多的方式可
以选择，不带纸和笔也可以高效记录信息。

第 1 式：在通话中，使用电话录音功能

在通话过程中，可以使用手机的通话录音功能对通话语音进
行录制。如果手机没有通话录音功能，也可以下载【通话录音】
软件实现通话录音，下面就介绍通话录音的具体操作步骤。

❶ 安装并打开【通话录音】应用，然后拨打电话，这里拨打

10086 电话。

❷ 在拨打电话时即可开始电话录音。

❸ 电话完成后，打开【通话录音】应用，在主界面中点击【通话录音】按钮。

❹ 弹出【通话录音】界面，即可查看录音的文件。

❺ 选择录音文件，即可打开该文件的详细信息，点击【播放】按钮，即可播放该电话录音内容。

第 2 式：在会议中，使用 手机录音功能

在有些场合，如在会议中 使用手机录音可以更高效地进 行信息的记录，防止信息的遗 漏。通过手机录音可以对语音 和相应的气氛进行再现，对信 息的还原度较高。使用手机进 行录音非常方便，具体操作步 骤如下。

❶ 打开手机中的【录音机】应 用，在【录音机】主界面中点 击【录制】按钮●。

❷ 即可开始录制语音，录制完 成后，点击【停止录制】按钮◎ 后再点击【完成】按钮。

❸ 即可完成录音并保存到手机中。

第 7 招 轻松搞定手机邮件收发

邮件作为使用最广泛的通信手段之一，在移动手机上也可以发挥巨大的作用。通过电子邮件可以发送文字、图像、声音等多种形式，同时也可以使用邮箱订阅免费的新闻等信息。

随着智能手机的发展，在手机端也可以实现邮件的绝大部分功能，更加方便了用户的使用，下面就以【网易邮箱大师】应用为例进行介绍。

下载地址如下。

Android 版扫码下载：

iOS 版 APP Store 下载：

第 1 式：配置你的手机邮箱

使用手机邮箱的第一步就是添加邮箱账户并配置邮箱信息，配置手机邮箱信息的具体操作步骤如下。

❶ 安装并打开【网易邮箱大师】应用，进入主界面，输入要添加的邮箱账户和密码，点击【添加】按钮。

❷ 邮箱添加完成后，可根据需要选择继续添加邮箱或点击【下一步】链接，这里点击【下一步】链接。

❸ 在弹出的界面中选择登录方式，登录完成后，在弹出的界面中点击【进入邮箱】链接，即可完成手机邮箱的配置。

❹ 进入邮箱主界面，此时即可完成手机邮箱的配置。

第 2 式：收发邮件

接收和发送电子邮件是邮箱最基本的功能，在手机邮箱内接收和发送邮件的具体操作步骤如下。

❶ 当邮箱接收到新邮件时，会在手机屏幕上弹出提示消息。点击屏幕上的提示，即可打开接收的邮件。

❷ 返回邮箱的【收件箱】界面，点击右上角的【添加】按钮 ＋，在弹出的下拉列表中选择【写邮件】选项。

❸ 弹出【写邮件】界面，在【收件人】文本框中输入收件人的名称，在【主题】文本框中输入邮件的主题，在下方的文本框中输入"1 号文件已复印 20 份，下午分发。"文本。

❹ 点击右上角的【发送】按钮，在弹出的【输入发件人名称】界面中输入发件人名称，点击【保存并发送】按钮，即可发送邮件。

第 3 式： 查看已发送邮件

对于已发送的邮件，可以在发件箱内查看其发送状态，具体操作步骤如下。

❶ 在【网易邮箱大师】的主界面中，点击左上角的≡按钮，在弹出的下拉列表中选择【已发送】选项。

❷ 打开【已发送】界面，即可查看已发送的邮件。

第 4 式：在手机上管理多个邮箱

有些邮箱客户端支持多个账户同时登录，可以同时接收和管理多个账户的邮件（如网易邮箱大师），具体操作步骤如下。

❶ 打开【网易邮箱大师】应用，进入主界面，点击左上角的三按钮，在弹出的下拉列表中选择【添加邮箱】选项。

❷ 弹出【添加邮箱】界面，在界面中输入用户名与密码，并点击【添加】按钮。

❸ 在弹出的界面中点击【进入

邮箱】链接。

❹ 即可进入该邮箱的主界面。

❺ 点击界面左上角的 ☰ 按钮，

在弹出的下拉列表中，可以查看已登录的账户，并看到当前账户为新添加的账户。

❻ 选中另一个账户。

❼ 即可更改邮箱的当前状态，

并进入当前邮箱的主界面。

第 8 招 给数据插上翅膀——妙用云存储

将数据存放在云端,可以节省手机空间,防止数据丢失,使用时下载至手机即可。下面以百度网盘为例,介绍使用云存储的方法。

第 1 式:下载百度网盘上已有的文件

使用手机上的百度网盘应用,可以下载存储在百度网盘上的文件。

❶ 打开并登录百度网盘应用,在弹出的主界面中点击右上角的＋按钮。

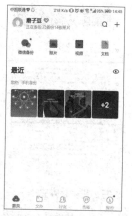

❷ 在弹出的界面中选择【上传文档】选项。

❸ 弹出【选择文档】界面，选择其中任一文档，点击【上传】按钮。

❹ 上传完成后，返回首页，点击【文档】按钮。

❺ 即可看到上传的文档，选择该文档。

❻ 弹出【选择打开的方式】界面，选择一种应用，点击【确定】按钮。

❼ 即可打开该文档。

第2式：上传文件

手机上的图片、文档等，也可以上传至百度网盘保存。
❶ 返回【百度网盘】应用的主界面，点击右上角的 ➕ 按钮，在弹出的界面中选择【上传文档】选项。

❷ 在弹出的【选择文档】界面中，选择任一文档，并点击左下角的【我的百度网盘】按钮，为文档选择保存位置。

❸ 弹出【选择上传位置】界面，点击右上角的【新建文件夹】按钮。

❹ 在弹出的【新建文件夹】界面中，输入"PPT 文件"文本，点击【创建】按钮，即可完成新建文件夹的创建。

❺ 文件夹创建完成后，点击【上传至：PPT 文件】按钮，即可开始上传文档至指定文件夹。

❻ 上传完成后，打开文件夹，即可查看上传的文件。

第 9 招 在手机中查看办公文档疑难解答

目前，人脉管理日益受到现代人的普遍关注和重视。随着移动办公的发展，越来越多的人脉数据会被记录。但是在用手机进行移动办公时，可能会出现文件打不开，或者文档打开后出现乱码等情况。当出现类似情况时，可以尝试使用下述的方法。

第 1 式：Word/Excel/PPT 打不开怎么办

在手机中打开 Word/Excel/PPT 文档时，需要下载 Office 软件，安装完成后，即可打开 Word/Excel/PPT 文档。下面以 WPS Office 为例进行介绍。

下载地址如下。

Android 版扫码下载：

iOS 版 APP Store 下载：

❶ 安装 "WPS Office" 软件，并进行设置与登录。然后在 "WPS Office" 主界面中点击【打开】按钮。

❷ 在弹出的界面中选择一个

需要打开的文件，这里选择【DOC】选项。

❸ 进入【所有文档】界面，选择要打开的文档。

❹ 即可打开该文档。

第 2 式：文档显示乱码怎么办

在查看各种类型的文档时，如果使用不合适的应用，就会出现打开的文档显示为乱码的问题，因此应选择合适的应用查看特定格式的文档。

1. TXT 文档

查看 TXT 格式的文档时，为了避免文档显示乱码，可以下载、安装阅读 TXT 文档的软件，如 Anyview 阅读器等。

下载地址如下。

Android 版扫码下载：

iOS 版 APP Store 下载

❶ 在"应用宝"中搜索"Anyview 阅读"并进入安装界面，点击【安装】按钮即可进行安装。

❷ 应用安装完成后，点击【打开】按钮进入该应用，即可查看 TXT 格式的文档。

❶ 在"应用宝"应用中搜索"Adobe Acrobat DC"并进入安装界面,点击【允许】按钮。

2. PDF 文档

在手机上阅读 PDF 文档时,为了避免文档显示混乱,可以使用 PDF 阅读器,如 Adobe Acrobat DC。

下载地址如下。

Android 版扫码下载:

iOS 版 APP Store 下载:

❷ 即可开始安装该应用。

❸ 应用安装完成后，点击【打开】按钮。

❹ 进入【Adobe Acrobat DC】应用后即可显示主界面，在【最近】选项卡下显示最近打开的PDF文档，在【本地】选项卡下将显示本地手机中存储的PDF文件。

❺ 只需点击 PDF 文件即可打开该文件，这里点击【最近】选项卡下的"快速入门 .pdf"文件，即可显示该 PDF 文档的内容。

第 3 式：压缩文件打不开

怎么办

在"应用宝"应用中下载解/压缩软件，如 ZArchiver 等，就可以在手机上解压或压缩软件了。

下载地址如下。

Android 版扫码下载：

iOS 版 APP Store 下载：

❶ 下载、安装并打开 ZArchiver 应用，进入主界面。

❷ 在手机的文件管理中找到压缩文件，选择要解压的文件，在弹出的快捷菜单中选择【解压到 ./< 压缩文档名称 >./】选项。

❸ 即可解压该文档，解压后即可查看该文档。

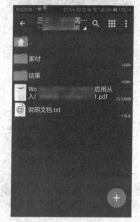

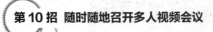

第 10 招 随时随地召开多人视频会议

相较于传统会议来说，视频会议不仅节省了出差费用，还避免了旅途劳累，在数据交流和保密性方面也有很大的提高，只要有电脑和电话就可以随时随地召开多人视频会议。具体来讲，多人视频会议具有以下优点。

(1) 无须出行，只需坐在会议室或笔记本电脑前就能实现远程异地开会，减少旅途劳累，环保节约。

(2) 多人视频会议可以实现高效的办公沟通，能快速有效地促进交流。

(3) 优化企业管理体系。多人视频会议可以根据公司组织架构实现不同管理层及不同部门间的交流管理。

❶ 安装并打开【QQ】应用，进入主界面，单击界面右上角的➕按钮。

❷ 在弹出的下拉列表中选择【创建群聊】选项。

❸ 弹出【创建群聊】界面,选择需要加入的好友,点击【立即创建】按钮。

❹ 即可创建一个讨论组。

❺ 点击界面右下角的【添加】按钮⊕，在弹出的下拉列表中选择
【视频电话】选项。

❻ 即可将讨论组的成员添加到视频通话中，邀请的成员加入后，点击【摄像头】按钮，即可开始进行视频会议。

| 提示 |::::::

　在视频通话过程中，点击【通话成员】按钮，在弹出的界面中即可添加新成员。